약·특작생산입문

장 광 진 편저

차 례

Ⅰ. 개 설

Ⅰ. 개 설

1 약·특작 생산과 재배전망

1. 특용작물 생산과 의의

1) 특용작물의 의의

일반적으로 농업 생산물은 크게 농작물(crops)과 원예작물(garden crops)로 나누고, 농작물은 다시 식용작물(food crops)과 특용작물(industrial crops), 사료작물(forage crops) 등으로 나누다. 이 중 특용작물은 특수한 용도로 사용하기 위하여 생산하거나 가공과정을 거쳐야 이용 할 수 있는 작물이다.

특용작물은 인간생활 이용도에 따라 분류하면 유료작물, 섬유작물, 기호작물, 전분·호료작물, 향신료작물, 당료작물, 염료작물, 방향작물, 수지작물, 약용작물 등이 있다. 또한 특수 시설을 이용하여 재배하는 식용 및 약용버섯도 특작의 한 분야를 차지하고 있다.

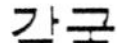

감국

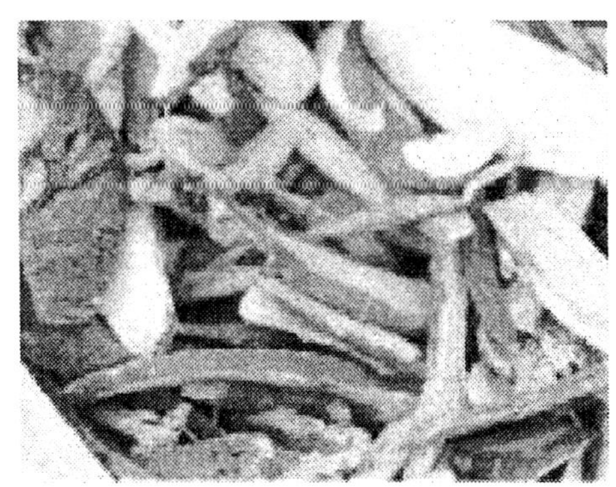

감초

특용작물은 시대의 요구에 따라 증산을 계속하고 있으나 우리나라에서 재배 가능한 특용작물은 대략 10종에 110여 종으로 보고 있다. 이러한 작물에는 과거에 재배했으나 지금은 거의 재배되고 있지 않은 작물도 있고 재배기술이 확립되어 있지 않아 야생 상태로 채취 이용하는 것도 있다.

2) 특용작물 생산 특성

특용작물은 종류가 다양할 뿐만 아니라 재배환경에 따른 품질도 중요시되는 작물이다. 국가와 시대에 따라서 그 가치가 달라질 수도 있으므로 그 특성을 이해하는 것이 필요하다. 그 중에서 유료작물, 약용작물, 섬유료작물, 기호료작물, 향신료작물이 일상생활과 밀접한 관계를 가지고 재배 및 생산에서 중요시되고 있다. 이들 특용작물 생산은 재배경영 및 유통 판매에 있어서 몇 가지 특징을 가지고 있다.

복분자

산사

첫째, 국민의 선호도와 국제무역환경 및 수요에 따라 가변성이 있는 작목이 많다. 특히 특용작물은 일반식품 뿐만 아니라 건강식품 및 약제의 원료 작물이기 때문에 국민의 기호나 국제환경, 경쟁력 유무에 따라 국내 가공업체의 수요가 변동되고 원료 구입처가 바뀌게 되므로 작물선택이 매우 중요하다.

둘째, 특용작물은 이용 및 국내 수요가 한정되어 있으므로 고품질의 작목을 필요한 만큼 생산하여야 충분한 소득을 보장 할 수 있다. 이를 위해서는 각 품목 별 재배기술을 충분히 익히고 국내 수요 및 시장조사가 선행되어야 한다.

셋째, 노력분산이 가능한 작물이다. 대부분 생산과 가공이 구분되어 있어서 가공작업은 농한기나 유휴노동력의 이용이 가능하고 비가 오는 날이나 야간에도 작업이 가능하여 적절한 농가의 노동력 안배가 잘되는 작물이다. 따라서 농업인구의 감소와 부족 노동력의 해소에도 공예작물은 다른 작물보다 유리하다.

넷째, 특용작물의 생산성 및 품질이 토질 및 기후에 따라 차이가 있으므로 재배 적지가 선정되어야 한다. 재배적지가 선정되면 가급적 생력화재배를 위하여 단지 화한다. 또한 건조, 박피 등 단순가공화가 직접 가능한 시설을 갖추고 가공업체와 연계하여 소득의 안전성을 기하여야 한다.

다섯째, 가공업체 및 시장의 수요에 따라 계약재배 방식을 택하는 것이 바람직하다. 생산 경영비를 분석하여 합리적인 가격을 제시하고 믿을 수 있는 농산물을 생산 공급할 수 있어야 한다.

여섯째, 항상 정보를 수집하고 적극적인 판매대책을 세워야 한다. 특히 수요와 공급에 따라 가격변동이 심하므로 그에 따라 작부체계를 세워야 한다. 또한 고품질을 생산하여 우편판매 및 인터넷을 통한 전자우편 판매 등으로 소비자와 직접 거래하는 적극적인 판매 전략이 필요하다.

산수유

산약

〈표 1〉 국내 특용작물의 분류 및 작물명

구 분	작 물 명
유 료 작 물	참깨, 땅콩, 들깨, 유채, 해바라기, 홍화, 아장인, 피마자, 동백
섬 유 작 물	목화, 대마, 저마, 청마, 아마, 닥나무, 수세미 등
기호료작물	차나무, 담배, 호프, 치커리
향신료작물	겨자, 겨자무, 와사비, 자소, 산초, 생강, 회향, 대회향
향 료 작 물	박하, 쥐오줌풀, 장미, 향내아카시아
전분호료작물	구약감자, 율무, 마, 돼지감자, 닥풀
염 료 작 물	쪽, 홍화, 치자, 자소
당 료 작 물	사탕무, 단수수, 스테비아, 감차
수지료작물	옻나무, 황칠나무
약 용 작 물	당귀, 천궁, 백작약, 백하수오, 백지, 강활, 독활, 익모초, 소엽, 결편, 산약, 토목향, 양유, 지모, 지황, 해방풍, 고본, 황기, 시호, 황금, 만삼, 황연, 두충, 결명자, 황정, 생강, 구기자, 대황, 목단, 백편두, 반하, 산수유, 인삼, 오미자, 음양곽, 우슬, 의이인, 창출, 택사, 패모, 향부자, 현삼, 형개, 홍화, 호장근, 적하수오 등

2. 약·특용작물의 재배현황 및 전망

1) 유료작물

국내에서 주로 재배되고 있는 유료작물로서는 전국적으로 참깨, 들깨, 땅콩 등 있으며 제주도를 중심으로 유채가 생산되고 있다. 식용 외에 의약 또는 공업용유로 해바라기, 피마자와 아마인 등이 관광 상품으로 소량 재배되고 있다.

유지작물을 주 원료로 하는 식용유 이용실태를 보면 80년대 208천 톤으로 70년대보다 4배가 증가했고, 90년대는 547천 톤, 95년에는 644천 톤의 급격한 수요증가로 70년대 하루 평균 4g에 머물렀던 식용유 소비량이 현제에는 40g 까지 증가하는 추세로 급격히 소비량이 증가하여 왔다. 그러나 95년을 정점으로 96년에는 619천 톤으로 오히려 24천 톤이 줄어드는 추세를 보이고 있다. 그러나 국내 생산량에 비해서 국민 일인 당 소비량은 큰 차를 보이고 있다.

즉 국내 생산량은 85년의 59천 톤을 정점으로 하여 지금은 거의 대부분의 식용유를 외국산에 의존하고 있는 바, 고칼로리성 식품인 식용유의 국내 수습을 위한 생력화 농업이 필요하다.

〈표 2〉 '08 특용작물 종류별 재배 및 생산 실적

종 류	면 적(ha)	비 율(%)	생 산(t)	비 율(%)
유지 작물	59,968	78	52,361	47.1
섬유 작물	77	0.1	162	0.1
기호료작물	3,801	4.9	4,071	3.7
약료 작물	12,991	16.9	54,662	49.1
전 체	76,837	100	111,256	100

그럼에도 국내 특용작물 중에서는 유료작물의 재배생산이 가장 큰 몫을 차지하고 있다. 2008년도에 국내 특용작물의 재배면적은 종 78.007ha이며 이중 참깨, 들깨, 땅콩, 유채를 새배한 유료작물은 59,968ha를 넘어서 전체 특용작물 재배 면적의 78%를 차지하고 있다. 다음이 16.9%의 약료작물이 12,991ha를 차지하고 기타 섬유작물과 기호작물 등은 모두 5%에 불과한 실정이다.

유료작물은 참깨가 28,794ha로 전체 유료작물 재배면적의 48%를 차지하고 그 다음 들깨가 26,760로 44.6%, 땅콩은 5.6%, 유채는 1,048인 1.7%로 감소 상태에 있다.

따라서 전통식용유로 조미유(調味油)에 속하는 참깨와 들깨가 주종으로 92.6% 생산하는데 대해 수요기름의 대부분을 자지하는 샐러드유 생산은 전멸 위기에 있다.

전국적으로 재배되고 있는 참깨

〈표 3〉 2008 유지작물 재배, 생산 실적

작물명	면적(ha)	단수(kg/10a)	생산량(t)
참 깨	28,794	68	19,472
들 깨	26,760	90	24,205
유 채	1,048	117	1,225
땅 콩	3,366	222	7,459
계	59,968	-	52,361

국내 유료작물의 재배는 대체로 감소하는 추세에 있다. 97년에 비해 약 14% 정도 감소하였는데 땅콩, 유채가 감소했으면서도 들깨의 재배 생산이 증가하였으나 각 유지작물들의 단위면적당 경제성이 낮은 것도 재배 면적 감소 원인이다.

국내산 참깨의 품질이 수입참깨와는 비교되지 않을 정도로 우수하다는 것은 이미 잘 알려진 사실이다. 맛과 품질로 외국산과 차별화해 기계 비닐파종 등의 생력재배와 주산단지에서 가공상품까지를 생산하여 특산화 한다면 개방화에도 경쟁이 충분한 가능성이 있는 소득작물로 정착할 수 있을 것이다.

참깨재배에서 인력이 많이 드는 비닐피복 파종 및 제초작업은 점파기부착 흑색 비닐피복기를 이용한 일관 파종작업기 개발로 98%의 생력 효과와 신속한 파종작업에 의해

대 면적 재배로 이어질 수 있어 아직도 경쟁력에서는 뒤진다하더라도 곧 육성될 내탈립 다수성 품종이 육성 보급될 전망이어서 여기에 대형 다목적 콤바인 기계화 수확으로 연결 될 수 있을 것이다.

한편, 땅콩은 유료작물이지만 국내에서는 기름으로서보다는 안주용이나 간식용이나 제빵, 제과용으로 이용되고 있어 수요는 앞으로도 더욱 증가할 것으로 보인다.

땅콩은 꽃이 진 후 씨방 밑 부분이 길게 자라 땅 속으로 들어가 꼬투리가 땅 속에 달리는 모습 때문에 낙화생(落花生)이라 한다.

또한 들깨는 국내 유지작물 중에서 유일하게 우리나라와 중국의 연변을 중심으로 한 조선족들만이 생산, 이용하고 있어 오늘날 같은 개방화시대에도 다른 나라와 전혀 경쟁 대상이 되지 않은 작물이기도 하다.

특히 들깨에 63%나 들어있는 리놀렌산은 등 푸른 생선에 들어있는 EPA나 옴와 같은 종류의 오메가-3 지방산이어서 암이나 고혈압 같은 성인병 예방과 학습능력 향상이나 수명연장 효과 등이 커서 의약, 건강식품, 가축 및 양어사료 등의 수요를 창출함으로서 금후 생산 확대가 크게 기대되고 있다.

이외에도 페인트나 인쇄용 잉크제조의 이용이나 들깻잎의 채소용 수요증가라든지, 재배 용이성이나 병충해가 별로 없는 장점 등으로 미루어 기계화 재배나 가공산업의 주변기술이 정착화 된다면 가장 유망한 특용작눌로 성장할 수 있는 작물로 부상되고 있다.

2) 섬유료작물

섬유작물은 60년대 이전만 하더라도 국내 특용작물 중 가장 주종을 이루는 중요한 공업원료 작물이었다.

국내에서 재배되거나 재배 가능한 섬유작물은 총 11종인데 이중에서 현재 재배되고 있는 작물은 목화, 대마, 저마, 왕골, 인초 등 5종이다.

목화, 대마, 저마는 우리나라 의류역사와 농업에 부동의 위치를 차지하여 수십만 ha에 재배한 때도 있었으나 생산가공기술의 생력화를 이루지 못해 경쟁력을 잃어 급격히 감소되는 추세에 있다.

3) 기호료 작물

기호료에 속하는 작물은 차, 호프, 담배, 치커리 등이 있다. 이 중에서 차만이 유일하게 신장 가능한 작물로 꼽힌다.

〈표 4〉 연도별 차 재배생산(건엽)

년 도	'85	'90	'06	'07	'08
전국면적(ha)	449	448	3,692	3,800	3,774
10a당 수량kg	27	66	138	120	127
생 산(t)	116	296	4,080	3,888	3,936

기호료에서의 차는 알칼로이드를 함유하는 것만이 대상이 되는데 커피, 코코아가 외제차인데 대해서 국산 전통차는 홍차, 녹차 등이 있을 뿐이다.

삼국시대부터 전래되어온 국산차는 커피, 코코아 등에 밀려 한때, 고전하였으나 2000년대 들어서면서 재배생산이 점차 증가하고 있으며 소비구조도 노년층에서 젊은 층으로 확산되고 있어 앞으로도 성장이 가능한 작물로 기대된다.

담배는 금연운동과 함께 외국산 담배 개방으로 재배면적은 급격히 축소되고 있을 뿐만 아니라 노력 투하가 많은데 비해 수매가가 낮아 소득면에서도 농가의 관심에서 멀어져 가는 작물이 되었고 호프는 맥주회사가 외국산 의존형으로 전환함에 따라 16ha 정도만 남아 있다.

4) 약용작물

약용작물은 특용작물 중 가장 종류가 많고 농가 소득 작물로서 뿐만 아니라, 국민보건 상 매우 중요시되는 작물이기도 하다.

재배되고 있는 약용작물 중에는 황기처럼 18백ha이상 재배되는 작물이 있는가 하면 1ha미만의 작물도 있고 야산에서 채취하는 품목도 상당수가 있다.

부인의 통경약, 분만시의 진통, 해열, 방한, 뼈의 응고작용이 있는 홍화

약용작물 생산 추세를 보아도 꾸준히 증가하고 있어 90년대 9천 ha에서 23천톤을 생산하던 것이 7년이 지난 97년도에는 67%나 증가한 14천 ha에서 생산량은 거의 배가까이 생산되었다. 한방의료의 실시와 함께 생약재 수요가 크게 증가하고 있음을 알 수 있다.

2008년도 우리나라에서 재배 생산된 약용작물 재배생산 현황을 보면 가장 많이 재배한 작물이 2,143ha 재배한 더덕이고, 1000정보이상 재배작물은 오미자, 산약 2개 작물이며, 500ha 이상 재배한 작물은 당귀, 길경, 의이인, 황기 등 이다. 또한 100-500ha까지는 독활, 산약, 구기자, 결명자, 두충, 독활, 작약, 향부자, 천마 등으로 보고되고 있다.

2 약용작물 기초 지식

1. 약용작물과 생약

약용작물(Medicinal plant)이란 작물의 전체 또는 잎(葉), 뿌리(根), 씨(種子) 등이 직접 약에 쓰이거나, 제약 원료로 쓰이는 작물을 말하며, 그것을 약재로 할 목적으로 햇볕에 말리거나, 찌거나 또는 즙을 만들어 둔 식물체를 생약(生藥)이라고 하는데, 보통 약초(藥草), 한약(韓藥), 한방약(韓方藥)이라고도 부르고 있다.

요즈음 우리들이 많이 사용하고 있는 각종 양약(洋藥)의 대부분이 식물체를 원료로 하는 것이 적지 않다. 특히 요즈음 여러 제약회사에서는 각종 약용식물에서 새로운 약을 연구 · 조제하고 있다.

약초는 이와 같이 양약 제조의 원료뿐만 아니라 한방의(韓方醫)나 민간에서도 각종 약초 요법으로 많은 양을 소비하고 있으니 매우 중요한 것이다.

우리나라는 사계절이 뚜렷하고 기후가 비교적 따뜻하기 때문에 약용작물의 종류도 매우 많아서 약 200여종이나 된다고 한다.

약용작물은 옛날부터 질병과 싸우는데 있어 중요한 무기로서 국민의 건강을 보증하는 물질적 기초로 큰 기대를 모으며, 축적된 의학의 경험과 탁월한 치료 효과는 오늘날 많은 사람들의 관심을 받고 있다.

약용작물의 대부분은 야생과 재배식물에서 비롯된다. 자원이 풍부하고 가격이 저렴하며, 사용이 간편할 분만 아니라, 부작용이 적으며 질병의 치료효과가 현저하고 자양(滋養)과 장수(長壽)의 효능이 있기 때문에 많은 사람들의 선호의 대상이 되어 왔다. 더욱이 국민경제의 발달과 생활수준의 향상에 따라 약초의 수요가 해마다 증가되고 있는 추세다. 이에 따라 약용작물의 확대 발전으로 농업소득을 증진하고 국민건강에도 공헌해야 한다.

2. 약용작물의 역사

약용작물의 역사는 식용작물과 더불어 인류의 역사와 함께 시작되었으리라고 생각된다. 그러나 현재 우리들이 추적할 수 있는 범위는 겨우 B. C. 4000년 이후의 고대문명권까지의 매우 짧은 시기에 불과하다. 고대인들은 아마 작은 집단으로 사냥하고 식량을 채집하며 떠돌아 다녔을 것이다. 그러다가 도구(道具)를 만들게 된 것은 B. C. 30,000년

쯤으로 추정되는 구석기시대의 초일 것이다.

이 시대의 의료에 관한 자료는 전혀 찾을 수 없으나, 인류는 야생하는 식물을 채취하여 식량과 약품으로 이용했을 것이다. 오랜 세월 동안 허다한 시행착오를 거쳐 음식과 약품으로 쓸 수 있는 식물과 유독식물의 식별에 어느 정도 익숙하게 되었을 것이다. 이어서 B. C. 10,000~B. C. 7,000년 사이의 신석기시대에 인류는 비로소 정착생활로 진보되어 경작, 재배와 사육이 시작되었으리라고 생각된다.

1) 중국의 약용작물재배

중국의 농경과 의약의 시조인 염제 신농(炎帝 神農)이 B. C.2800년쯤에 약용식물을 집대성하여 중국의학의 기초를 확립하고 신농본초경(神農本草經)을 저술했다고 하나, 실제로는 후한(後漢)의 장중경(張仲景)이나 화타(華陀)의 저서일 것으로 추정된다. 그 후 양(梁)의 도홍경(陶弘景)이 전승(傳承)되어 오던 약초들을 총 정리하여 상 · 중 · 하 약 365품목으로 분류한 신농본초(A.D. 452~536)를 편찬하였다.

그 후 신수본초(新修本草?唐代)로부터 정화본초(政和本草 · 宋代)까지 국가적인 공정서(公定書) 형식으로 전통적인 본초서가 출간되었다. 이 밖에 최대의 백과사전적인 본초서는 명대(明代)의 이시진(李時珍)의 본초강목(本草綱目)이다.

2) 서구(西歐)의 약용작물

고대(고대) 바빌로니아 - B. C. 2600년쯤, 메소포타미아에서 출토된 진흙 판에 새겨진 설형(楔形)문자로 된 기록에는 서양삼나무의 기름, 감초(甘草), 아편 등이 실려 있었고 바빌로니아의 약은 멀리 인도, 아랍권, 이집트에까지 영향을 미쳤었다.

고대 이집트는 B. C. 1500경부터 계피, 석류피, 박하, 아라비아고무, 알로에, 아편 등을 재배한 기록이 있다. 또한 로마 · 그리스 시대는 이집트의 영향을 강하게 받았다.

3) 우리나라의 약용작물

우리나라의 약용작물에 관한 기록으로는, 삼국유사(1280년)에 나오는 환웅천왕(桓雄天王)이 쑥과 마늘을 이용하였다는 설화로부터 비롯된다. 그 후 고구려, 백제, 신라, 고려시대에 걸쳐 중국 의약학의 영향을 직접 받아 왔으나 조선조의 세종(世宗)시대에 이르러 당재(唐材)에 대용할 수 있는 국산약초에 관한 연구가 열매를 맺기 시작하였다.

세종지리지(世宗地理誌)에 의하면 그 당시(1432년)에 이미 경기도내의 내원(內院)에

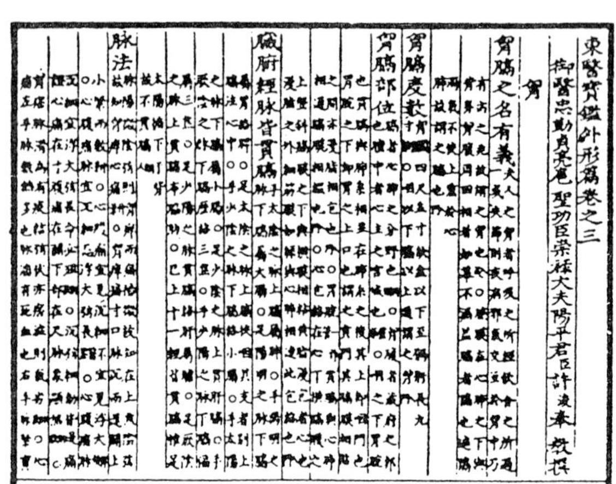

東醫寶鑑外形篇卷之三

御醫忠勤貞亮扈聖功臣崇祿大夫陽平君臣許浚奉敎撰

胸

胸膈之名有義

胸膈度數

胸膈部位

臟腑經脈皆貫膈

脈法

그림1-2 허준(許浚)과 동의보감(東醫寶鑑)

서 약초 재배를 하였고, 그 후 일반 민간에도 보급하였으며, 이언적(李彦迪)의 약초원과 같이 지금까지도 그 유적이 남아 있는 것이 있다.

의서(醫書)로서는 약 500년 전, 즉 이조 초기에 윤회(尹淮)는 채집월령(採集月令)을 지어 토산약초(土産藥草)의 채약월차(採藥月次)를 밝혔고, 또 왕은 우리나라의 약초를 조사하게 하여 향약본초(鄕藥本草) 85권을 편찬토록 하였다.

선종(宣宗) 때에는 허준(許浚)에게 명령하여 동의보감(東醫寶鑑)을 편찬 저술하게 하였고, 이에 따라 채취 뿐 아니라 약용작물을 재배하는 농가가 형성되기 시작하였다.

3. 약용작물의 중요성

수천 년 동안 약용식물을 원형 그대로 또는 간단한 가공만으로 약물로 사용해 왔으며 19세기에 이르기까지 동양에서는 전래(傳來)된 그대로의 종합적 사고방식을 지켜왔으나, 서구에서는 분석적으로 약용식물의 약효성분을 탐구하기 시작하여, 동양과 확연하게 다른 길로 발달해 나가게 되었다.

한방에 널리 쓰이고 민간약도 현존하는 우리나라의 약용식물학은 기초적인 분류, 성분, 약리, 재배에 관한 연구뿐 만 아니라 세포 및 조직배양 등 생물공학 분야에도 그 탐구영역을 넓고 깊게 확대해 나아가야 할 것이다.

이론적으로 살펴본다면 요즈음 많이 쓰이고 있는 페니실린, 스트랩트마이신 등을 비롯하여 안약으로 쓰이는 아트로핀, 피로카루빈, 천식(喘息)의 특효약인 에페드린, 회충약인 산토닌, 그리고 강심제인 캄프리・디기탈리스・카페인, 이뇨제인 데오프르민, 진해약(鎭海藥)인 코데인, 진통약인 모르핀, 국부마취약인 코카인 등은 모두 식물체에서 발견하여 화학적으로 추출하여 의료용으로 공급하고 있다. 뿐만 아니라, 당약, 용담, 로도근(根) 등의 생약은 그대로 혹은 가루(粉末), 즙(汁) 등 약간의 가공만으로 이용하고 있고, 도라지, 이질풀, 질경이 등에서 유효성분을 추출하여 새로운 신약(新藥)을 만들어 판매하고 있다. 이와 같이 약용식물은 신약의 원료로서 뿐만 아니라, 한방의와 민간에서도 상당한 분량의 생약을 소비하고 있는 실정이다. 약용작물의 소비는 선진사회로 갈수록 늘어날 전망이기 때문에 약원료로서 수급동향을 잘 파악하여 재배하면 농가소득원으로 중요한 위치를 차지할 것이다.

4. 우리나라 생약계(生藥界)의 현황

약용작물의 재배는 보통 작물에 비하여 수익성이 높음으로 국내 수요(需要)는 물론 해외 수출에 의하여 외화 획득이 가능하다는 점에서 그 성과가 높아감에 따라 일반 농민과 생산자는 물론이고, 관계 단체나 정부 당국에서도 적극적인 대책이 강구되고 있다.

그러나 아직도 수출입 관계, 단체의 업무, 생산물 처분, 약초 재배의 기술 보급, 정부의 지도 장려책 등 모든 분야에 걸쳐서 체계화되지 못하였기 때문에 무계획적으로 장려하여 생산된 생약을 처분할 수 없어 부패, 사장(死藏)하는 결과가 되어 생산자들의 손실을 가져오게 한 일이 적지 않다. 그렇기 때문에 약초를 재배하고자 하는 사람은 소문만을 듣고 계획 없이 자본을 들여 재배를 시작함은 매우 위험한 일이니 잘 소사, 계획하여 착수하여야 한다. 또한 생약 관계의 업무 한계는 대략 다음과 같이 구분되어 있다.

보건사회부에서는 수급업무(需給業務), 즉 생약의 수출입 및 약리학적 문제, 품질 및 성분 검사, 규격 제정, 가공 문제 등을 담당하고 농수산부에서는 생약의 재배 업무, 즉 생약 재배의 기술지도, 농지의 알선, 우량종자 종묘의 보급, 가격 조정, 생산 자금, 수매 자금 및 각종 보조 자금 등의 업무를 담당하고 있다.

우리나라에서 재배하는 약초는 인삼을 비롯하여 당귀, 천궁, 백작약, 백하수오, 백지, 강활, 독활, 익모초, 소엽, 결편, 산약, 토목향, 양유, 지모, 지황, 해방풍, 고본, 황기, 시호, 황금, 만삼, 황연, 두충, 결명자, 황정, 생강, 구기자, 대황, 목단, 백편두, 반하, 산수유, 신이, 오미자, 음양곽, 우슬, 의이인, 창출, 댁사, 패모, 향부자, 현삼, 형개, 홍화, 호장근, 직하수오 등 100여 종에 이른다.

우리나라 약용작물 재배 생산 현황

품 목	1985	1991	1997	연평균 증가율(%)		
				1985~91	1991~97	1985~97
강 활	43	112	204	17.30	10.51	13.85
구기자	178	514	1,033	19.33	12.33	15.78
길 경	3,494	5,255	3,702	7.04	△5.67	0.48
당 귀	726	2,061	4,812	18.99	15.18	17.07
두 충	33	202	2,489	35.25	51.98	43.37
만 삼	22	23	2	0.74	△33.44	△18.11
맥문동	67	173	400	17.13	14.99	16.06
목 단	339	362	116	1.10	△17.28	△8.55
방 풍	44	93	471	13.28	31.05	21.84
백 지	· 27	45	296	8.89	36.88	22.08
사 삼	1,724	1,942	3,922	2.00	12.43	7.09
산수유	172	371	399	13.67	1.22	7.26
산 약	71	768	2,104	48.71	18.29	32.63
시 호	518	400	264	△4.22	△6.69	△5.46
의이인	680	148	2,754	△22.44	62.79	12.36
오미자	414	256	429	△7.70	8.99	0.30
작 약	736	3,258	2,978	28.14	△1.49	12.35
지 황	904	751	544	△3.04	△5.23	△4.14
지 모	10	48	55	29.88	2.23	15.26
천 궁	842	1,686	2,294	12.27	5.27	8.71
택 사	210	674	743	21.45	1.64	11.10
패 모	88	93	3	0.93	△43.58	△24.54
하수오	4	221	679	95.16	20.57	53.40
향부자	52	899	1,084	60.80	3.17	28.80
황 기	960	2,207	4,579	14.88	12.93	13.90
황 금	90	155	444	9.48	19.17	14.23
결명자	14	194	79	54.98	△13.91	15.51
기 타	424	2,735	2,631	36.44	△0.64	16.43
합 계	12,616	25,646	39,492	12.55	7.46	9.98

품목별로 생산량의 증감추세를 보면 패모, 만삼, 목단, 시호, 지황 등 중국에서 대량 수입하는 품목의 경우 국내생산이 감소하는데 비해 식용과 약용을 겸할 수 있는 길경, 사삼, 의이인, 두충, 산약, 당귀, 황기, 천궁, 작약 등이 비교적 많이 생산되고 있다. 또한 최근에는 건강음료로 각광받고 있는 하수오, 두충, 산약과 일본으로 수출이 늘어나고 있는 향부자의 생산이 크게 늘어나고 있다.

약용작물의 재배는 기후와 지리적 요소에 의하여 결정되는 것뿐만 아니라, 인간의 생산활동도 중요한 작용을 하고 있다.

3 약 · 특용작물 학명과 분포

1. 약 · 특용식물의 명칭

1) 지방명(地方名)

지구상에는 미생물을 포함하여 수십만 종류의 식물이 자생(自生) 또는 재배되고 있는데 그 명칭이 엄밀하게 규정되어야 혼란이 일어나지 않을 것이다.

따라서 약용식물의 정확한 분류에는 먼저 이들 식물의 명칭을 통일하는 일이 가장 앞서야 한다.

식물의 명칭에는 지방명(地方名)과 국명(國名. 한국이름), 그리고 학명(學名) 등이 있다.

지방명은 한정된 특정지역에서만 생활의 필요성 혹은 지식의 정리를 위해서 자연발생적으로 붙여진 토속적인 명칭으로 특정지역에서 생활하는 사람에게는 익숙하고 편리하나 다른 지역에서는 통하지 않고 또한 명명(命名)을 위한 규칙이 없기 때문에 식물분류학적인 면에서는 문제시되지 않으나 응용식물학 및 민속적인 면에서는 중요한 뜻을 가질 수 있다. 세계 각국에서는 그 나라의 말로 식물 이름이 지어져 있는데 이들 각국의 말에 의한 명칭(國名)도 넓은 뜻에서는 지방명에 속한다.

2) 학명(學名)

지방명을 이름을 붙이는 규칙이 없기 때문에 한 식물에 여러 가지 이름이 있거나, 별개의 식물을 같은 이름으로 부르는 등 혼동이 일어나기 쉽다. 그래서 하나의 종(種)에는 국제적으로 통용되는 단 하나의 명칭을 붙이고자 하는 생각이 싹트게 되었다. 이것이 학명(學名)의 시초이다.

현재 쓰이고 있는 학명은 Linne가 창시한 것으로 2개의 단어로 하나의 식물을 나타내기 때문에, 이 명명법(命名法)을 이명법(二名法)이라고 하고, 또한 학명은 라틴어로 쓰기 때문에 라틴명이라고 부른다.

그래서 모든 식물을 단지 2개의 단어로 나타내는 이명법(二名法)이 획기적인 것으로서 국제적으로 받아들여져, 현재 국제식물명명규약(國際植物命名規約)에 의하여 엄격하게 운용되고 있다.

(1) 학명의 구성

학명은 속명(屬名)과 종명(種名)의 2개의 단어로 하나의 종(種)을 나타내고 이것에 이 학명을 발표한 명명자의 이름을 붙인다. 속명은 라틴어의 명사로서 첫 글자는 반드시 대문자로 표시하고, 종명은 특수한 고유명사 등의 예외를 제외하면 원칙적으로 소문자의 라틴어를 쓴다.

학명에 있어서 종(種) 이하는 아종(亞種), 변종(變種), 품종(品種)으로 표시된다.

또한 명명자명도 인쇄할 때에는 속명이나 종명과 다른 자체(字體)로 하고, 저명한 명명자의 경우에는 다음과 같이 생략하는 경우가 많다.

[국 명]	[속 명]	[종 명]	[명명자명]
인 삼	*panax*	*ginseng*	C.A Meyer
율 무	*Coix*	*lachryma*	L. var. *ma-yune*. Stapf
			[변종] [변종명]

(2) 명명(命名)의 절차

아직 학명이 없는 식물이 새롭게 발견되면, 식물분류학자는 이것에 명명한다. 이것은 명명규약(命名規約)에 의하여 다음과 같은 차례로 수행된다.

먼저 학명을 명명할 식물의 표본(건조 압착 표본)을 만든다. 이어서 이 표본을 관찰하여 식물의 특징을 조사한다. 세계 각지의 식물학자가 볼 수 있는 전문학술잡지에 식물의 특징을 라틴어로 기재하여 새로운 학명을 발표한다. 이와 같은 절차를 거쳐 비로소 학명이 인정된다. 또한 학명을 붙인 기본이 된 표본은 기준표본(基準標本)이라 하여 영구히 보존해야 하는 것이다.

2. 약 · 특용식물의 분포

식물의 분포에는 지역적(地域的)으로 구분되어지는데 식물의 군락분포(群落分布), 기후적 분포에 의한 식물상(植物相)의 분류로 이루어진다.

1) 식물군락의 분포

(1) 수림(樹林)

① 열대다우림(熱帶多雨林)
② 우록림(雨綠林)
③ 사반나수림(樹林)
④ 상록광엽수림(常綠廣葉樹林)
⑤ 경엽수림(便葉樹林)
⑥ 하록림(夏綠林)
⑦ 침엽수림(針葉樹林)

(2) 초원(草原)

① 사반나초원(草原)
② 내륙초원(內陸草原)

(3) 황원(荒原)

2) 구계적 분포(區系的 分布)

식물상(植物相)의 특성에 따라서 세계의 여러 지역을 구분하고 있다.

(1) 북대(北帶)

① 북극지방
② 중부유럽 - 시베리아, 알라스카, 캐나다
③ 지중해지방
④ 중앙아시아
⑤ 동부아시아 - 한국, 일본, 중국의 북부와 중부를 포함.
⑥ 북미 태평양지역
⑦ 북미 대서양지역

(2) 구열대(舊熱帶)

아시아와 아프리카의 열대를 포함하는 광대(廣大)한 지역이다.

① 열대아프리카
② 사하라, 인도서부
③ 열대아시아
④ 태평양제도

(3) 신열대(新熱帶)

멕시코 이남의 아메리카대륙으로 남아메리카의 끝 쪽을 제외한 넓은 지역이다.

(4) 남대(南帶)

(5) 남극지방대(南極地方帶)

(6) 남(南)아프리카

희망봉을 중심으로 하는 좁은 지역이나 극히 특이한 식물상을 가지며 건성(乾性)식물이 많다. 많은 원예식물의 자생지이기도 하다.

3) 우리나라의 식물분포

우리나라는 식물분포에 따라 북부, 중부, 남부로 구별할 수 있으며, 울릉도와 제주도의 특수성을 인정하여 5개의 지역으로 구분하기도 한다.

(1) 북부(北部)

북부는 황해도 장산곶과 원산만을 연결하는 선(線)의 북쪽을 말하며 산악지대가 가장 많은 지역이다.

이곳의 중요한 침엽수로는 가문비나무, 전나무, 잣나무 같은 것이 대산림을 형성하고 있다. 약용식물로서는 장군풀, 삼지구엽초, 노랑만병초 등이 풍부하게 자생하고 있다.

수평 분포

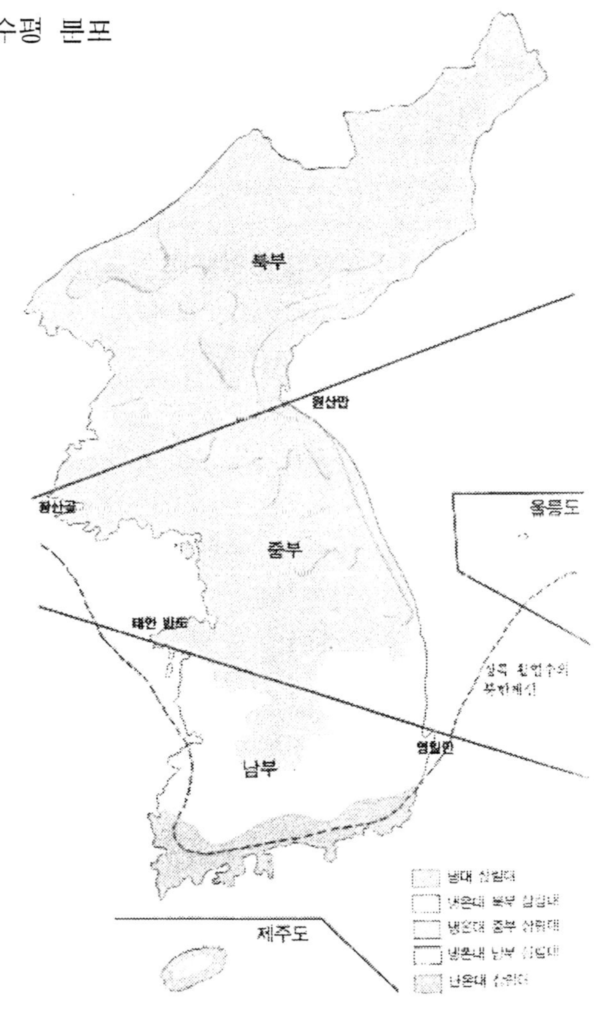

(2) 중부(中部)

중부는 황해도 장산곶과 원산만을 잇는 선의 이남, 충청남도 태안반도와 경상북도 영일만을 연결하는 선 사이를 말하며, 동쪽에는 태백산맥이 버티고 있다.

이 지역의 약용식물로는 서해안의 백령도 대청도에는 후박나무, 동백나무가 있다. 이 지역에는 삼지구엽초, 황벽나무, 초오류, 미치광이, 매자나무, 시호, 당귀, 박새, 쥐오줌풀 등 다양하게 자생하고 있다.

(3) 남부(南部)

영일만과 태안반도를 연결하는 선 이남의 지역올 남부라 하며 이 지역에는 지리산 · 백운산 · 가야산 · 가지산 · 덕유산 등의 산악지대가 포함된다. 침엽수로는 높은 산에 눈향나무, 구상나무 등이 자생한다. 해안지대 특히 남단부에는 동백나무, 사철나무, 후박나무, 굴거리나무, 차나무 등의 약용으로 쓰이는 식물이 풍부하고 진도(珍島)의 유독식물인 붓순나무, 거제도의 팔손이나무가 자생하고 있다.

(4) 제주도(濟州道)

제주도는 제3기의 말 또는 홍적세에 대륙과 분리된 것으로 믿어지고 있다. 이때에는 한반도와 일본열도들은 이어져 있었을 것이다. 따라서 제주도는 한 · 일 난대구에 속하므로 난대요소가 많아 우리나라 본토보다 일본과 공통 수종(樹種)이 많다. 제주도의 식물대(植物帶)에는 해안식물대와 산지식물대로 구분할 수 있다. 약용식물로는 섬오갈피, 한라돌쩌귀, 방기, 후박나무, 굴거리나무, 동백나무, 순비기나무 등 난대에 나는 특수한 식물상을 이르고 있다.

(5) 울릉도

제13기 점신세(漸新世)의 시대에 한국, 일본은 모두 같은 대륙의 일부로 존재했을 것이며 울릉도는 이 시대에 분출한 화산이라고 믿어진다.

울릉도 식물의 특색은 이 섬과 같은 위도(緯度)의 다른 곳에 비해서 뚜렷이 남방계(南方系)의 상록활엽수가 많은 점이고, 약용으로 아직 개발 안 된 섬시호, 섬현삼, 섬노루귀 등의 특산식물과 두루미꽃, 산마늘 같은 희귀한 식물이 군락을 이루고 있다.

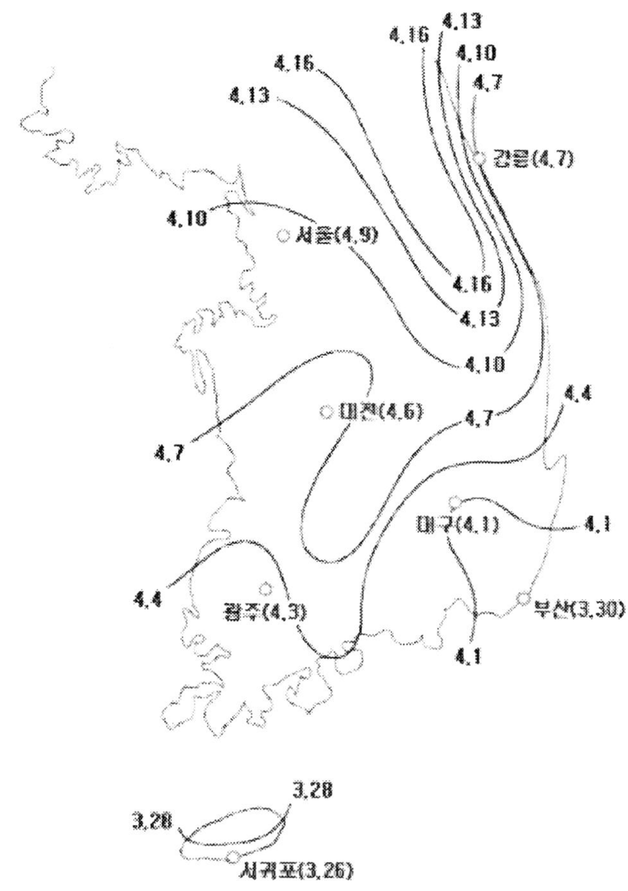

3. 약 · 특용식물의 분류

식물의 분류(分類)도 처음에는 생활하는데 필요해서 식물에 이름을 붙이게 되었는데 먹을 수 있는 식물, 유독(有毒)식물, 약으로 쓸 수 있는 식물, 또는 크고 아름다운 꽃이 피는 식물 등을 정리하는 데서부터 시작되었다. 이런 지식의 흐름은 차차 진화되어 특히 약용식물의 명명(命名), 정리 등으로 발전되어 각종 저서가 출판됨으로써 식물학(Botany)과 생약학에 큰 영향을 미쳤다.

그 후 유럽에서는 여러 본초서(本草書)가 간행되고 16세기에 들어서 식물분류학의 선구적인 연구가 발표되기 시작되었으나 근대적인 분류학은 LINNE에 의하여 시작되었다. 그는 학명(學名)을 이명법(2名法)에 의하여 뷰류하였다.

■ 분류의 단위(單位)와 단계

분류의 방법으로서는 큰 군(群)에서 점차 세분(細分)되어 왔는데 진펄용담을 예로 들면 아래와 같이 된다.

문(門) Phyllum · · · · · · 종자(種子)식물문
아문(亞門)Subphymnn · · 피자(被子)식물아문
강(綱) Clasis · · · · · · 쌍자엽(雙子葉)식물강
아강(亞綱) · · · · · · · 합판화(合瓣花)아강
목(目) Ordo · · · · · · · 용담목
과(科) Familia · · · · · · 용담과
속(屬) Genus · · · · · · · 용담속
종(種)Species · · · · · · · (당)용담
변종(變種)Varietas · · · · · 용담
품종(品種)Forma · · · · · · 진펄용담

꽃의 분화 단계	
씨방 없음	씨방 있음

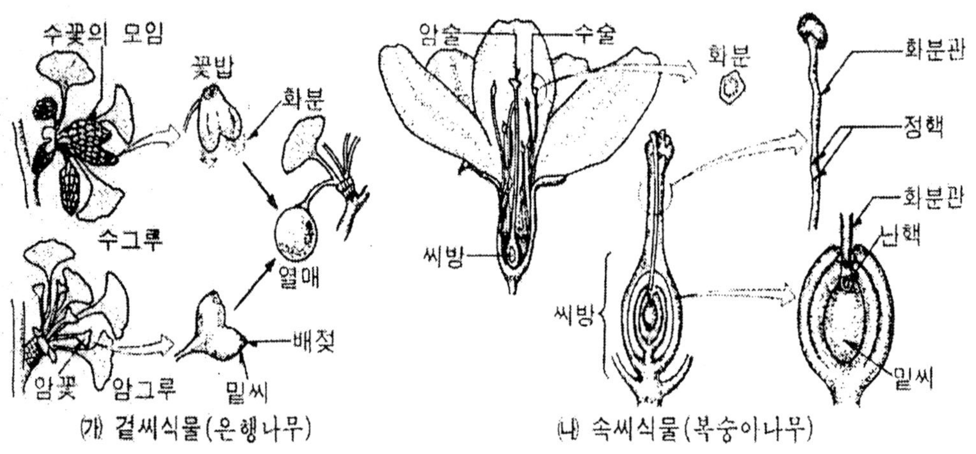

그림1-3 종자식물의 종류

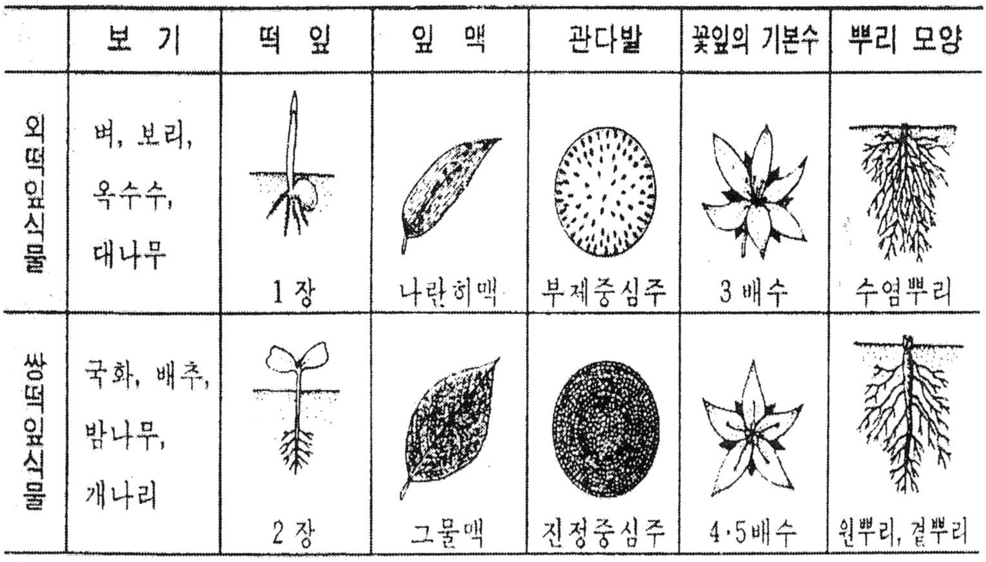

	보 기	떡 잎	잎 맥	관다발	꽃잎의 기본수	뿌리 모양
외떡잎식물	벼, 보리, 옥수수, 대나무	1 장	나란히맥	부제중심주	3 배수	수염뿌리
쌍떡잎식물	국화, 배추, 밤나무, 개나리	2 장	그물맥	진정중심주	4·5배수	원뿌리, 곁뿌리

그림1-4 피자식물의 종류

■ 종(種) - 지구 위의 다양한 생물을 분류(分類:classification)할 때의 기본단위를 종(species)이라고 한다. 예를 들면 벼, 도라지, 목련, 사람, 사자 등이 각각 종(種)이다. 그러나 종의 개념은 명확하게 구별될 수 있는 것 같으나 실제로는 변이가 미묘하게 연속되어, 중간형(中間型?移行型)이 많아 종의 범위가 학자에 따라 달라서 정설(定說)이 없고 유전학적으로 해결되어 가고 있는 실정이다.

종을 요약하면 다음과 같다.

① 종은 분류학적으로 기본단위이다.

② 종은 형태적 및 다른 생물학적 형질이 닮은 개체의 집단이다. 같은 종 안의 개체 사이에는 교배(交配)가 가능하고 자손은 임성(稔性)이다.

③ 종은 다른 종과 명확한 차이(불연속적인 형질)가 있고, 다른 종과의 사이에는 어떠한 격리(隔離)의 메커니즘에 의하여 교배가 되지 않고, 또는 교배가 되어도 자손은 대부분 불임이다.

④ 종은 지리적으로 정해진 분포역(分布域)을 가지고 있다. 약용식물의 분류는 학자에 따라 그 분류법이 다르지만 보통 초본류와 목본류로 크게 분류하고 있다.

1) 초본류

연한 초질의 줄을 가진 것으로 보통 약초라고 부르는 것이 이 초본류에 속한다. 초본류 중에도 감초, 감국 등은 초질이 다소 딱딱한 것도 있다. 초본류는 다시 생육기간이 길고 짧은 것에 따라서 1연초, 2연초(1~2연초는 지방의 기후조건에 따라 구분이 어렵다), 다년초의 세 가지로 크게 나누며, 다년초 중 사후런(safron), 부자, 천남성 같은 구근을 가진 것들을 특히 구근류라 부른다.

2) 목본류

딱딱한 목질의 줄기를 가진 것으로서 이것에는 상록성 목본과 낙엽성 목본으로 구분되고 있다. 더 세분하게 되면 상록성 침엽목본류와 상록성 간섭목본류, 또한 낙엽성 침엽목본류와 낙엽성 간섭목본류로 분류하기도 한다.

이들 가운데도 오수유, 두충, 산수유, 황백 등의 교목성 나무는 산야에 식재하며, 구기, 연교, 오미자 등의 관목성 나무는 개간지, 황무지 등의 밭에다 식재하고 있다.

4 약·특용식물의 성분

약용식물의 궁극적인 평가는, 함유하고 있는 유효(약효)성분과 그 독특한 생리활성(生理活性)에 달려 있다. 따라서 약용식물의 성분은 그 범위가 의약제나 건강식품을 목적으로 이용될 수 있는 활성물질을 대상으로 하고 있다고 볼 수 있다.

실제로 모든 식물체는 대단히 많은 종류의 무기물질과 유기물질을 함유하고 있다. 식물의 성분에는 보편적으로 함유되는 일반성분과 특정의 식물에만 존재하고 사람이나 동물에 대하여 특별한 생리작용을 나타내는 활성물질(약효성분)이 들어있다. 일반성분으로는 물, 탄수화물(炭水化物), 유기산(有機酸), 지질(脂質), 아미노산, 단백질, 핵산, 무기물질 등이 있다.

활성물질로는 알칼로이드(alkaloids, 植物鹽基), 배당체(配糖體), 식물색소, 정유(精油) 등이 있다. 그러나 명확한 구별이 어려운 경우도 있다.

생약의 효능은 이러한 유효성분에 있기 때문에 발휘될 수 있는 것이므로 양질의 약용식물을 재배하는 것이 바로 재배자로서는 좋은 값을 받을 수 있는 길이 되는 것이다. 그러자면 재배에도 공을 들여야 하겠지만 그 저장법 또한 중요한 일이 된다. 저장법이 나쁘면 유효성분이 줄어들 뿐 아니라 생약으로서의 가치가 떨어지기 때문이다. 가령 인동, 계피 같은 것은 저장법이 나쁘면 유효성분이 분해되어 약효가 감퇴되는 것이다. 그래서 생약의 유효성분을 알고 재배에 임해야 할 것이므로 생약의 유효성분에 대하여 알아보고자 한다

1. 알칼로이드(alkaloid)

식물계에서 산류(酸類)와 결합해서 염류(鹽類)를 생성하는 유기성분을 알칼로이드라고 한다. 이 분자는 질소를 내포하는 함질소염기성 화합물이다.

산과 염류가 결합되어 이루어지는 성질이 알칼리, 즉 가성소오다, 가성칼리, 암모니아수 따위가 알칼리와 유사한 관계로 붙여진 이름이다.

알칼로이드는 산성에서 물에 풀리고 염기성에서 유기용매에 풀리므로 이 성질을 이용해서 쉽게 추출할 수 있다. 알칼로이드 성분으로 처음 알려진 것은 아편에 들어 있는 모르핀이다.

알칸로이드에는 대체로 고미(苦味), 즉 쓴맛이 있고 우리들의 신체에 대한 생리작용도 상당히 강하다. 그리므로 미량으로 약효를 발휘함으로써 독약이나 극약에

약 명	채취부위	약 효
코카인	코카잎	국소마치약
마드린	고삼(苦蔘)	고미약, 구충약, 피부병약
후리치라린	패모(貝母)	거담, 진정제
스트리키니네(毒)	호미카(馬錢子)	흥 분 제
피로칼린(毒)	야보란지잎	축동약(縮瞳藥), 반한제
아레코린(毒)	야자열매	축동약, 촌충구제약
에제린(毒)	가라바르코	동공축소
에메친(毒)	토근(吐根)	아메바성적리(赤痢)치료약
카페인(劇)	커피원두, 차잎	이뇨, 강심제
에르고톡신(劇)	맥각(麥角)	산후자궁 지혈제
레오누린	메하지키잎	〃
히드라스치닌(劇)	히드라스치스뿌리	〃
요힘빈(劇)	요힘베껍질	최음약
로베린(劇)	로베리아풀	호흡, 흥분제
리고린(毒)	석산(石蒜)	아메바성 이질(赤痢)
몰핀(毒 · 痲)	양귀비의 미숙과	진 통 제
담츠지아민(毒)	히요스잎 등	진통진경제
스코프라민(毒)	베라돈나잎, 만다라잎	〃
아토로핀(毒)	루우트뿌리와 잎	진통진경제
		산동약(散瞳藥)
볼보카프닌(劇)	연호색(延胡索)	진경, 진통제
아코니친(毒)	오두(烏頭)	
	부자(附子)	진통제
에페드린(劇)	마황(痲黃)	기관지 천식약
페레치에린	석 류	촌충 구제약
시노메닌	한방기(漢防己)	항류마티스, 말라리아약
키니네	기나껍질	항말라리아약
헤리도닌	백굴채(白屈菜)	진 통 제
파피베린(劇 · 痲)	양귀비의미숙과	진경, 진통제
코테인(劇 · 痲)	〃	진 해 제

속하는 것이 많고, 이 중에는 마약으로 취급되는 것도 있다. 그것은 다음과 같은 것들이다.

2. 배당체(配糖體)

배당체(glycoside)는 생약의 성분 중 알칼로이드의 다음 가는 중요성을 지니는 것으로서 포도당과 같은 당류와 결합되어 있는 성분이다. 배당체는 식물계에 널리 분포되어 있으며 식물의 세포질, 액포 중에 용존되어 있다.

그것을 분해해 보면 당(糖)과 또 하나의 다른 화합체로 분리가 된다. 이 다른 하나의 성분을 아그리콘이라고 하며 이것은 안트라히논 배당체, 청산(青酸) 배당체, 후라본배당체 따위로 갈라질 수가 있다.

일반적으로 배당체는 고미, 즉 쓴맛이 강하고 이것은 강심작용을 지니고 있는 그룹과 그러한 작용이 없는 단지 쓴맛만 있는 그룹, 진해작용을 갖는 그룹, 완하(緩下)작용을 갖는 그룹 그리고 기타로 나뉘어진다.

이 중에서 거담작용을 갖는 그룹은 비누와 같은 거품을 내거나 세탁작용을 하는 물리적 성질이 있어서 특히 이것을 사포닌질이라고 한다.

수렴(收斂) 작용을 지니는 그룹에는 탄닌질의 이름이 있으며 배당체 중 일군의 물질은 쓴맛이라기 보다 떫은맛이 있다.. 말하자면 떫은맛이 주성분을 이루고 있다. 생리작용면에서 본 배당체와 약품명을 열거하면 다음과 같다.

1) 강심성 배당체(强心性 配糖體)

약 명	체 위 약 초 부 위
스트로판틴(毒)	스트로판스
아 토 닌 (毒)	복수초(福壽草)
미리시트린	양매피(楊梅皮)
자기톡신, 지기코린(毒)	지기탈리스잎
지기라니드 A.B.C(毒)	게지기탈리스잎

2) 고미건위성 배당체(苦味建胃性 配糖體)

약 명	체 위 약 초 부 위
헤스베리진(방향건위약)	진피(陳皮)
프랙크트란진(〃)	연명초(延命草)
호므론, 루프론(〃)	호 프
쿠아신(苦味質)	고 목(古木)
겐치피크린	겐치아나뿌리, 용담 등
메리아진	수채잎(茱宋葉)
스벨치마린	당 약(堂藥)
아우란치아린	등 피(橙皮)

3) 사하성 배당체(瀉下性 配糖體)

(1) 안트라히논 배당체 함유 생약

약 명	체 위 약 초 부 위
크리소판산 등	당대황(糖大黃)
레인아로에 에모진 등	센 나 잎
에 모 진	대 황(大黃)
에 모 진 등	프랑그라 껍질
〃	라므누스 열매
〃	카스카라다 껍질
〃	결명자(決明子)
〃	하수오(何首烏)

(2) 프라본 배당체 함유 생약

약 명	체 위 약 초 부 위
켄 페 롤	다엽(茶葉)약간
〃	갈 잎(葛葉)
〃	백도화(白桃花)
〃 (물터프로린)	영 실(營實)
〃 (텍트리진)	연미근(鳶尾根)

(3) 수지배당체 함유 생약

약 명	체 위 약 초 부 위
청산배당체(아미그다린)	복숭아씨(桃仁)
〃 (〃)	살구씨(杏仁)
〃 (〃)	비 파 씨
〃 (〃)	바구지잎

4) 수렴성 배당체(收斂性 配糖體)

약 명	체 위 약 초 부 위
탄 닌 질	인 동(忍冬)
〃	오배자(五倍子)
〃	물식자(물食子)
〃	하마메리잎
〃	이 질 풀
〃	지 유(地楡)

5) 거담성 배당체(去痰性 配糖體)

약 명	체 위 약 초 부 위
사포닌질(세네가)	세네가뿌리
〃 (에교사포닌)	길경뿌리(桔梗根)
〃 (아스타, 사포닌)	자 원(紫菀)
〃 (사루, 사포닌)	사루사 뿌리
〃 (아스포닌)	지 모(知母)
(리가가릿트)	원지뿌리(遠知根)
〃	천남성(天南星)
〃	시 호(柴胡)

6) 이뇨성 배당체(利尿性配糖體)

약 명	체 위 약 초 부 위
알 크 틴	우방자(牛蒡子)
알 부 틴	우바우루시약, 고게모모잎
아 게 빈	목 통(木桶)

이밖에 유황을 함유한 휘발유를 지니고 있는 겨자(芥子) 속의 시니그린, 차전초(車前草), 모란껍질, 인삼 속의 유효성분도 배당체 내지는 이에 유사한 것이며 또 대표적인 것은 아니지만 이질풀, 사간(射干), 감초, 인인초, 괴화(槐花), 전호(前胡) 속에도 배당체가 들어 있다.

3. 지방유(脂方油)

이것은 다음에 설명하는 식물성 휘발유와 같이 증류하여도 유출되지 않고, 냄새도 없으며, 주로 식물의 종자 속에 함유되어 있어 전적으로 착유하여 채취한다. 하제로 쓰는 피마자유, 회충구제에 쓰이는 사군자유(使君子油), 나병(癩病)에 쓰이는 대풍자유(大風子油) 따위의 특수한 작용이 있는 것도 있지만 태반이 생약인 연고의 기초제, 유제, 비누, 식용화장품 등에 쓰여진다. 예컨대 가우린유, 호마유, 카카오유, 올리브유, 면실유, 낙화생유, 살구씨기름 따위가 그것이다.

1) 식물성 휘발유

이것은 정유(精油)라고도 불리어지는데 식물에는 상당히 널리 분포되고 있다. 문자 그대로 이것은 휘발하기 쉽고 향기도 있는 성분으로서 물보다 가벼워 증기로 찌면 유출된 수분의 상층에 뜨기 때문에 이것을 채취하기는 어렵지 않다.

이 식물성 휘발유를 유효성분으로 하는 헤노포지유(十二脂腸蟲驅除) 균진고(菌陳藁), 강황(姜黃), 신이(莘痍, 蓄膿症), 외레리아나뿌리, 길초뿌리(吉草根, 신경쇠약, 히스테리)와 같은 특별한 병이나 목적에 응용되는 것도 있지만 그 대부분은 내포된 휘발유의 성능에 의해 각각 거담약, 과자나 화장품 따위의 향료, 구충제, 요도소독약(尿道消毒藥), 통경약(通經藥), 목욕탕용 훈향료(薰香料) 따위에 쓰이는 것이 보통이다.

이에 쓰여지는 것을 열거해 보면 밀감유(夏皮, 陳皮), 등피유(橙皮), 유카리유(유카리잎), 산초유, 라벤다유, 레몬유(레몬껍질), 계피유, 정자유, 박하유, 장뇌유, 세신, 생강, 창포뿌리, 육두구, 소두구, 오수유, 덩굴형자, 백출, 형개, 사프란, 향부자, 천궁, 당귀, 아이스열매, 대회향유, 회향유, 이리스뿌리 등이 있다.

2) 전분류(澱粉類)

이것은 일반성분에 속하는 것이 원칙이지만 특별히 약용으로 쓰는 것이 있다. 산약, 한천, 갈근 따위가 그것이다.

3) 칼륨염류

무기 유기성 칼륨염류가 유효성분이 되고 있는 약용작물이 있다. 하고초(夏枯草), 남만모(南蠻毛) 등의 이뇨약이나 쑥(艾葉) 따위의 해열작용을 하는 풀, 장궁 지혈작용을 하는 맥각(麥角)과 유사한 냉이 등이 그것이다.

4) 점액질(粘液質)

점액질이란 고무질과 같은 성질로서 이것을 유효성분으로 하는 생약이 있다. 이 중에서 위장 인후카다르의 보호제로 쓰이는 것도 있다. 카다르가 된 부위를 감쌈으로써 자극을 약하게 하는 작용이 있기 때문이다. 가령 황촉규뿌리, 목근화, 아르데아뿌리, 능실 등이 그것이며 이밖에 아라비아고무, 트라간트 따위가 있고 보고코로이드제로서 리멘트, 들반창고, 반창고와 같은 의료용 재료, 또는 공업용에도 널리 활용되고 있다.

5) 기 타

이상에 기술한 것 중의 어느 것에도 속하지 않는 생약도 있는데 그 중의 몇 가지를 들어보면 다음과 같다. 즉 산토닝을 함유하는 센나, 색소를 함유하고 있는 자근, 납을 이용하고 있는 목랍, 도한에 특효를 나타내고 있는 아가리진을 함유한 낙엽송초, 해충구제용의 제충국, 데리수뿌리, 매운 성분을 함유하고 있는 생강, 고추 등 외에도 아직 그 성분이 확실치 않는 것도 상당히 많이 있다.

5 약 · 특용작물의 특수성분

약 · 특용작물에 함유되어 있는 영양성분과 특수영양성분은 여러 가지 생리작용을 나타낼 뿐만 아니라 각종 질병의 예방과 치료효과를 비롯해서 건강증진에 많은 효과를 나타낸다.

많은 종류가 알려져 있으나 건강식 약 · 특용작물을 몇 가지 소개하면 다음과 같다. 엉겅퀴(동맥경화, 이뇨, 해독), 삼지구엽초(강장, 강정), 당오갈피(강장), 두릅(당뇨병, 위장병), 삽주(건위, 신장병), 박주가리(강장, 강정), 병꽃풀(강장, 기침, 감기), 한삼덩굴(강장, 건위), 도라지(노화방지, 배농, 해독, 체조절), 구기자(혈관강화, 강장, 호르몬조절, 해열), 인동덩굴(건위, 이뇨), 민들레(건위, 강장, 창종), 삼백초(간염, 폐염, 고혈압, 이뇨), 수리취(종창, 부종, 토혈), 진황청(자양강장, 강정), 별꽃(동맥경화, 이뇨, 최유), 갯방풍(위장병, 신장병, 당뇨병, 자양강장), 개미취(종창, 거담, 이뇨, 토혈), 나물취(종창, 이뇨), 소루쟁이(건위, 황달,각기), 쇠비름(간장, 위암, 구창), 질경이(위암, 강심, 출혈), 참나물(간염, 고혈압) 등이다.

1. 약 · 특용작물의 항돌연변이원성

최근들어 건강보조식품으로 널리 소비되고 있는 컴프리에 대한 벤조피렌 억제효과는 생즙이 40%의 억제효과를 보인 반면 가열즙의 경우는 45%의 억제력을 보였다. 발암물질 Trp-p-1에 대한 억제효과를 보면 Samonella typhimurium TA 98 균주에 대하여 질경이, 들미나리, 두릅, 수리취, 쑥, 쇠비름, 씀바귀, 민들레, 부추, 돌나물, 고들빼기, 방가지똥, 참비름 등은 80% 이상의 억제활성을 나타냈으며 TA100 균주에 대해서도 돌나물, 쑥, 씀바귀, 수리취, 들미나리, 참비름, 두릅 등은 85% 이상의 높은 억제효과를 나타냈다. 한편 컴프리의 경우 TA98 균주에 대하여 생즙이 54%, 가열즙이 85%의 억제효과를 보인 반면 TA100 균주에서는 생즙이 50%, 가열즙이 70%의 억제력을 나타냈다.

2. 약 · 특용작물의 약리성분

1807년에 생약의 유효성분이 처음 천연으로부터 분리되었다. 독일의 약제사 Serturner가 앵속으로부터 얻은 아편에서 몰핀(morphine)을 분리한 것이 최초의 업적이다. 그 후 19세기 후반까지 아트로핀(atropine), 퀴닌(quinine), 코카인(cocaine), 에페드린(ephedrine) 등의 알카로이드가 차례로 분리되어 의료에 크게 공헌하였다. 특히 몰핀의 분리는 약·특용식물의 유효성분을 분리한 최초의 예이며, 유기화학과 약학의 연구에 있어서 획기적인 일로 알려져 있다. 현재도 해열, 진통제로 흔히 쓰이는 아스피린(aspirine)은 주로 류마티즘의 치료에 사용되어 온 버드나무 수피성분인 살리신(salicin)으로부터 19세기 말에 만들어진 합성의약품이다.

의약품 개발에 있어서 천연물의 가치는 예상 밖의 새로운 구조를 갖는 화합물로서 새로운 작용을 나타낼 의외성에 있다. 그만큼 수는 많지 않지만 천연물 중에서 실제의 의료에 사용되고 있는 의약품이 만들어지고 있는 사실은 의외로 많이 알려져 있지 않다.

식물성분을 그대로 사용하고 있는 예는 항암제인 핀카알카로이드일 것이다. 식물성분의 유도체를 의약품으로 사용하고 있는 예로서는 항암제인 에토포사이드(etoposide), 이리노테칸(irinotecan), 및 항말라리아제인 아르테메테르(artemether) 등이 있다. 이들 경우에는 식물을 재배하여 성분을 추출, 의약품 원료로 공급하고 있다. 다른 경우로는 아스피린과 같이 식물성분의 구조를 기초로 합성의약품을 개발하는 것으로서 Drug design의 원형이 되는 lead화합물을 식물성분으로 구하는 것이다.

3. 약·특용작물의 동향

약·특용식물의 약리적 효능과 가치에 대한 이해를 돕기 위하여 비교적 최근에 식물성분으로부터 얻어진 의약품과 흥미 있는 생리활성물질을 가진 성분에 대하여 사례를 중심으로 간략히 살펴보기로 한다.

항말라리아제(artemisinin): 말라리아는 이전에 수백만 명의 인명을 앗아간 병이었으나 19세기에 남미의 약용수(藥用樹) 기나(kina)의 성분인 퀴닌이 치료약으로 등장하여 많은 인명을 구할 수 있었다.

중국에서는 개똥쑥(靑高: *Artemisia annua* L.)이 열병과 말라리아의 치료에 이용되어 왔다.

기억장해치료제(huperazine): 석송과의 쇠뜨기(*Lycopodium serratum*) 전초는 중

국의 일부지방에서 노인성 기억기능감퇴의 개선에 민간약으로 사용해 온 생약(天層塔)으로서 돈과도 바꾸지 않는 귀중한 약물이었다.

항혈소판활성화인자(PAF antagonist): PAF(platelet activating factor 혈소판활성화인자)는 에테르형 인지질의 구조를 가진 화합물로서 혈소판활성, 평골근(平滑筋) 수축, 혈압강하 등의 생리작용을 갖는다. 미국과 중국북경의과대학의 공동연구에 의하여 후추과의 약용식물인 해풍(*Piper futokadsura*)등으로부터 PAF수용체 길항작용을 갖는 캐쥬레논(kadsurenone)이 1985년에 단리되었고 구조가 결정되었다.

프랑스에서는 은행나무잎의 추출물이 뇌혈관장해에 유효하며 뇌일혈후 유증(遺症)과 예방에 사용해 왔다. 이 중에는 복잡한 구조를 가진 깅코라이드 비(ginkgolide B)가 함유된 것이 조사되었으나 ginkgolide B에 항PAF작용이 나타나 이전부터 알고 있던 은행잎 사용효과가 증명되었다. 우엉(牛蒡子, *Arcticum lappa*)과 연교(蓮翹, *Forsythia* sp.)에도 강한 활성이 나타났다.

항궤양제(抗潰瘍剤): 일본의 제약회사에 의해 생약추출물의 항궤양성약리시험의 스크리닝 결과 태국산의 생약 플라우노이로부터 플라우노톨(plaunotol)이 발견되어 현재 시판되고 있으며 궤양치료약으로서 임상적으로 사용되고 있다. 태국에서 시판되고 있는 생약플라우노이의 원식물은 태국북부에서는 등대초과의 *Croton joufra*, 중부와 남부에서는 *Croton sublyratus*이다. 이들 원식물의 성분을 분석한 결과 plaunotol을 함유하는 시판생약의 기원식물은 *Croton sublyratus*로 동정되었다. 원식물 중의 plaunotol의 함량은 꽃에 가장 많으며(0.83%), 다음은 잎(0.5%)과 줄기(0.07%) 순이었다. 태국 각지에서의 자생식물의 함량, 시기적 변화, 재배, 채취법에 대해 검토한 결과 태국남부에 plaunotol의 생산농장을 개설하여 현지에서의 생산이 이루어지고 있다.

간염치료약: 감미물질인 감초의 주성분 글리시리진(glycyrrhizin)은 테르페노이드 배당체의 구조를 가진 화합물이다. glycyrrhizin은 항염증작용과 항알레르기작용을 가졌으므로 처음으로 피부과 영역에서 항알레르기성 질환에 사용해 왔다. 이것을 만성 간염환자에게 투여하였을 때 혈청트란스아미나제(GOT, GPT)의 개선이 나타났으므로 간염치료에 이용하게 되었으며 또한 여러 가지 실험적 간장해에 대하여 억제작용을 나타내는 것이 확인되었다.

목련과의 오미자(五味子, *Schizandra chinensis*)는 과실을 생약으로 쓰는데 그 성분이 간염치유작용을 갖는다고 알려져 있다. 한방에서는 주로 거담을 목적으로 사용되고 있으나 중국에서의 임상결과 오미자에 혈청트란스아미나제를 저하시키는 작용이 있음을 알았고 동물실험에서도 간장에 대한 작용이 증명되었다. 일본에서도 오미자로부터 단리된 고미신 에이(gomishin A)는 진해작용만이 아니고 트란스아미나제 상승의 억제작용와 간세포보호작용이 인정되었다. 현재 일본의 제약회사에 의해 간장해치료에 관한 임상실험을 수행하고 있어 가까운 장래에 임상에서의 사용이 기대된다.

항알레르기제: 매자나무과의 남천(南天, *Nandina domestica*)은 생화를 분재로 이용하기도 하지만 민간약으로서 어독(魚毒)을 제거하는데 사용되어 왔다. 이 어독을 제거하는 작용을 魚의 中毒에 의한 알레르기로 해석하여 남천의 성분인 난티노사이드(nantenoside)를 lead화합물로 한 합성품에 대하여 항알레르기 작용물질의 탐색이 이루어졌다. 그 결과 계피산유도체인 안트라닐산아마이트의 구조를 가지고 천식, 화분증(花粉症), 아토피성피부염 등의 알레르기질환에 널리 사용될 수 있는 알레르기약 트레닐라스트(tranilast)의 탄생을 보게 되었다.

황금(黃芩, *Scutellaria baicalensis*)은 한방에서 뿌리를 생약으로 쓰는 것으로서 이 생약의 성분은 옛날부터 연구되어 다수의 플라본(flavone)이 분리되었고 구조가 결정되어 있다. 그 주성분인 베가레인(baicalcin)은 側penyl基에 수산기가 없는 진기한 구조로 된 flavone이다. 황금의 주성분 baicalein은 항알레르기작용이 인정되며 유도제에 대해서도 그 작용이 검토되었다. 한방에서는 이러한 성분으로 동맥경화성 고혈압 억제에도 응용하고 있다.

Ⅱ. 약·특용식물의 형태

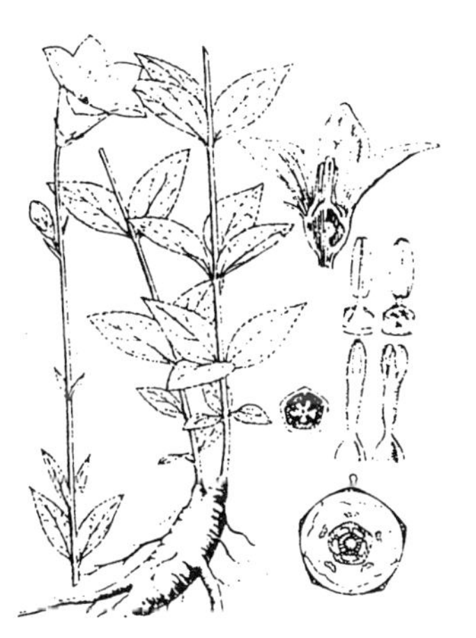

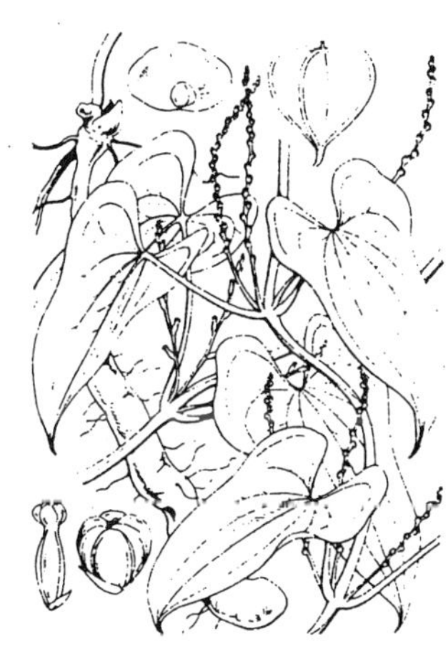

Ⅱ. 약·특용식물의 형태

1 약용식물의 세포

모든 생명현상은 세포활동의 종합적인 결과로 이루어진다. 식물의 생장, 분화, 유전, 진화 등을 이해하기 위해서는 먼저 그 구조를 이해하는 것이 중요하다.

세포는 생명체의 형태적 단위인 동시에 기능적 단위이기도 하다. 세포의 형상은

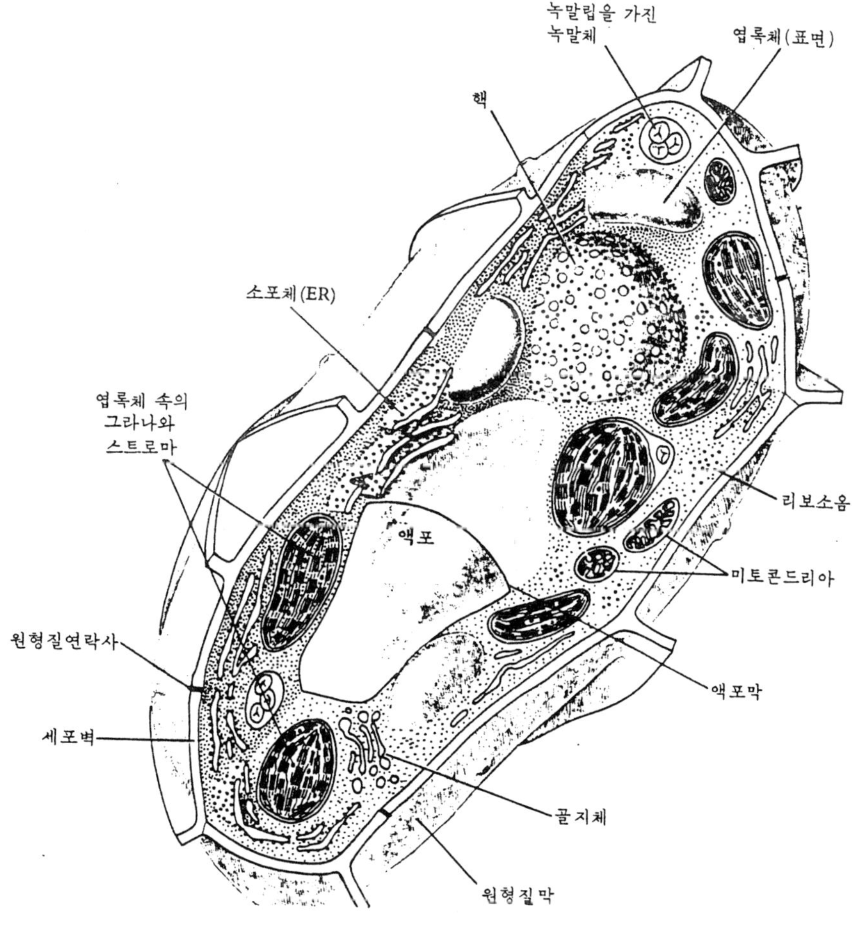

그림2-1 식물세포의 일반구조

구형, 원형, 타원영, 방추형, 봉상, 나선상과 그 밖에 여러 가지 불규칙한 것이 있다. 보통 식물세포의 크기는10~100㎛정도이다. 그러나 목화의 종피에 붙은 솜털은 단세포의 길이가 6cm에 달하는 것도 있다. 동물세포의 경우 예외적으로 새의 알과 같이 직경이 수센치나 큰것, 신경세포와 같이 1m이상이나 긴것도 존재한다.

1. 세포막

세포막은 세포 전체를 둘러싸고 있는 막으로, 내용물을 보호하고 세포 자체를 기계적으로 지지(支持)할 뿐만 아니라, 식물 전체를 유지하고 있다. 높이 수십 m나 되는 나무도 그 중량을 지탱하는 것은 세포막이다. 또한 세포안과 밖사이의 물질의 교환을 조절하는 중대한 역할을 하고 있다. 물질이 이동되는 기작을 보면 우선 확산(diffusion)이 있는데, 이는 일정한 물질의 입자들이 전체적으로 고농도에서 저농도쪽으로 이동하는 것이다. 또 하나는 삼투압(Osmotic pressure)으로 반투막을 통해서 저농도에서 고농도쪽으로 이동하는 것이다.

세포막은 고등식물의 영구조직에서는 일반적인 중층, 1차막, 2차막으로 되어 있다. 최초로 형성되는 제1층은 pectin질의 얇은 막으로 이것을 중층이라고 하고, 중층 안쪽의 원형질이 형성한 1차막은 주로 cellulose로 되어 있으며, 그 위에 제2층이 부가되어 세포막이 완성된다.

2. 미토콘드리아

세포도 살아가려면 에너지가 필요하므로 에너지 생산을 전담하는 세포 소기관이 있어야 한다. 미토콘드리아가 바로 전기를 만들어 내는 발전소처럼 세포에 사용하는 에너지를 만들어낸다. 미토콘드리아의 크기는 0.2~5㎛로서, 보통 긴 타원형이며 내막과 외막의 두막으로 되어 있다. 내막은 빗살 모양으로 복잡하게 안으로 접혀 들어가 크리스타를 이루어 막의 표면적을 크게 넓힌다. 이 내막과 외막에는 액체 상태인 기질이 있어 세포호흡에 관여하는 여러가지 효소가 들어 있어, 이 효소의 도움으로 피루부산과 같은 유기 영양소의 대사산물을 산화시키며, 이 과정에서 세포가 쓰이는 에너지를 얻는다.

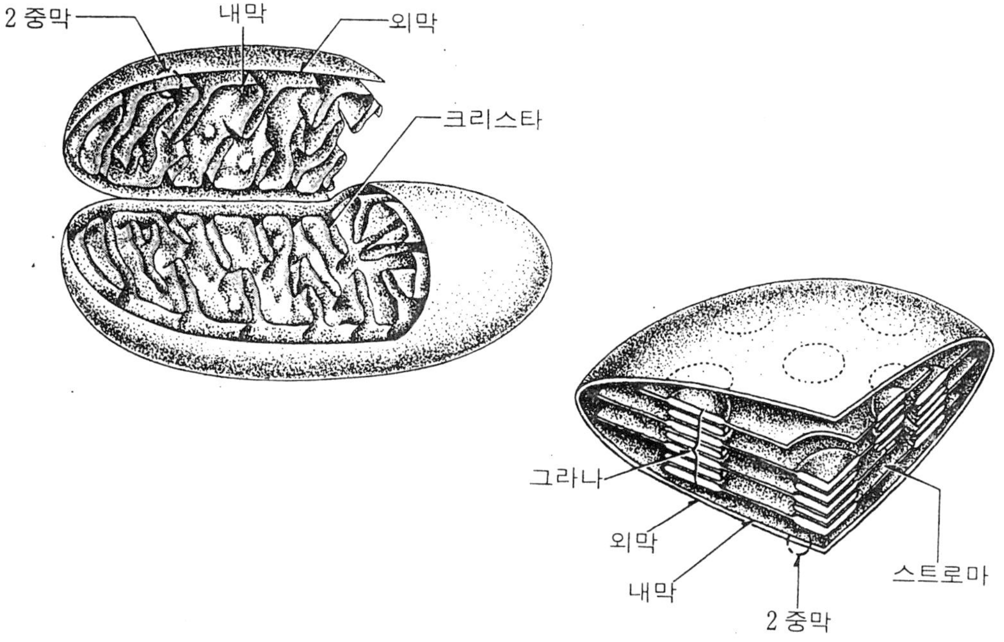

그림2-2 미토콘드리아(좌)와 엽록체(우)의 구조

3. 액 포(液胞)

수용액 내지 세포액이 차있는 원형물질의 공간을 액포(液胞)라고 한다. 이것은 세포의 성장에 대하여 원형질의 중량이 수반되지 못하여 생기는 것이다. 세포가 성장함에 따라 세포용적의 대부분이 액포로 되는 것이다. 액포 중에는 당류, 배당체, 알카로이드, 색소 등의 수용성 물질이 녹아 있다.

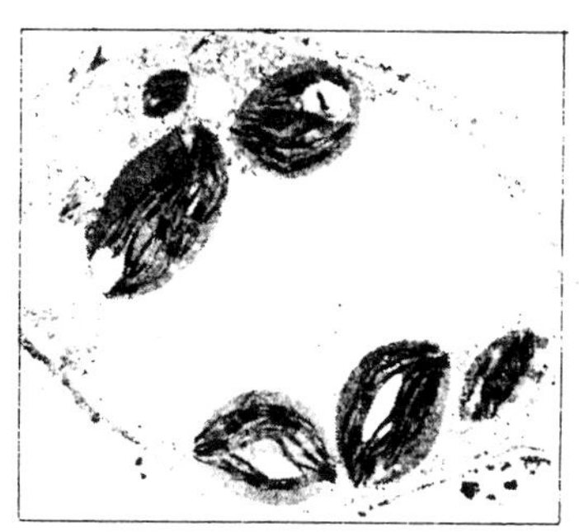

그림2-3 식물의 액포

4. 색소체(色素體)

색소체는 광합성을 하는 녹색식물의 중심역할을 하는 엽록소를 함유한 엽록체다. 대부분 잎의 엽육세포, 줄기의 표피 아래의 세포에 존재한다. 기생식물 등에는 녹색체를 갖지 않은 것이 있다. 색소를 갖지 않은 색소체를 백색체라고 하고, 빛을 잘 굴절하기 때문에 현미경으로 보면 빛이 나는 작은 점으로 나타난다. 백색체는 주로 식물의 지하부, 뿌리, 근경 등 일광이 쬐지 않는 내부에 존재하며 일광을 쬐면 엽록체로 변한다. 엽록소 이외에 카로티노이드만 가진 것을 잡색체라고 하고, 적색, 황색, 갈색 등이 있다.

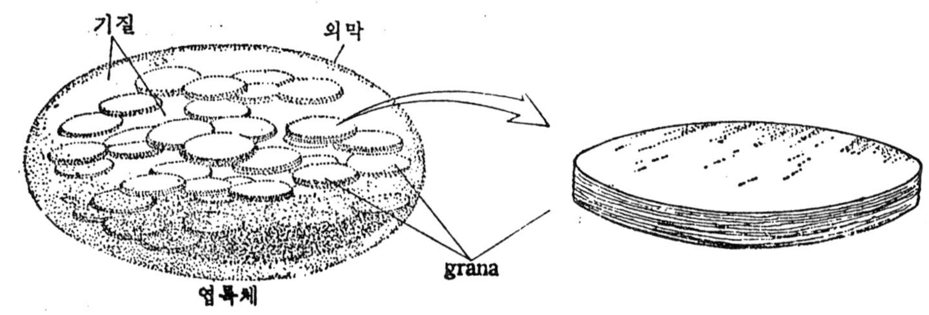

그림2-4 엽록체의 구조

5. 세포내 함유물

세포내에는 전분립, 이눌린, 호분립, 단백결정, 칼슘염류의 결정 등이 함유되어 있고 이들 세포내 함유물에는 때로는 조직세포의 특징이 되거나, 식물의 종의 특징이 되어 약·특용작물 품질 특성에 주요한 인자가 된다.

1) 전분립(澱粉粒)

전분 또는 녹말을 이루는 알갱이로 식물의 엽록체에서 합성된 동화전분립은 식물체의 뿌리, 줄기, 종자 등의 저장기관으로 보내어져서 백색체 안에서 다시 저장전분립이 형성되어 저장된다. 백색체내에 있는 저장전분립은 대형으로, 식물의 종에 따라서 특징이 있는 형상을 나타내고, 생약 중에도 많이 존재하므로, 재배 양식 및 환경 등이 주요 요인이 된다. 저장 전분립은 백색체 중에 1개의 배꼽(hilum)을 중심으로 그 주위에 함수량의 차가 있는 탄수화물이 주기적으로 형성된다. 따라서 저장전분립에는 배꼽을 중심으로 하여 진하고 엷은 층, 즉 층문이 보인다.

전분립은 보통 구형, 타원형, 난형이며 식물에 따라 크기, 배꼽, 모양의 형태에 큰 차이가 있다.

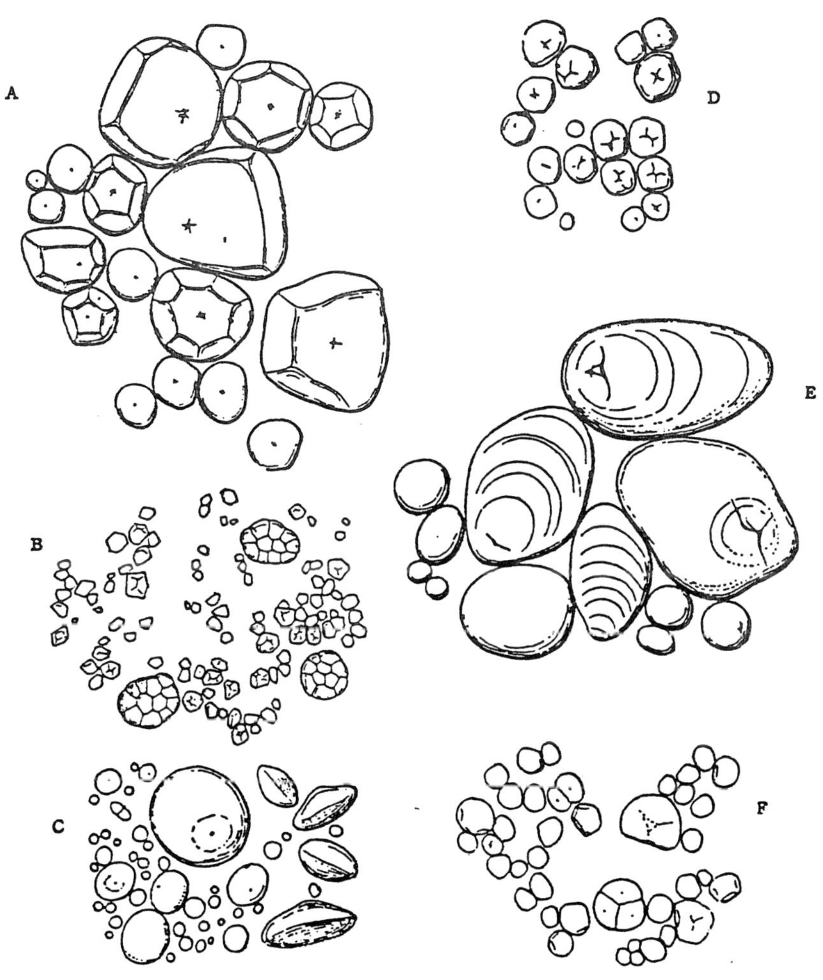

A:고무나무, B:쌀, C:밀, D:옥수수, E:엘레지, F:갈근

그림2-5 전분립의 여러가지 형태

2) 결정(結晶)

칼슘염류는 식물체 중에 널리 존재하는데 세포내 함유물로서 결정체의 상태로 존재한다. 칼슘염은 수산칼슘과 탄산칼슘의 형태를 많이 존재한다.

식물체내에서 가장 보편적으로 보이는 것은 수산염으로, 수산칼슘염은 식물체의 여러 부위의 세포에 단일결정, 집합결정, 침상결정(針狀結晶), 속침정, 주상정, 사상결정(砂狀結晶) 등의 형태로 존재한다.

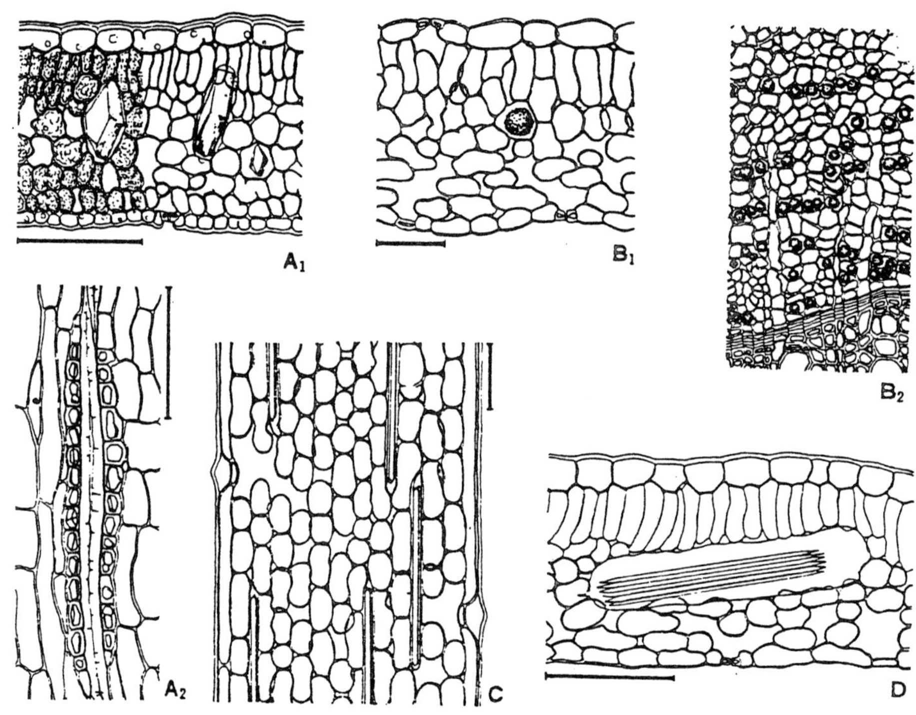

A:단일결정(A1:석류 엽신의 횡단면, A2:황벽 줄기의 종단면, 결정세포열)
B:집합결정(B1:시금치엽신의 횡단면, B2:석류나무 줄기의 횡단면)
C:주상정(연미붓꽃 잎의 종단면)
D:속침정(참마의 잎의 횡단면) 스케일은 100㎛ [吉村, 原圖]

그림2-6 수산 칼슘의 결정

3) 이눌린

이눌린은 전분에 대응하는 저장 탄수화물로서 fructose로 구성되고, 전분과는 다르게 수용성이므로 액포 중에 녹아 있다. 이눌린은 국화과, 도라지과, 백합과 식물에 다량으로 존재하고, 액포 중에 용해되어 존재하므로 그대로는 보이지 않으나, 알콜올에 용해되지 않기 때문에 알코올에 침적탈수하면 세포막의 내면에 구정이 석출된다. 이것은 마치 세포막에서 부채를 편 모양 또는 조개껍질을 세포막에 붙여 놓은 것 같은 모양을 하고 있다.

4) 단백질

(1) 단백질 결정

단백질을 구성하는 기본단위는 아미노산인데, 이는 분자구조 속에 아미노기(-NH_2)와 카르복실기(-COOH)를 가진다. 단백질의 결정은 인, 핵, 색소체, 세포질 등 에서 볼수 있을 것이다. 그 모양은 다각형, 판상, 방추형 등으로 크기는 1~40㎛이다.

(2) 호분립(糊粉粒)

아주까리, 완두, 잠두, 밀 등의 종자 배유조직이나 자엽 중에 저장물질로서 존재하는 단백질성 과립이다. 호분립의 크기는 일반적으로 1~60㎛이고, 전분이 풍부한 종자속에도 존재하며, 특히 피마자(*Ricinus communis* L.)의 배유조직에서 잘 보인다. 호분립은 물에 서서히 용해하므로 설탕물 또는 글리세린수로 봉하여 관찰해야 한다.

5) 지질(脂質)

식물세포에서 발견되는 지질은 지방유 또는 정유이다. 지방유는 저장 지방이지만, 정유는 식물에 따라서 역할이 명확하지 않다. 정유의 성분은 휘발성이 있어 식물 향기의 성분이다. 지방유는 종자의 배유조직이나 자엽, 과실의 과육, 뿌리, 근경 등에 일종의 저장물질로 존재하고, 정유는 일반적으로 표피의 털, 선모(腺毛), 피층의 유세포와 같은 분비조직 중에서 볼 수 있다. 정유는 미나리과, 운향과, 순형과, 소나무과 등에 많이 함유되어 있다.

6. 세포간극(細胞間隙)

일반적으로 식물조직은 어릴 때는 간극이 없으나, 점차 생장하여 영구조직이 되면, 대부분 세포내에 수압이 생겨 내부에서 세포막을 압축하기 때문에 세포는 점

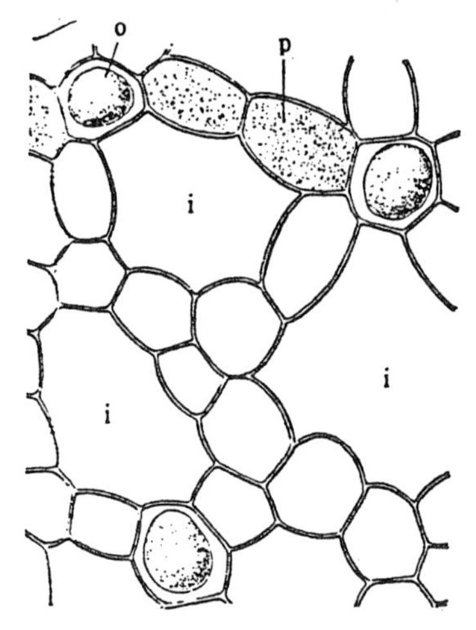

p:유세포, o:정유세포, i:세포간극

그림2-7 정유세포와 이생통기조직(창포 *Acorus calamus*의 근경)

차 원형이 되려고 하는데서, 그 각막에서 간극을 만든다. 이것을 세포간극이라고 한다. 세포간극은 다음 세 가지 방법으로 생성되고 있다.

1) 이생세포간극(離生細胞間隙)

서로 밀접한 세포의 중층의 pectin질이 용해되어 작은 간극을 만들고 분리되어, 그 사이에 큰 세포간극이 생기며, 제각기의 목적에 접합한 모양으로 된다. 세포간극의 모양은 명확하며, 식물체에 가장 보편적으로 보이는 것이다.

2) 파생세포간극(派生細胞間隙)

조직세포가 생장할 때 특정부위의 세포가 그 조직의 생장에 따르지 않고, 세포막이 파괴되어 그 장소에 큰 세포간극이 생긴다.

3) 이파생세포간극(離破生細胞間險)

처음에 이생으로 생긴 세포간극이 나중에 파생적으로 다시 큰 세포간극을 만드는 것으로 그 윤막은 파생 세포간극과 같은 정도이며, 실제로 파생 세포간극과 구분하기 힘든다. 일반적으로 세포간극에는 공기를 함유하여 통기기능이 있고, 노폐물을 함유하는 것들이 있으며, 어느 것이나 그 목적에 적응하기 위하여 여러 가지

형상을 나타낸다. 엽육 중의 해면조직이나, 수중식물의 근경부에 특히 통기조직이 발달되어 있다.

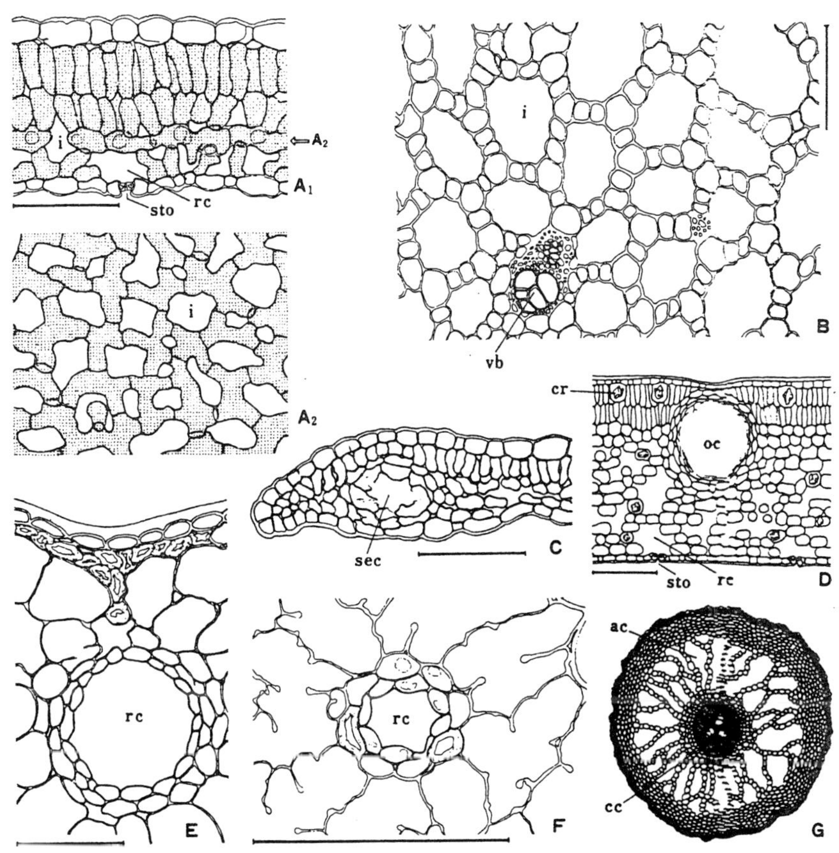

A:쉬 엽신의 횡단면 B:창포의 엽육 C: 고추나물 엽연 부근의 횡단면
D:참귤나무 엽신의 횡단면 E:왜금송 잎의 횡단면 F:흑송 잎의 횡단면
G:미나리 뿌리의 횡단면
(cc:중심주 cr:결정 i:세포간극, 스케일은 100㎛) [吉村 原圖]

그림2-8 세포간극

2 약용식물의 조직

식물의 조직에는 세포분열이 일어나는 분열조직과 분열된 세포가 분화해서 2차

적으로 생성되는 영구조직이 있다. 같은 형태와 기능을 가진 한 종류의 세포만으로 된 조직을 단조직, 다른 종류의 세포 또는 복수의 단조직으로 된 조직을 복조

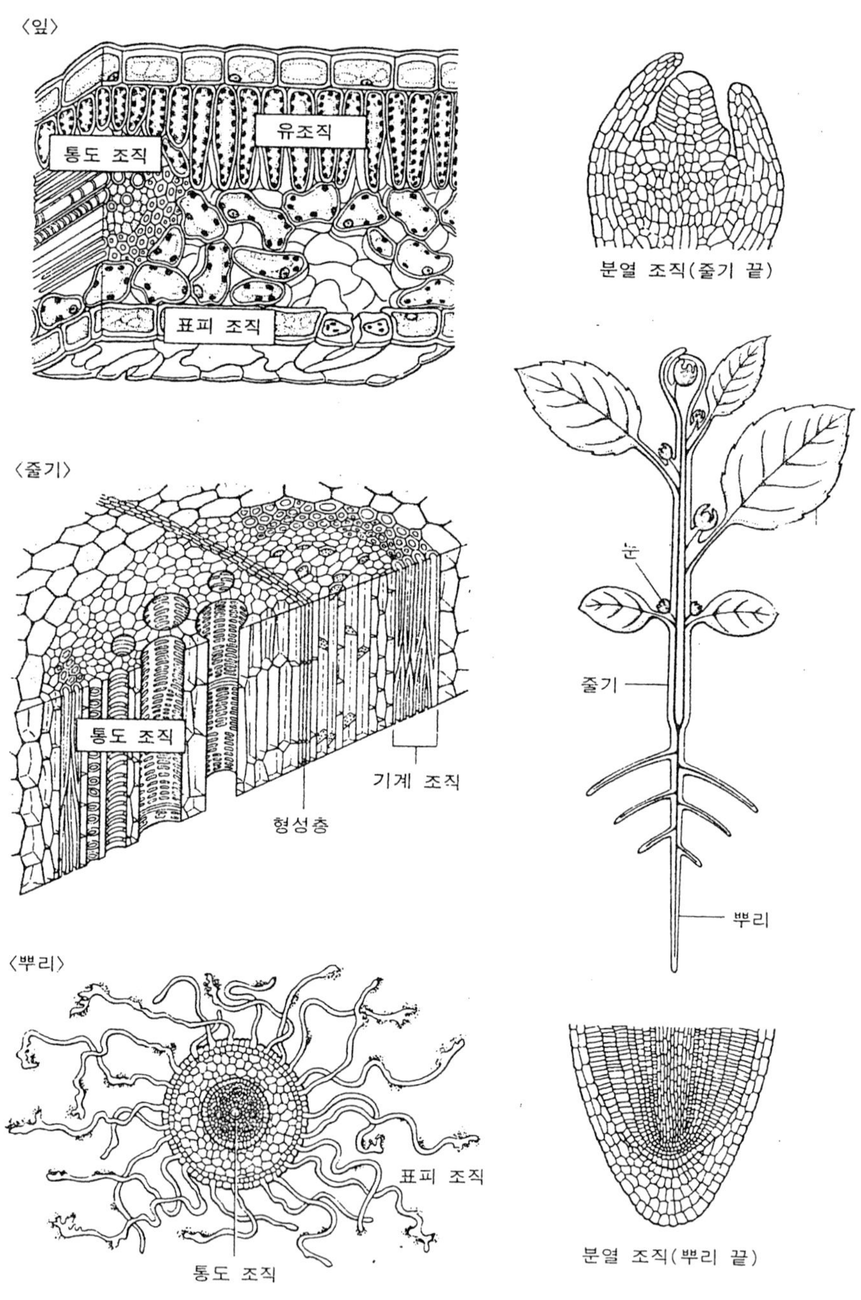

그림2-9 식물의 조직과 기관

직이라고 한다. 복조직은 더욱 큰 조직군을 형성한다. 예를 들면 목부와 사부가 유관속을 구성하고 있는 것과 같은 것을 조직계라고 한다.

1. 표피계

표피계는 식물체의 가장 바깥쪽을 덮는 각종의 조직의 집합체로서 표피, 털, 다층표피, 주피, 피목, 기공, 수공 등으로 되어 있다.

1) 표피

표피는 식물의 여러 기관의 바깥쪽을 덮는 조직으로서 다른 내부의 조직과는 명확히 구별이 되는 특별한 조직이다. 보통 단일의 세포층 즉 표피세포로 되고, 각 세포는 긴밀하게 연접하여 세포간극이 없다. 표피조직을 구성하는 표피세포는 그 형상이 일반적으로 횡단면에 있어서는 두께가 일정한 판상, 벽돌상, 렌즈상이고, 위에서 보면 그 윤곽은 여러 가지로 4각형, 6각형, 다각형 등이다.

2) 털

털은 방한 및 방습작용, 수분의 발산, 기후나 빛의 급변에 대한 완화작용, 적에 대한 방호작용 등을 하며, 털의 종류는 표피세포가 원추형으로 들고 일어난 융모(예:연잎, 앵초 속의 꽃잎), 단세포털로써 곤봉 모양을 이루고, 다른 털과는 달라서 수액 흡수의 기능이 있는 근모, 단세포 또는 다세포성의 것으로 사상(系狀)으로 밀생되어 있는 면모(예:솜), 한 곳으로부디 수개의 단세포가 속생되어 있는 속모(예:알테아잎, 하마메리스), 수개의 다세포털로써 채찍 모양을 한 편상모(예:관동화), 일반적으로 막이 두껍고 때로는 내강이 거의 없고 결정체나 종유체를 갖는 강모(예:인도대마초), 공기를 함유하여 과실이나 종자의 살포를 돕는 산포모(예:민들레, 솜), 각종의 물질을 분비하는 선모(예:박하잎) 등이 있다. 선모 중에서 선단의 세포가 분열하여 여러 개의 분비세포로 되어 정유를 저장하는 것을 선린이라고 한다. 이상과 같이 털의 형태는 식물의 종에 따라서 특이성을 가지므로, 털의 형상은 생약의 감별에 중요한 요소가 된다.

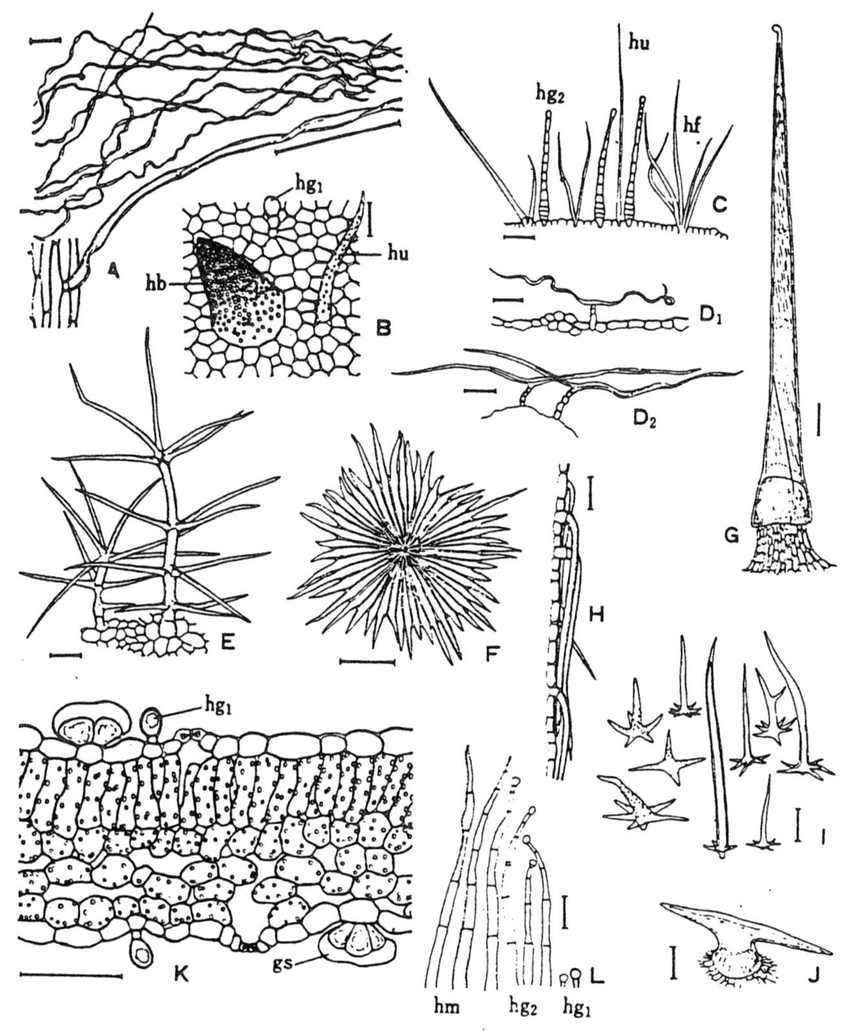

A:산머루 잎의 면모 B:선이질풀의 대형단모, 단세포모 C:어저귀 엽병:단모, 속모, 다세포선모 D:쑥의 잎(D_1), 줄기(D_2)의 T자모 E:수박의 노모 F:보리수나무 잎의 하면의 인모(훈장모) G:쐐기풀의 자모 H:칡잎의 복강모 I:골병꽃나무 잎의 성상모 J:한삼덩굴 엽병의 갈구리 모양의 털 K:박하잎의 선모, 선린 L:디기탈리스 잎의 털(hb:대형단모 hu:단세포모 hg_1:유두상 선모 hg_2:다세포선모 hf:속모 gs:선린 hm:다세포모) 스케일은 100㎛ [吉村 原圖]

그림2-10 식물의 털

3) 다층표피

표피는 보통 한 층이나 때로는 여러 층으로 되는 것이 있다. 이것을 다층표피라고 하며, 세포간극이 없고, 그 작용은 표피와 같으나 바깥쪽의 한 층만이 실질적으로 표피작용을 하고, 내부에 있는 것은 수분을 저장하는 저수조직이 되는 경우가 많다(예:닭의장풀). 그러나 소나무속 식물은 표피가 2~3층으로 되지만 저수기능은 없다.

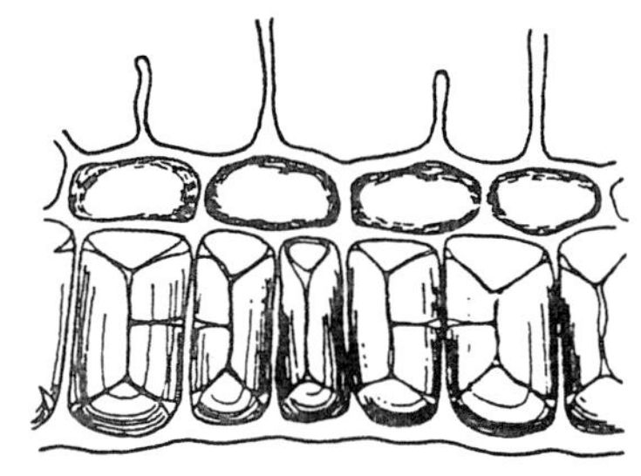

소나무속(Pinus) 잎의 횡단면(Haberlandt)
그림2-10(1) 다층표피

4) 기 공

육상식물의 잎이나 어린 줄기의 표피에는 보통 체내의 통기간극이 외부와 교통하는 작은 간격이 있다. 이것을 기공(stoma)이라고 한다. 기공은 표피세포가 2개로

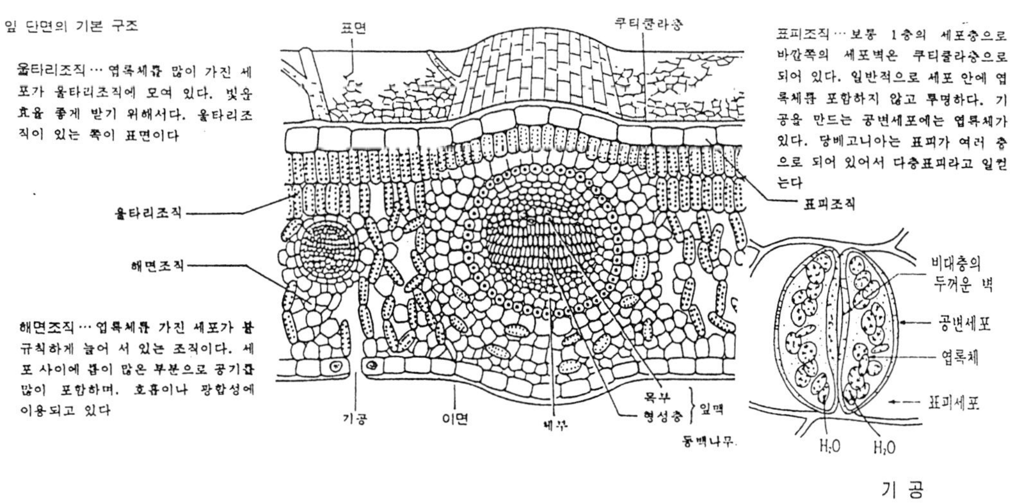

그림2-10(2) 기공(동백나무 엽부)

나누어져 그 사이가 틈으로 된 것으로, 그 2개의 세포를 공변세포라 하며, 보통 반월형 또는 콩팥 모양을 하고, 엽록체를 갖는다. 잎의 표면에 존재하는 기공의 형태는 식물의 종에 따라서 특이성을 가지므로 식물분류 및 생약감별의 중요한 요소가 된다.

5) 수 공

수공은 기공과 같이 표피세포의 변형한 2개의 소공세포로 이루어지고, 배수(排水)의 기능을 가진 배수조직(排水組織)이다.

수공을 위에서 보면 원형~타원형으로 기공과 비슷하지만 기공보다 크고, 횡단면의 구조는 단순하며, 간극에 면하는 쪽은 둥글고 끝이 뾰족하게 되어 있고, 개폐기능이 없고 열려진 상태로 있다.

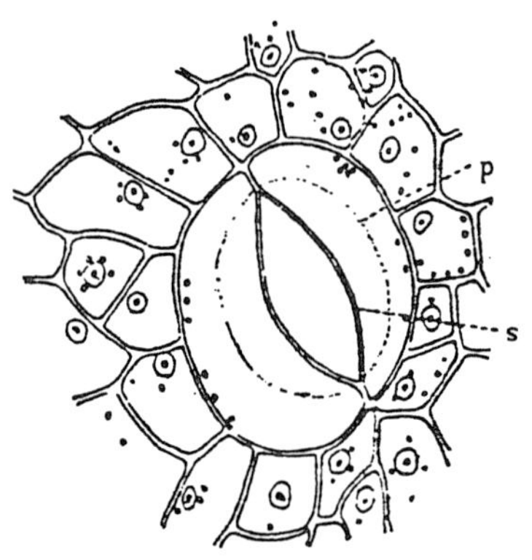

그림2-11 금련화의 수공표면

2. 기본조직계

식물체의 조직 중에서 표피조직계 및 유관속계에 속하는 조직을 제외한 나머지 부분을 포함하며, 식물체의 대부분을 차지하는 조직계이다. 기본조직은 대부분 유조직으로 되어 있으며, 뿌리나 줄기에서 영양물질을 저장하는 역할을 하며 잎에서는 합성을 한다.

1) 기계조직

식물체의 보강을 주로 하는 조직으로 후막유조직, 후막조직, 후각조직, 섬유 등이 있다.

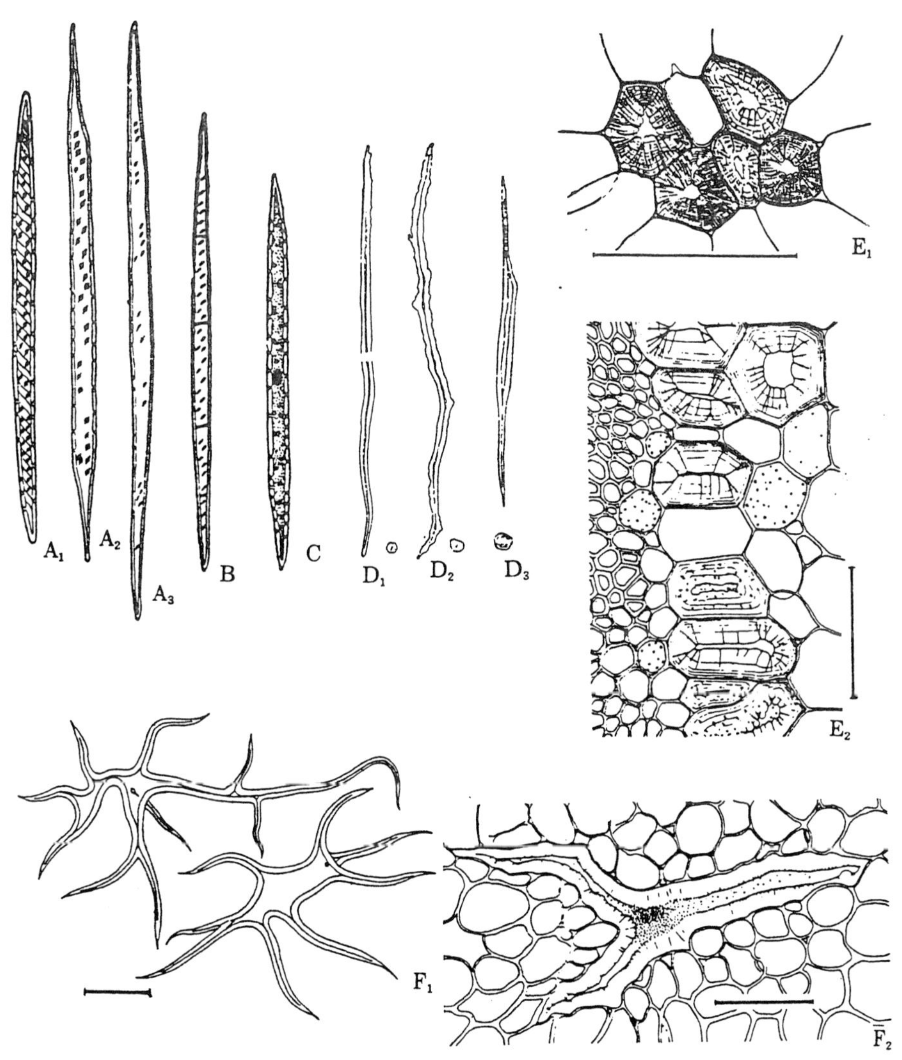

그림2-12 후막세포

A~D:섬유세포 A:목부섬유(A_1:마황속 A_2:목련속 A_3:쌍자엽식물의 일반적인 섬유)
B:격막섬유(포도) C:대용섬유(매자나무 속) D:사부섬유(D_1:버들 D_2:사과 D_3:개아카시아)
E:석세포(E_1:배의 과육 E_2:육계의 줄기) F:이형세포(F_1:왜금송의 엽육 F_2:차의 엽육)
스케일은 100㎛

후막유조직에 막이 비후하여 목화함으로써 막공(膜孔)을 가지는 유세포형의 조직세포로 된다. 수(髓)의 일부에서 관찰할 수 있다. 후막조직은 섬유 이외의 후막세포의 총칭으로 세포막은 뚜렷하게 비후되어 층문이 있고, 막공은 좁은 흠을 이루어서 가끔 분지된다.

후각세포가 모여서 된 후각조직은 어린 나무의 가지나 엽명, 초본성 식물의 줄기, 화경 등에 존재하고, 특히 꿀풀과 식물과 같은 모가 난 줄기의 모서리 부분에서 볼 수 있다.

후각세포는 살아있는 세포로 때로는 엽록체를 가진 것도 있으며, 막질은 목화되어 있지 않다. 섬유는 줄기의 표피 아래의 피층의 기본조직 중에 산재하고, 막질은 목화하여 있다.

2) 동화조직

동화조직은 다량의 엽록체를 함유하여 광합성을 하는 유조직으로 광선을 잘 받는 체표면 가까운 장소에 발달하고, 조직에는 통기간극이 많이 존재하며, 광합성에 의해 생성된 영양물질의 이동이 쉽게 되도록 유관속과 가까이 연락된다.

동화조직이 가장 잘 발달되어 있는 곳은 잎이고, 잎의 동화조직은 책상조직과 해면조직으로 구별된다. 책상조직은 잎의 상면표피의 아래쪽에 잎면과 거의 직각으로 1~수층이 모여서 가늘고 긴 원통형의 유세포로 되어 있다.

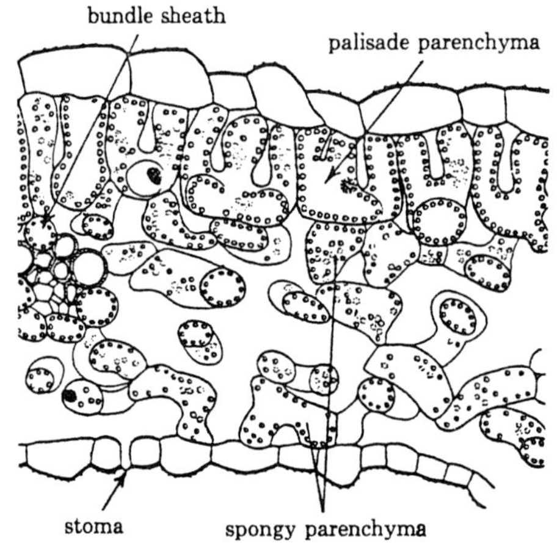

그림2-13 동화조직

3) 저장조직

저장조직은 주로 피층부인 박막유조직으로 영양물질을 일시적으로 저장하는 조직이며, 식물의 휴면기에 특히 많은 영양물질을 저장하는데, 근경, 뿌리, 종자 등에 발달되어 있다. 저장물질로는 전분, 이눌린, 단백질, 지방유, 당 등이 있다.

4) 분비조직

분비조직은 기본구조 중에 널리 존재하며, 분비물이나 배설물을 포함하는 조직세포로 단세포성의 분비세포와 세포간극에서 유래하는 포간성 분비물 저장기 등이 있다. 분비세포는 보통 유세포와 모양이 같으며, 그 속에 정유, 수지, 탄닌 등을 함유한다. 점액을 함유하는 세포는 일반적으로 다른 세포보다 대형이며(예:황촉규, 황벽), 점액과 함께 수산칼슘의 속정을 함유하는 경우도 있다(예 :반하, 산약).

포간성 분비물 저장기는 몇 개의 분비세포가 모여서 그 사이의 세포간극이 커지면서, 그 속에 분비물이 쌓인 것으로, 여기에는 주머니 모양의 분비낭과 관 모양의 분비도 등이 있다. 이들은 저장하는 내용물에 따라서 유실(油室), 유도(油道), 수지도(樹脂道)라고 한다.

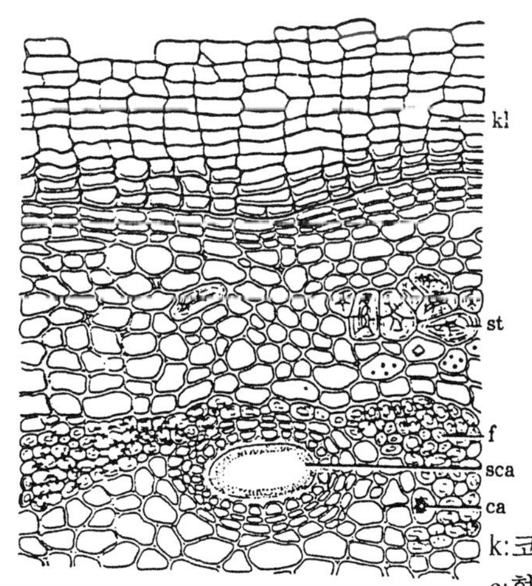

kl:코르크층 st:석세포 f:섬유
sca:분비도 ca:집정[朴鍾喜 原圖]

그림2-14 옻나무 줄기의 횡단면

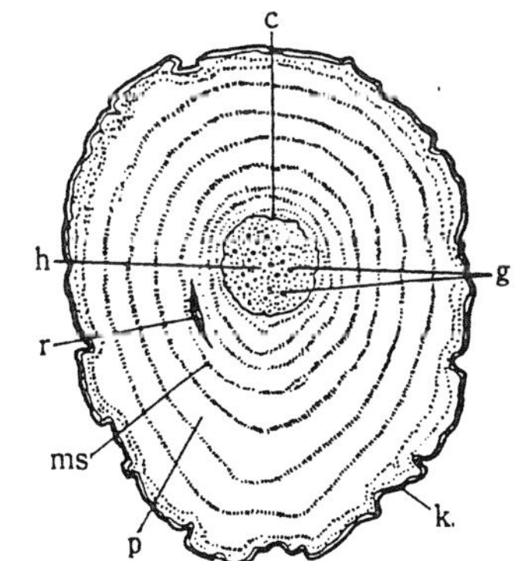

k:코르크층 ms:유도관의 권윤
c:형성층 h:목부 g:도관
r:피부의 열목 p:피부유조직
[Meyer]

그림2-15 민들레 뿌리의 횡단 루페도

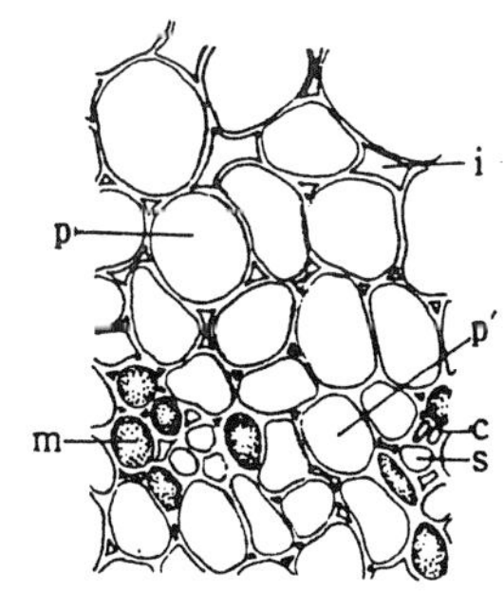

p:피부유조직 m:연합유관
i:세포간극 s:사관
c:반세포[Meyer]

그림2-16 민들레 뿌리의 연합유관

3. 유관속계

식물체의 유관속(維管束)은 물의 통도기능을 하는 목부(木部)와 주로 광합성 산물의 수송기능을 하는 사부(篩部)로 구성되며 식물체의 전 부분을 연결하고 있다. 대체로 양치식물 이상의 종자식물에서 현저하게 발달되어 있으며, 형태학적으로 가장 복합한 조직이고 약용식물의 조직학적 연구에 중요한 부분이다.

유관속을 구성하는 목부와 사부는 다음과 같이 구분된다.

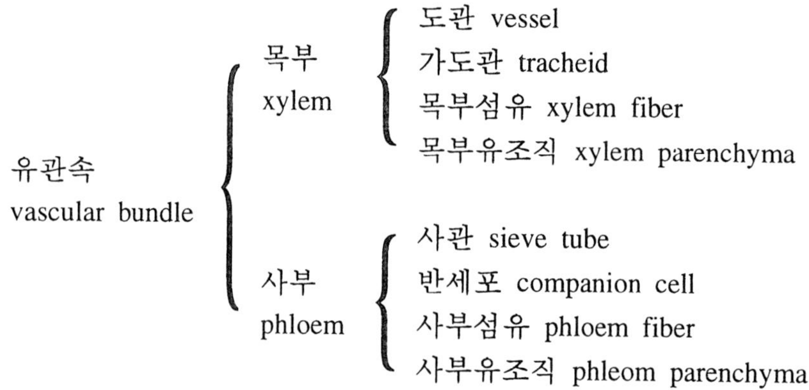

1) 목 부

도관, 가도관, 목부섬유 및 목부유조직으로 되는 복합조직이다. 도관과 가도관은 뿌리에서 각부로 운반되는 수분의 상행로(上行路)이고, 목부섬유는 기계조직, 유조직은 영양조직이다.

도관의 세포는 두꺼운 원통형으로, 2차벽이 현저히 발달하고, 보통 강하게 목화되며 원형질은 없다. 측벽에는 여러 가지 형상의 비후조직이 있으며, 그 비후형상에 따라서 다음과 같은 종류가 있다.

ⓐ 공문도관(孔紋導管) pitted vessel
ⓑ 망문도관(網紋導管) reticulate vesse1
ⓒ 계문도관(階紋導管) scalariform vessel
ⓓ 나선문도관(螺旋紋導管) spiral vessel
ⓔ 환문도관(環紋導管) ring vessel

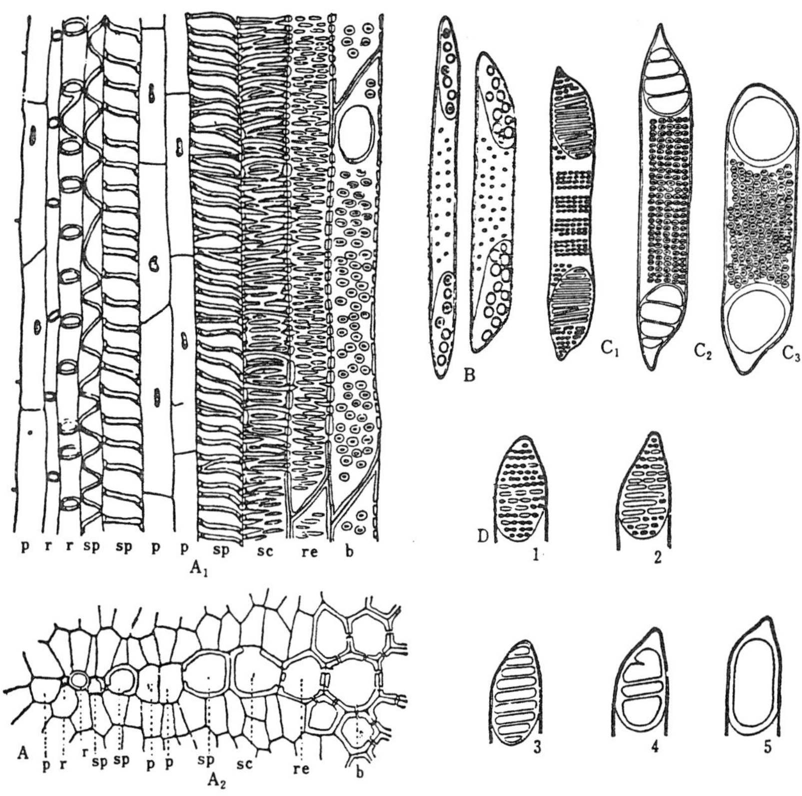

A:로베리아의 줄기의 종단면(A_1)과 횡단면(A_2) B:마황의 도관(공문도관)
C:목본성 쌍자엽식물의 유연공도관
C_1:오리나무(계문천공) C_2:미국목련(계문천공, 단천공의 중간형)
C_3:은백양(단천공)
D:앵두나무 - 1, 2:공문천공 3,4:계문천공 5:단천공
(b:유연공도관 p:유세포 r:환문도관 re:망문도관 sc:계문도관 sp:나선문도관)

그림2-17 도관 및 천공

가도관은 도관과 비슷하지만, 천공부에 폐쇄막이 있기 때문에 발생적으로는 도관형성의 앞단계에 있는 것이다.

일반적으로 피자식물에는 도관이 있지만, 나자식물 및 양치식물에는 가도관이 존재하고 도관은 없다. 가도관에는 두껍고 양끝이 비스듬한 도관과 닮은 도관상 가도관과 비교적 가늘고 양끝이 날카로운 섬유에 닮은 섬유상 가도관이 있다. 도관상 가도관은 양치식물에 존재하고, 섬유상 가도관은 나자식물에 많이 존재한다. 가도관도 도관과 같은 기능을 갖지만 작용의 다른 점은 도관이 수분을 종축방향으로 멀리까지 운반하는데 비해, 가도관은 세로 뿐만 아니라 비스듬히 또는 옆으

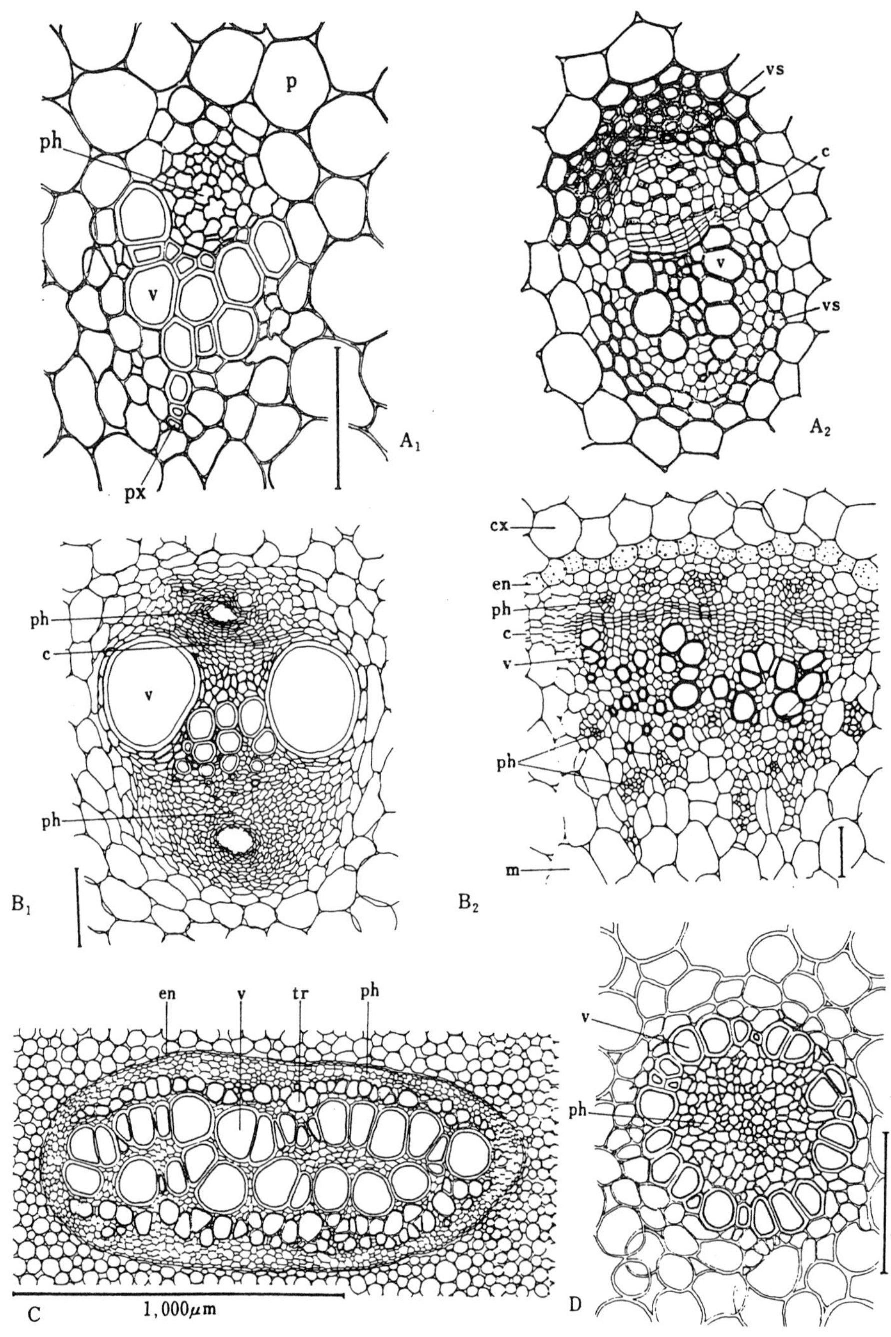

A:병립유관속 A_1:나팔나리의 줄기 A_2:미나리 아재비의 줄기
B:양립유관속 B_1:노랑하늘타리의 줄기 B_2:감자의 어린줄기
C:외사포위유관속(고사리의 근경) D:외목포위유관속(창포의 근경)
(c:형성층 cx:피층부 en:내피 m:수 p:유조직 ph:사부 tr:가도관 v:도관 px:원생목) 스케일은 100㎛

그림2-18 유관속

로 운반할 수 있어 비교적 근거리 운반에 적합하다.

2) 사 부

사관, 반세포, 사부섬유, 사부유조직으로 되는 복합조직이다. 사관은 잎에서 각 부위로 동화산물을 수송하는 통도조직이다. 사관은 도관과 같은 모양의 원통형의 세포로써 되고, 그 막은 엷은 막으로 상하의 접계면은 두껍고, 이 부분의 막공이 특수화해서 사판을 형성한다. 반세포는 피자식물, 사부섬유는 나자식물에서만 볼 수 있다.

4. 유관속의 구성

유관속은 목부와 사부의 배열에 따라서 다음과 같이 분류된다.

1) 병립(측립성)유관속

사부와 목부가 하나의 면으로 접해 있는 것. 일반적으로 줄기에서는 목부는 안쪽, 사부는 바깥쪽에 배열하고, 잎에서는 목부는 위쪽, 사부는 아래쪽에 배열한다. 피자식물과 나자식물의 줄기에서 볼 수 있으며, 목부와 사부 사이에 2차분열 조직인 형성층이 있는 것과 형성층이 없는 것이 있는데, 전자를 개방유관속, 후자를 폐쇄유관속이라 한다.

2) 양립(양측립, 복병립)유관속

목부 및 사부 중의 하나가 중앙에 있고 다른 것이 양쪽에 배열한 것. 목부의 내외양측에 사부가 있는 것을 외사병립 유관속이라 하고, 쌍자엽식물의 박과 가지과의 줄기에 존재한다.

3) 포위유관속

목부 또는 사부가 다른 것을 포위하는 것.

① 외목(내사)포위유관속 : 사부의 주위를 목부가 포위한 것으로, 주로 단자엽식물의 근경에 존재한다.(창포, 석창포, 영란)

② 외사(내목)포위 유관속 : 목부의 주위를 사부가 포위한 것으로 양치식물의

줄기, 엽명에 존재한다.포위유관속은 거의 폐쇄성이므로 형성층을 갖지 않는다.

4) 방사유관속

같은 수의 목부와 사부가 교대로 배열하여 방사상을 이루는 것으로, 대부분의 식물뿌리의 1차조직에서 볼 수 있으며, 두 요소의 수에 따라서 일원형, 이원형, 삼원형, 사원형, 오원형이라 부르며, 육원형 이상일 때는 다원형(多原型)이라고 한다.

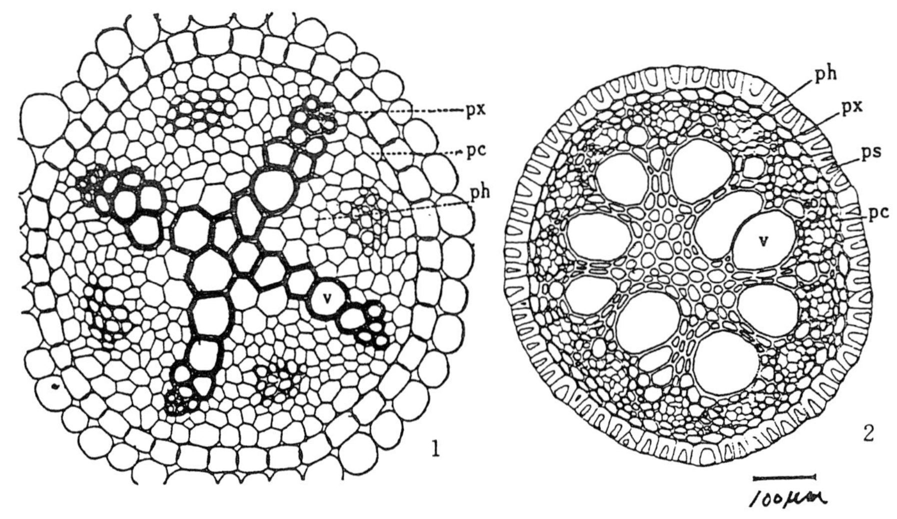

1. 창포의 뿌리 2. 연미붓꽃의 뿌리(pc:내초 ps:내피 px:원생목부 ph:사부 v:도관)그림2-19 방사유관속

5. 내 피

내피의 세포는 횡단면에서는 표피와 평행하여 서로 밀착되어 환상으로 배열되고, 각 세포의 접점은 비후해서 종종 목화한다.

오래된 뿌리에서는 비후한 상태나 정도에 따라 여러 가지 모양이 있고, 횡단면에서는 내면과 양측면이 비후하여 U자 모양이며, 막벽이 균등하게 비후한 ㅇ자 모양인 것도 있다.

이와 같이 내피가 후막화로 막질이 변화를 일으키면 중심주 안팎의 물질교류가 방해되므로, 보통 원생목부에 면한 내피세포에서는 세포막의 비후가 일어나지 않고, 유세포 그대로의 모양으로 수액이 통과하게 된다. 이와 같은 내피세포를 통과세포라 한다.

내피의 안쪽에 접한 1~수층의 세포층을 내초라 하고, 뿌리에서는 이 내초가 측근형성층 또는 코르크형성층이 되므로, 이것을 주위형성층이라고 한다.

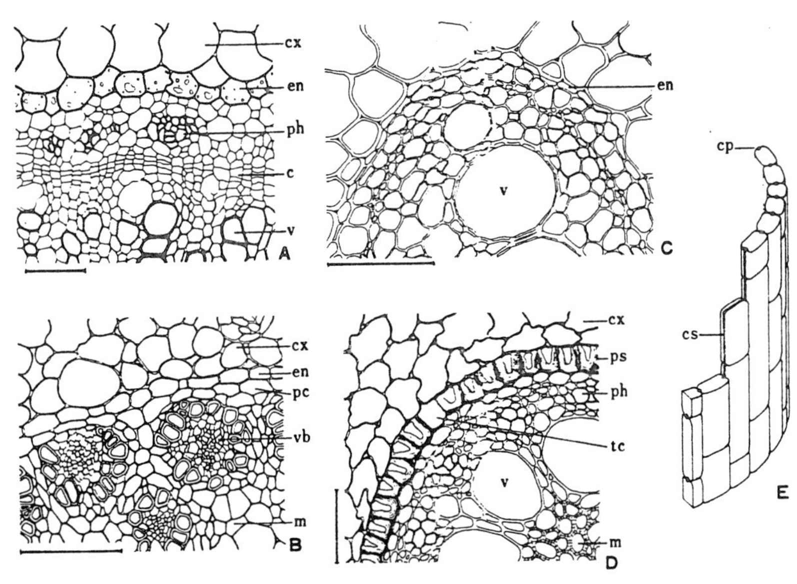

A:감자의 어린줄기(진정중심주:외립내피) B:석창포의 근경(부정중심주:외립내피)
C:고사리의 엽병(자립내피) D:붓꽃의 뿌리(방사유관속)
E:카스파리점(cp)과 카스파리대(cs) (c:형성층 cp:카스파리점 cs:카스파리대 cx:피층부 en:내피 m:수 pc:내초 ph:사부 ps:보호초 tc:통과세포 v:도관) 스케일은 100㎛ [吉村 原圖]

그림2-20 내피

6. 중심주

내피에 포위되어 있는 부분을 중심부라고 하며, 내피의 분포 상태와 유관속형에 따라서 다음과 같이 나눈다.

(1) 원생중심주

중앙에 1개의 외사포위유관속이 있고, 그 바깥을 외립내피가 포위한 것. 양치식물에 존재하며 가장 원시적인 형이라고 생각된다.

(2) 환상중심주

환상의 목부 내외 양측에 사무가 있고, 그 내외에 양립내피가 있으며, 중심부에는 기본조직이 있는 것 양치식물에 존재한다.

(3) 망상중심주

다수의 외사포위유관속이 단환상(卓環狀)으로 배열되고, 각각이 자립내피에 포위된 것으로, 환상중심주가 단열한 것에 상당하며, 양치식물에 존재한다.

(4) 다환중심주

환상 또는 망상중심주가 동심원상(同心円狀)으로 중복된 것으로 양치식물에 존재한다.

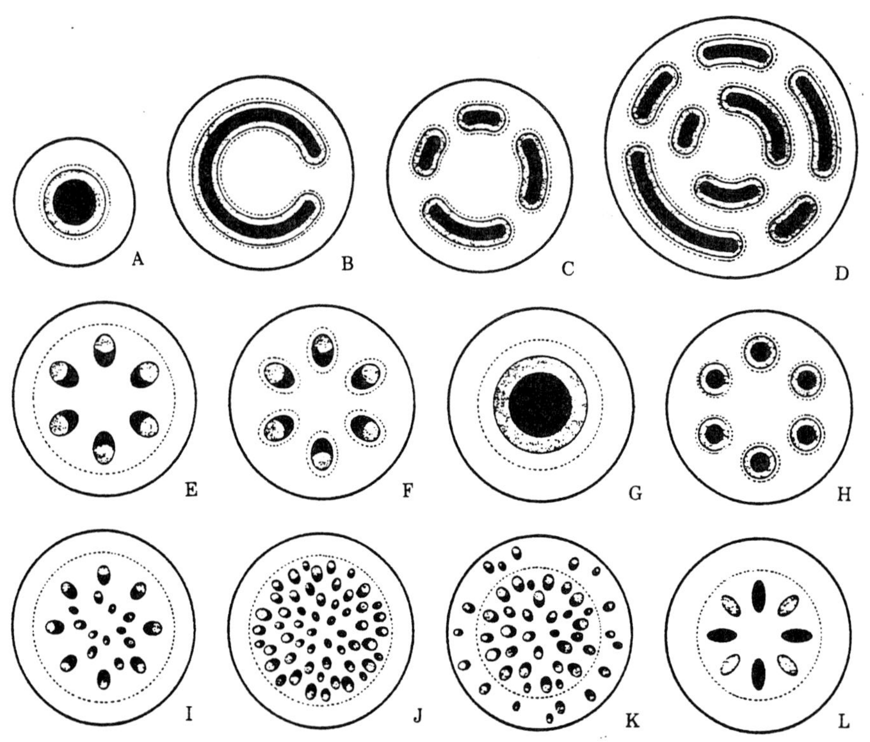

A:원생중심주 B:환상중심주 C:망상중심주 D:다환망상중심주 E:진정중심주
F:분열진정중심주 G:퇴행중심주 H:다조중심주 I · J · K:부정중심주 L:방사중심주
(검은 부분은 목부, 점 부분은 사부, 파선은 내피를 나타낸 것)

그림2-21 중심부

(5) 진정중심주

명립 또는 양립유관속이 단환상(單環狀)으로 배열되고, 그 바깥쪽에 외립내피가 있는 것으로, 나자식물 및 쌍자엽식물의 줄기에 보통으로 존재한다.

(6) 분열진정중심주

명립유관속이 환상으로 배열되고, 각각 자립내피가 포위한 것으로, 쌍자엽식물 줄기에 존재한다.

(7) 퇴행중심주

중앙의 목부 주위에 사부가 있어서 외사포위유관속이 되고, 그 외측을 내피가 포위하고 있는 것으로, 쌍자엽식물 줄기에 존재한다.

(8) 다조중심주

외사포위유관속이 환상으로 배열되고 각각의 내피가 포위하는 것으로, 쌍자엽식물 줄기에 존재한다.

(9) 부정중심주

다수의 유관속이 불규칙하게 산재하고, 그 외측에 하나의 내피가 포위한 것으로,단자엽식물의 줄기에 존재한다.

(10) 방사중심주

방사유관속의 외측을 외립내피가 포위한 것으로, 유관속식물의 뿌리는 진부 이 형태이다.

3 약 · 특용식물의 기관

1. 뿌 리

뿌리는 배(胚)의 유근(幼根)에서 발달하기 때문에 줄기의 아래에서 시작하고 보통 중력의 방향으로 생장하는 성질이 있다. 원칙적으로 원주상이고, 곳곳에서 분지한다. 뿌리는 땅속에 있어 식물체를 고정시키고 수분과 무기염유를 흡수하는 작용이 있다. 뿌리는 수근과 측근으로 나누며, 수근은 땅속에 수직으로 뻗고 비대하여 영양 저장근 역할을 하는 경우도 있다(예:맥문동, 천문동, 고구마). 벼과식물의 대부분은 주근도 측근도 없는 수염뿌리로 되어 있다. 또 뿌리에는 유세포(油細胞)를 가지고 정유를 저장하고 있는 것이 있다.(예:쥐오줌풀, 넓은잎쥐오줌풀).

주근, 측근 이외의 부위에서 뿌리를 내는 것이 있는데, 이것을 부정근이라 하는데, 다음과 같은 경우가 있다.

① 지상경의 마디(節)에서 내는 것(옥수수 · 고구마)

② 지하경의 마디(節)에서 내는 것(대나무)

③ 지상경의 아래쪽에서 내는 것(단자엽초본의 수염뿌리)

④ 뿌리의 절구(切口)에서 내는 것(민들레)

⑤ 잎의 절구에서 내는 것(꿩의비름)

⑥ 줄기의 절구에서 내는 것(선인장)

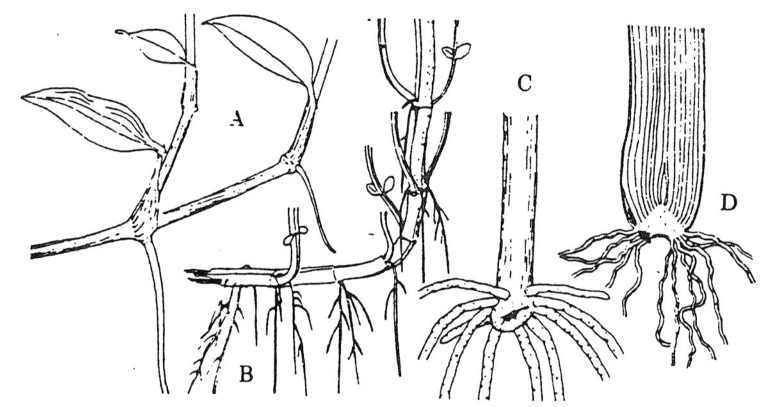

A:닭의장풀 B:박하 C:청목 D:파

그림2-22 부정근

2. 뿌리의 구조

뿌리의 표면은 표피로 되지만, 기공은 존재하지 않고 쿠티쿨라도 생기지 않는다. 비대 생장하는 목본 및 다년초의 뿌리에서는 비대함에 따라서 표피가 박리되고, 코르크층이 내초에서 분화한다. 측근의 분지는 내초의 부분에서 생기고, 측근은 피층부의 조직을 뚫고 나온다. 이와 같은 분지형식을 내생분지라고 한다. 뿌리의 선단의 생장점은 정단분열조직(頂端分裂組織)에서 바깥쪽으로 분화한 근관으로 보호되고 있다.

뿌리의 표피세포에서는 박막의 단세포 모인 근모가 분화한다. 근모는 수분 및 영양분을 흡수하고, 뿌리가 신장함에 따라 순차적으로 기능이 정지되고 탈락된다. 뿌리의 내부 구조는 나자식물, 피자식물, 양치식물을 통하여 어린 시기는 거의 일정하며, 횡단면에서는 사부와 목부가 번갈아 방사상으로 뻗어서 한 층의 내피에 싸인 방사유관속을 이루고 있다.

3. 줄 기

줄기는 식물의 각 기관을 보지(保持)하는 것으로서, 양적으로 식물체의 대부분을 차지한다. 초본은 유연 다즙한 줄기, 목본은 딱딱한 줄기와 가지로 이루어져 있다. 줄기는 기본형인 지상경과 영양물의 저장, 번식을 위한 지하경으로 나누어 진다. 줄기의 형태는 줄기의 습성, 생장방향, 변태(變態) 등으로 나눌 수 있다.

1) 지상경(地上莖)

(1) 직립경 : 수직의 방향으로 줄기가 뻗는 것
(예:보통의 나무, 야자나무, 벼, 민들레 등).

(2) 포복경 : 줄기가 가늘어서 직립하지 못하고 지면(地面)을 따라서 수평 방향으로 뻗어 나가는 것(예:딸기).

(3) 전요경 : 줄기가 가늘어서 자립하지 못하고 다른 물체를 감으면서 올라가는 것으로 우선성 시계바늘과 같은 방향으로 감는 줄기(예:등나무, 오미자), 좌선성 시계바늘과 반대방향으로 감는 줄기(예:나팔꽃)가 있다.

(4) 반연경 : 줄기, 잎, 뿌리가 기관에 의해서 다른 물체에 부착하거나 기대면서 뻗는 줄기. 즉 줄기의 일부가 변태해서 권수가 된 경권수(예 :수세미), 잎의 전부 또는 소엽(小葉)의 일부 엽병, 탁엽 등이 변태해서 된 것으로 엽권수(예:완두공), 측지(惻技)의 선단이 분지해서 흡반상으로 되어 점액물질을 내면서 부착하는 부착근(예:송악), 측지가 변태해서 다른 물체에 걸쳐서 올라가는 구지(예:조구 등) 등이 있다.

(5) 경침 : 측지가 변태해서 견고한 가시가 되어 식물 자체를 보호하는 것(예 : 석류, 탱자나무).

(6) 다육경 : 줄기가 매우 비내하고 많은 수분과 엽록소를 기지고 광합성 작용을 한다(예:기등선인장, 기린선인장).

A:포복경(A_1:딸기 A_2:피막이풀 A_3:뚜깔 A_4:잔디) B:전요경(B_1:오미자 B_2:나팔꽃)
C:반연경(C_1:담장이덩쿨 C_2:수국 C_3:하늘타리 C_4:마디풀 C_5:구등(鉤藤) [吉村 原圖]

그림2-23 지상경

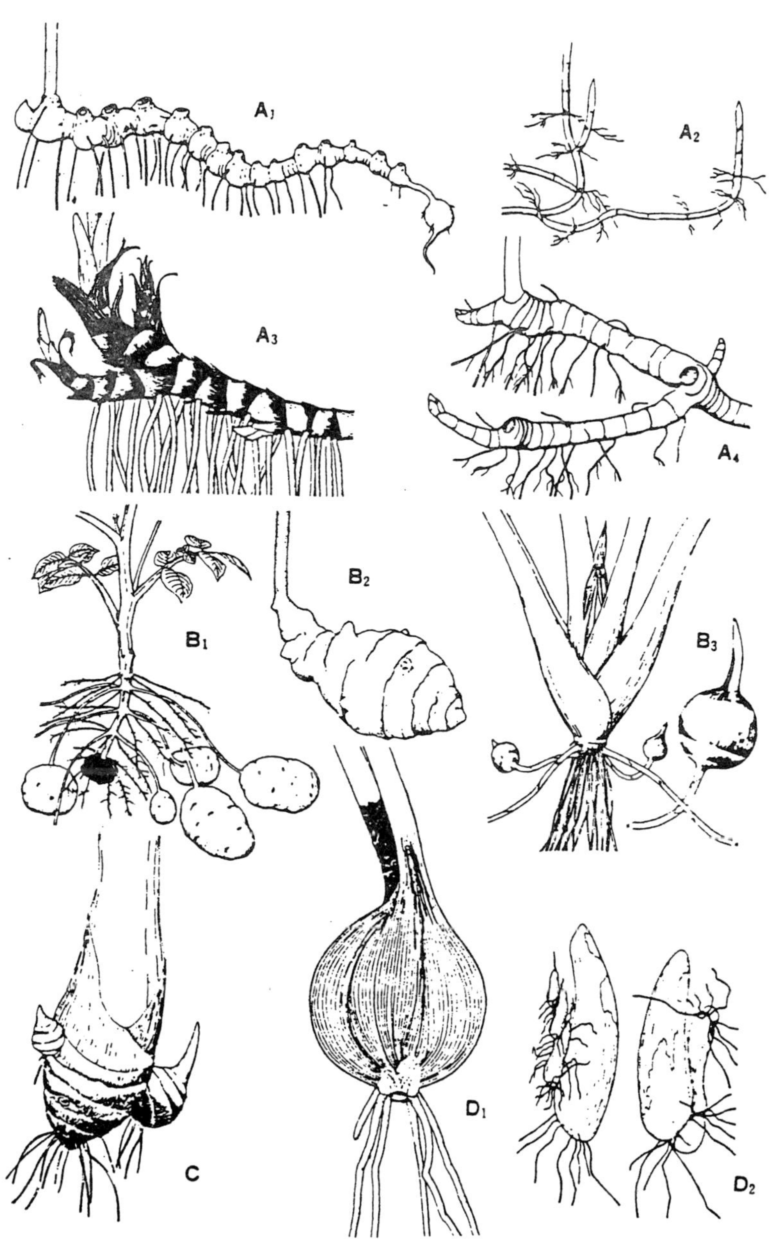

A:근경(A_1:죽절인삼 A_2:중약 A_3:창포 A_4:둥글레) B:괴경(B_1:감자 B_2:돼지감자 B_3:쇠귀나물)
C:구경(토란) D:인경(D_1:석산 D_2:엘레시)

그림2-24 지하경

2) 지하경

지하경에는 기상의 영향을 받는 것이 비교적 적고, 외상을 입는 일도 적다. 지하경은 영양물질을 저장하므로 식용 및 약용으로 많이 이용되고, 단자엽, 양치식물에 특히 지하경이 발달되어 있다.

(1) 근경(根莖) : 줄기의 지하 부분을 말하며, 지하에서 수직 또는 수평으로 뻗거나, 여기에서 뿌리를 내어 측아(側芽), 즉 곁눈을 만들어 줄기를 지상으로 낸다. 근경은 차차 팽대하여 영양물질을 저장한다 (예:둥굴레, 죽절인삼).

(2) 괴경(塊莖) : 지하경의 일부가 비대하여 육질의 덩어리를 이루고, 영양물질을 저장한다.(예:초오, 감자)

(3) 구경(球莖) : 육질로 되어 있는 구형의 짧은 줄기로 직립해서 비후 팽대하고, 1~수개의 싹(芽)을 가지고, 외부에 작은 비늘 모양이 된다(예:반하, 택사, 사프란).

(4) 인경(鱗莖) : 마디가 현저하게 축소되어 경기(莖基)가 원반상이고, 인편이 기왓장처럼 포게지고, 비후되면 다육(多肉)한 인경엽이 밀생해서 구형(球形)이 된 것(예:양파, 백합, 참나리).

3) 줄기의 내부구조

줄기는 선단에 생장점을 가지며 위쪽을 향하여 무한히 뻗어가며 잎 및 기타 생식기관이 붙는다. 밑으로는 뿌리를 가져 그 사이의 영양분의 통로가 되는 기관으로, 다음과 같은 조직학적 특징을 갖는다.

① 생장점을 나출한다.
② 표피에 쿠티쿨라가 있다.
③ 기본조직에 각종의 중심주를 볼 수 있다.
④ 각종의 유관속형을 볼 수 있다.
⑤ 겉씨식물, 쌍자엽식물을 2차조직의 발달에 의하여 특히 복잡한 유관속의 구조를 볼 수 있다.

겉씨식물 및 쌍자엽식물의 줄기의 제1차, 제2차 조직 유관속에 형성층이 있어 2차조직의 형성을 하며, 겉씨식물 및 목본성 쌍자엽식물은 어려서는 주로 일차조직으로 되어 있으며, 현저히 비대생장을 하여 2차조직이 발달되어 1차조직은 볼 수 없게 된다.

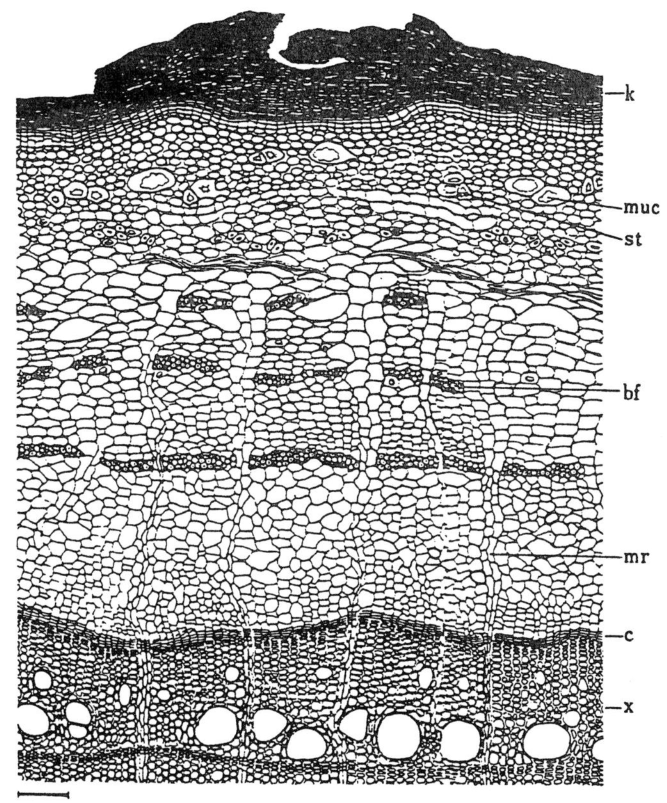

bf:사부섬유 c:형성층 k:코르크층 muc:점액세포 mr:사조직 x:목부(스케일 100㎛)
[吉村 原圖]

그림2-25 황벽의 사부와 피층부

줄기의 일반적인 내부구조를 SACHS방식에 따라 설명하면 다음과 같다.

(1) 표피조직

표피세포로 둘러싸여 있고, 기공, 털 등이 있다. 2차로 비후되면 표피세포는 탈락하고, 주피를 형성하여 피목을 갖는다.

(2) 피층 및 기본조직

엽록체를 갖는 동학조직이 있으며, 외력에 저항하기 위하여 기계조직, 후각조직 등이 있고, 분비조직, 통기조직, 저장조직 등을 갖고 있다.

(3) 유관속

주로 측립성 유관속 및 양측립성 유관속으로 구성되며, 드물게 외사포위유관속을 갖는 경우도 있으며 비후되면 목부에는 추재, 춘재로 이루어진 나이테 등을 갖는다.

4. 잎

잎은 엽병(葉柄)과 엽신(葉身)으로 구성되어 있으며 줄기, 뿌리와 더불어 식물의 기본기관의 하나이다. 보통 줄기 주위에 규칙적으로 배열되고, 엽록소를 많이 함유하여 광합성, 동화, 호흡을 주로 하는 기관이다.

1) 잎의 구성

잎의 주체가 되는 편평한 부분을 엽신이라고 하고, 광합성을 하는 주부분이다. 엽신과 줄기를 연결하는 부분을 엽병이라 하고, 지지, 통도부가 된다. 엽병의 기부에 소형의 잎 모양의 부속물을 탁엽이라 하고 엽병, 탁엽 또는 그 모두를 갖지 않는 경우가 많다. 단자엽식물에서는 잎의 아랫부분의 줄기를 감싸는 것이 많은데, 이 부분은 엽초라고 한다. 이것은 엽병과 탁엽이 합생(合生)한 것이다.

(1) 엽신(葉身)

엽신의 형상은 다양하므로 식물의 분류 및 약용식물의 감면에 중요한 요소가 되고 있다. 엽신의 위쪽을 엽첨(엽선), 아래쪽을 엽각이라 하고, 엽신의 가장자리를 엽연이라고 한다.

줄기에서 엽명을 통해서 엽신으로 연결된 유관속이 엽신 중에서 여러 갈래로

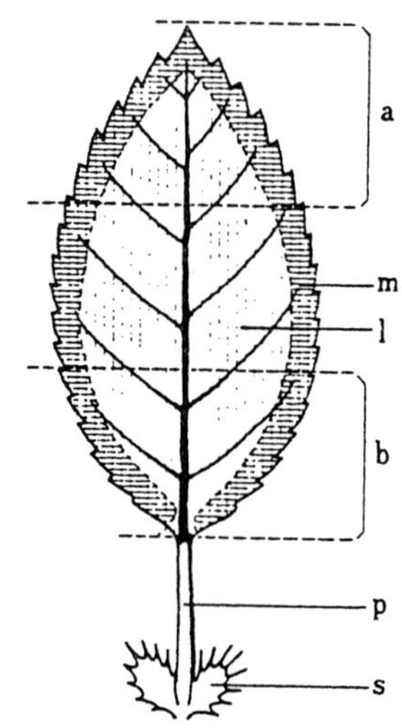

a:엽첨(잎끝) b:엽각(잎밑) l:엽신(잎몸) m:엽연(잎가) p:엽병(잎자루) s:탁엽(턱잎)

그림2-26 잎의 일반적 형상

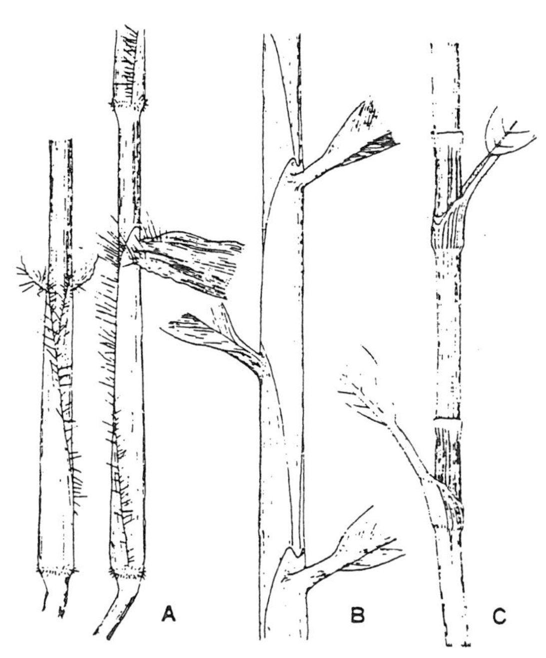

A:바랭이 B:생강 C:흰여귀 [吉村 原圖]

그림2-27 엽초

분지된 것을 엽맥이라고 한다. 엽신에 있어서 엽맥의 분포하는 상태를 맥계라고 하고, 2차맥계(예:은행, 양치식물), 평행맥계(예:나자식물, 단자엽식물), 망상맥계(예:쌍자엽식물, 일부의 단자엽식물) 등 3가지 형이 있다.

망상맥계를 가진 잎에서 엽명의 착점에서 엽첨(葉尖)을 향해 달리는 큰 엽맥을 주맥(midlib)이라 하고, 여기서 분지하는 맥을 측맥(지맥), 그 사이를 종횡(縱橫)으로 달리는 가는 맥을 세맥이라고 한다.

엽신이 한 개인 잎을 단엽 ,2개 이상인 것을 복엽이라고 한다. 복엽에 는 장상복엽과 우상복엽이 있고, 우상복엽에서 주축의 선단에 있는 소엽(小葉)을 정소엽 양측에 있는 소엽을 측소엽이라 하고, 정소엽이 있는 것을 기수우상복엽(奇敖羽狀複葉), 없는 것을 우수우상복엽(偶數羽狀複葉)이라고 한다. 소엽이 3개인 경우는 장상(掌狀)인지 우상(羽狀)인지 구별하기 곤란하므로 특히 3출복엽(三出複葉)이라고 한다.

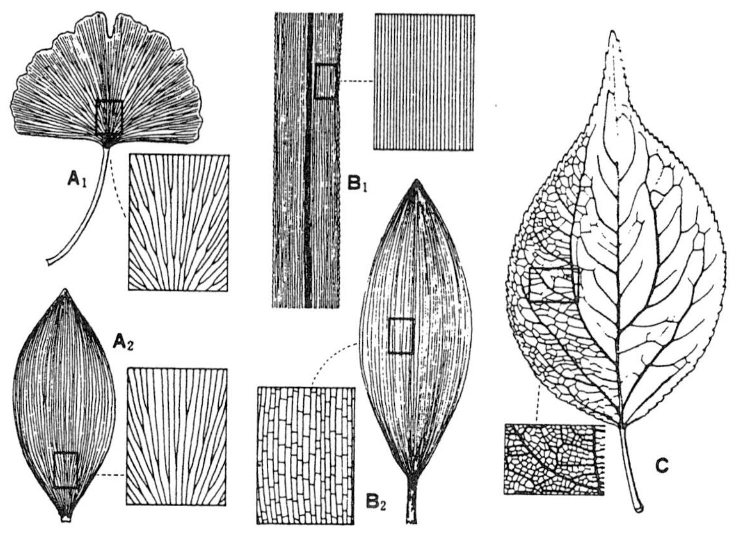

A:2차매계(A_1:은행 A_2:죽백(竹柏))
B:평행맥계(B_1:참억새 B_2:은방울꽃) C:망상맥계(살구)
그림2-28 엽맥

(2) 엽서

잎이 줄기에 붙을 때 배열을 엽서(葉序)라고 하고, 식물의 군(群)에 따라서 일정한 규칙성이 있다. 한 마디에 하나의 잎이 붙는 것을 호생엽서(互生葉序) 라 하고, 한 마디에 2개의 잎이 붙는 것을 대생엽서(對生葉序)라 하며, 같은 마디에 3매 이상의 잎이 붙는 것을 윤생엽서(輪生葉序)라고 한다.

(3) 잎의 변태

잎은 식물의 기관 중에서 가장 변태가 쉽게 일어나는 기관이며, 다음과 같은 것이 있다.

① 엽권수

잎이 변태해서 수염 모양이 되어 다른 식물에 감기면서 올라가는 것(예:완두콩).

② 위엽(僞葉)

엽병이 변태해서 엽신 모양으로 되고, 엽신은 퇴화해서 흔적만 있는 것(예:아카시아속).

③ 엽침(葉針)

잎의 전부 혹은 일부가 침상으로 변태하여 식물 자체를 보호하는 것(예:선인장).

A~C:우상복엽(A:오이풀 :산초나무 C:나비나물 D.E:장상복엽(D:으름덩굴 E: 마)
F:2~3회 기수우상복엽(당귀) G:2회 우수우상복엽(함수초)
H,I:3출복엽(H:크로바 I:파드득나물) J:2회 3출 복엽(유양곽)

그림2-29 복엽의 종류

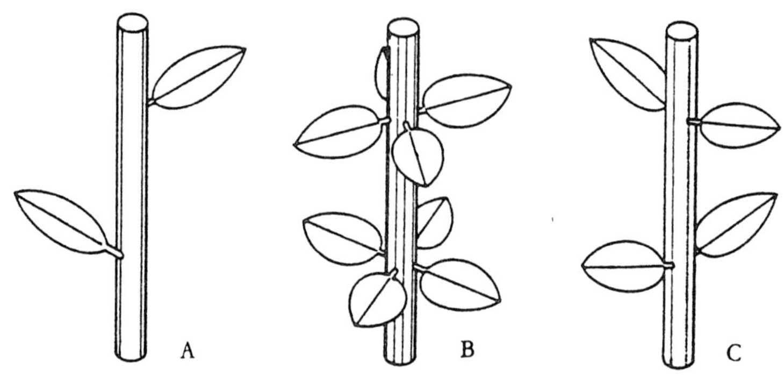

A:호생엽서(어긋나기) B:윤생엽서(돌려나기) C:대생엽서(마주나기)

그림2-30 엽서

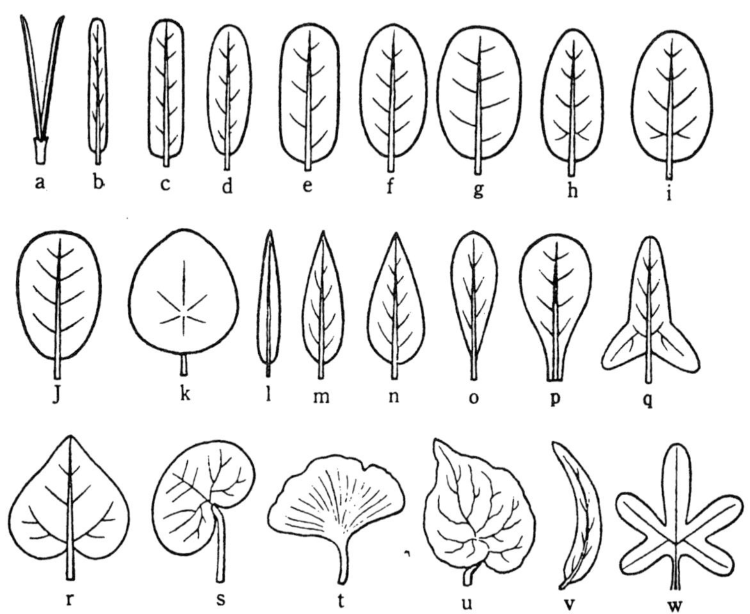

a:침형 aciculate, needle-shaped
b:선형 linear
c:광선형 broad linear
d:협장타원형 narrow-oblong
e:장타원형 oblong
f:타원형 elliptical
g:광타원형 oval
h:협란형 oblong-ovate
i:난형 ovate
j:도란형 oboviod, obovate
k:난원형 orbicular-obate
l:선상피침형 linear-lanceolate
m:피침형 lanceolate
n:광피침형 oblong-lanceolate
o:도피침형 oblanceolate
p:비형 spatulate
q:극형 hastate
r:심장형 cordate, heart-shaped
s:신장형 reniform, kidney-shaped
t:선형 flabellate, fan-shaped
u:부등형 oblique, unequal
v:겸형 falcate
w:오족상 pedate

그림2-31 잎의 전형

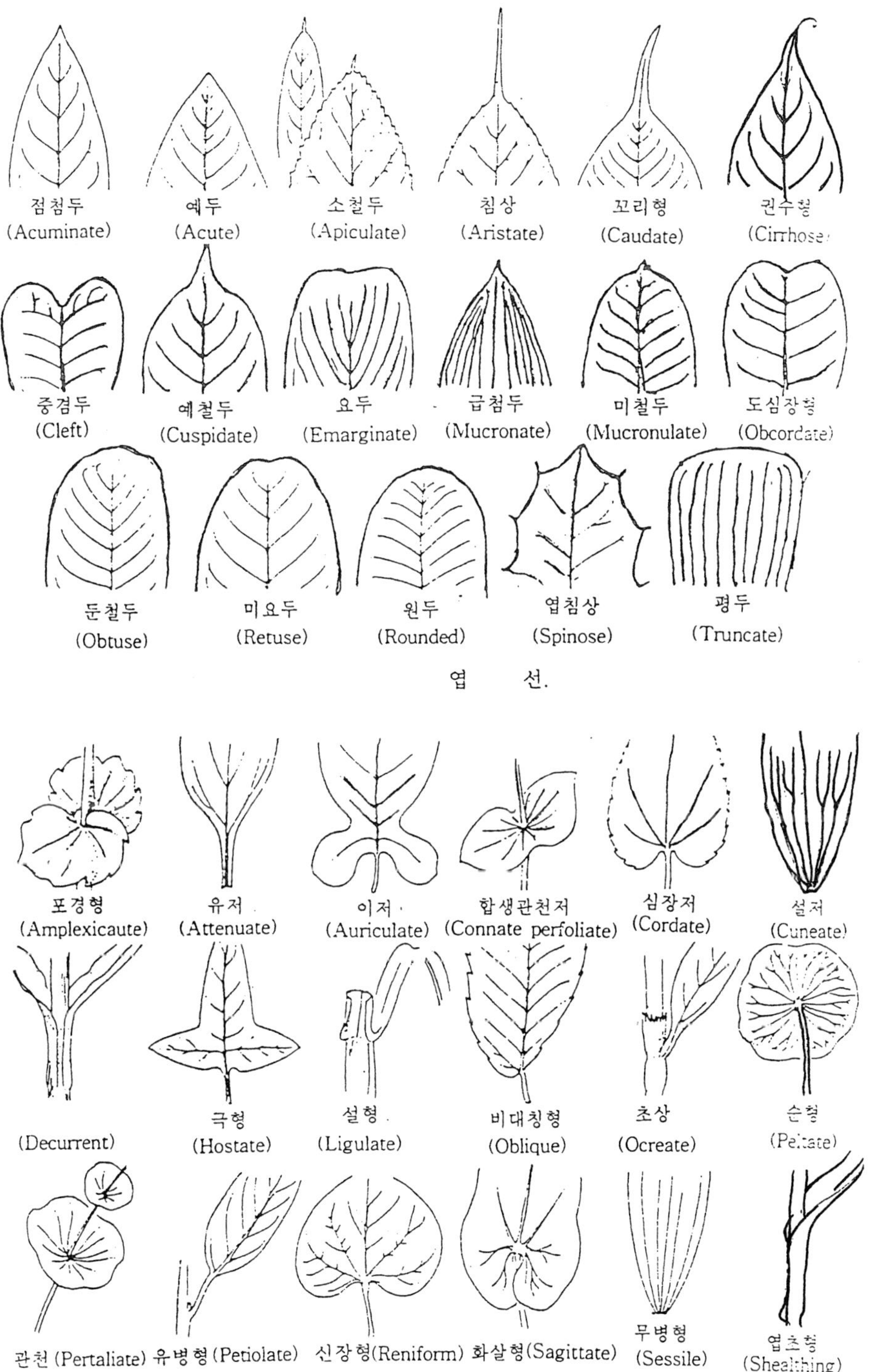
점첨두
(Acuminate)
예두
(Acute)
소철두
(Apiculate)
침상
(Aristate)
꼬리형
(Caudate)
권수형
(Cirrhose)
중겸두
(Cleft)
예철두
(Cuspidate)
요두
(Emarginate)
급첨두
(Mucronate)
미철두
(Mucronulate)
도심장형
(Obcordate)
둔철두
(Obtuse)
미요두
(Retuse)
원두
(Rounded)
엽침상
(Spinose)
평두
(Truncate)
엽 선.
포경형
(Amplexicaute)
유저
(Attenuate)
이저
(Auriculate)
합생관천저
(Connate perfoliate)
심장저
(Cordate)
설저
(Cuneate)
(Decurrent)
극형
(Hostate)
설형
(Ligulate)
비대칭형
(Oblique)
초상
(Ocreate)
순형
(Peltate)
관천 (Pertaliate)
유병형 (Petiolate)
신장형(Reniform)
화살형(Sagittate)
무병형
(Sessile)
엽초형
(Shealthing)

그림2-32 엽선과 엽저

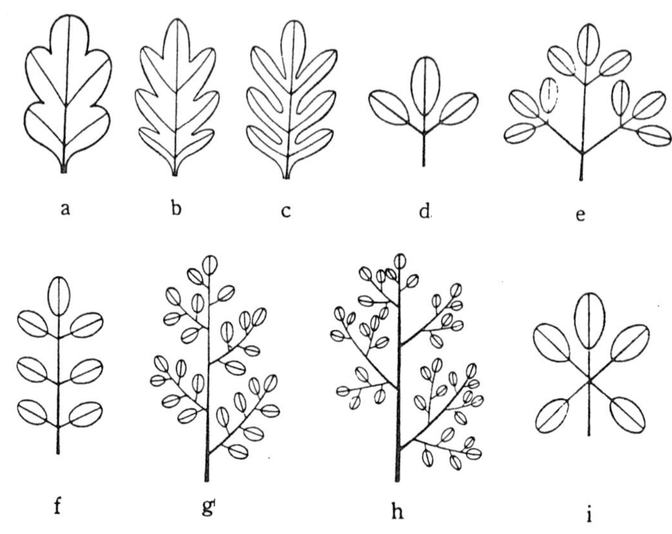

a:천열 lobed
b:중열 cleft, split
c:심열 parted
d:삼출 ternate
e:이회삼출 biternate

f:일회우상복엽 unipinnate(pinnate c.l)
g:이회우상복엽 bipinnate c.l
h:삼화우상복엽 tripinnate c.l
i:장상복엽 palmately compound leaf

그림2-33 잎의 절곡

④ 구조(鉤瓜)

잎의 일부가 낚시처럼 되어 다른 식물에 걸치며 올라가는 것(예:박 종류)

⑤ 포충엽(捕蟲葉)

식충식물은 탄산동화의 능력을 갖고 있지만 P. N. K 같은 영양분이 적은 바위, 모래 등에 기생하는 식물은 영양분을 보충하기 위해서 잎의 일부가 변태해서 포충(捕生)기구를 갖고 있다(예:끈끈이주걱).

(4) 잎의 내부구조

잎의 표피를 표면시(表面規)하면, 표피세포는 줄기의 경우와 달리 다각형(多角形)~파상연(波狀緣)을 나타내고, 그 형상은 변화가 많다. 일반적으로 하면표피의 세포는 상변표피의 세포에 비해서 복잡한 영상을 나타낸다. 표피에는 여러 종류의 털, 기공, 수공 등이 분포한다. 털의 종류와 분포는 한 장의 잎에 있어서도 상, 하면의 차가 있고, 종(種)에 따라서 현저한 특징을 나타낸다.

기공(stoma)은 보통 잎의 하면에 많고, 상면에는 적든지, 때로는 없는 경우도 있지만, 부수성 식물(浮水性植物) 등에서는 상면에만 있는 것도 있다. 엽신의 횡단면

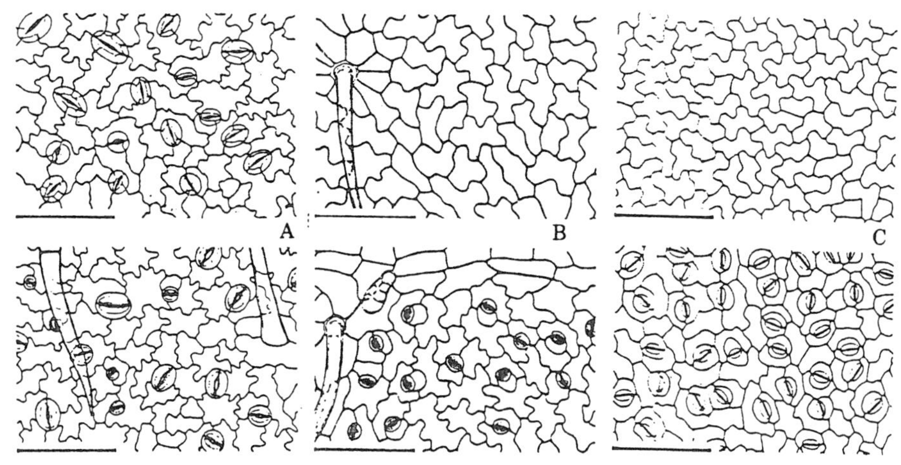

A:감자 B:칡 C:치자나무(위쪽은 상면, 아래쪽은 하면, 스케일은 100㎛)

그림2-34 잎의 표피

에 서상면과 하면의 표피는 기본적으로 같은 구조이지만, 털의 분포, 세포의 두께, 쿠티클라층의 상태에도 큰 차이가 있는 경우가 많다.

일반적으로 상면표피는 높고, 세포벽이 두껍고, 보다 발달한 쿠티클라층을 갖고 있다. 상면표피에 접해서 엽록소가 풍부한 원주상의 유세포가 밀접한 책상조직이 있다. 책상조직을 구성하는 세포는 보통 한 층이지만 2~수 세포성의 경우도 있다.

책상조직의 아래에는 구상(球狀)~부정형의 녹색유세포가 다량의 세포간극을 가지고 존재하는데, 이것을 해면조직(海綿組織)이라고 부른다. 해면조직은 동화조직인 동시에 통기, 호흡조직이며, 이 세포간극은 기공의 호흡실에 연결되어 있다. 해면조직은 보통 하면표피에 접하고, 책상조직과 해면조직을 합쳐서 엽육이라고 한다.

엽맥의 부분에서는 엽육 안쪽을 유관속(維管束)이 달리고 있다. 주맥이나 큰 지맥(支脈)의 부분에서는 그 상방(上方)에 책상조직은 발달하지 않고, 그 대신에 후각조직, 후막유조직 등의 기계조직이 양면의 표피에 발달하는 경우가 많다.

엽신의 유관속은 일반적으로 목부가 위쪽, 사부가 아래쪽에 배열되는 측립성 유관속으로 되고, 종종 상하(上下) 또는 주위를 후막조직 또는 섬유속으로 되는 유관속초(維管束梢)가 발달한다. 엽맥의 유관속에는 형성층은 발달하지 않으며, 소나무속 식물에서는 엽육내에 유관속을 포위하는 내피가 명료하게 존재한다.

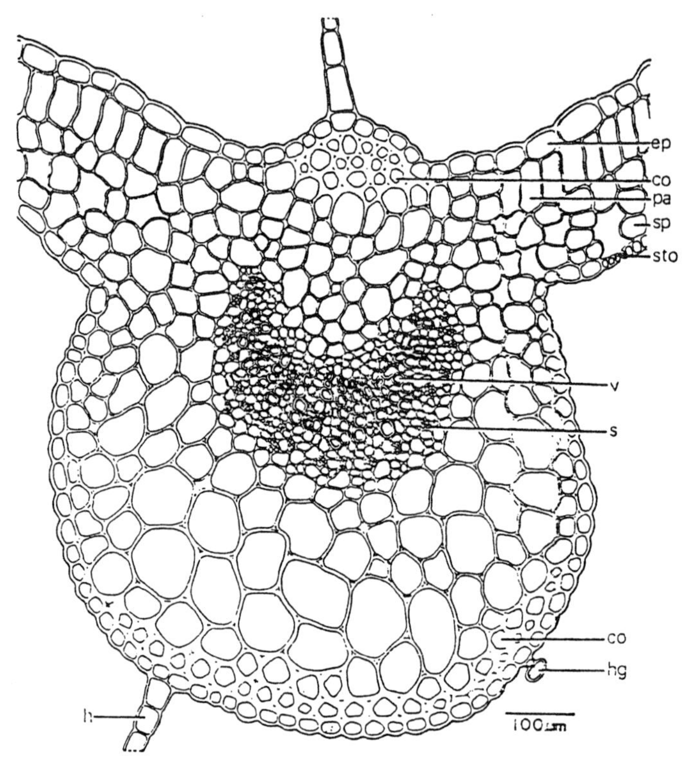

ep:표피세포 co:후각세포 pa:책상조직 sp:해면조직 sto:기공 v:도관 s:사관 hg:선린 h:털
[朴鍾喜 原圖]

그림2-35 잎의 횡단면

5. 꽃

꽃은 종자식물의 생식기관이고, 최종적으로 종자를 만드는 것을 목적으로 한다. 꽃은 외면상으로 보아 포(苞), 꽃받침, 화판, 수술, 암술 등은 잎의 변형으로, 이들을 통틀어 화엽(花葉)이라 한다.

단자엽식물에서는 가끔 화판과 꽃받침이 동형 동색인 때도 있는데, 이런 경우에는 화개(花蓋)라고 부른다. 화엽을 지지하는 잔가지, 즉 화병(花柄,花梗)의 상단은 절간(節間)이 매우 단축되어 있는 가지로서, 이 부분을 화상(花床, 花托)이라 한다. 화상은 사과, 배 등의 경우 화후 팽대(花後 膨大)되어 과실을 싼다. 사과, 배 등의 심(芯)이라 불리는 부분이 과실이고, 먹는 부분은 화상이다. 꽃받침과 화판을 총칭

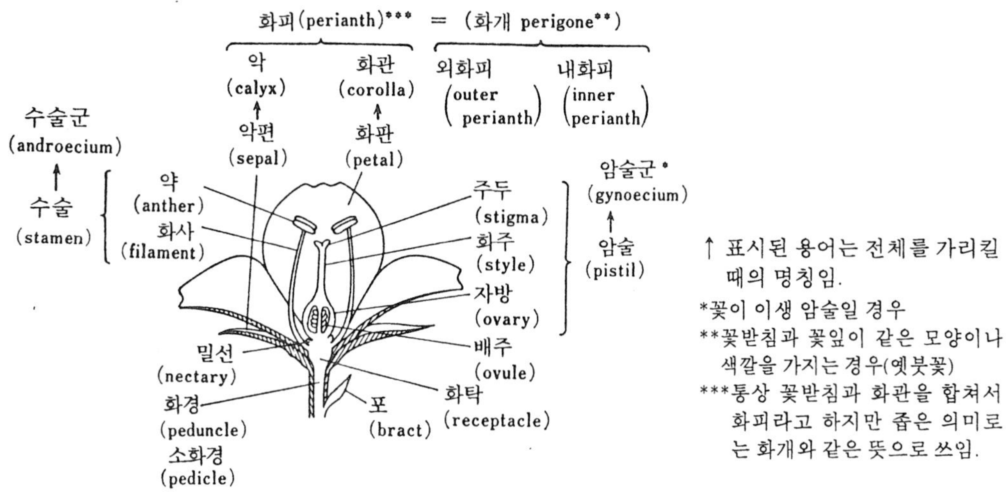

그림2-36(1) 꽃의 구조

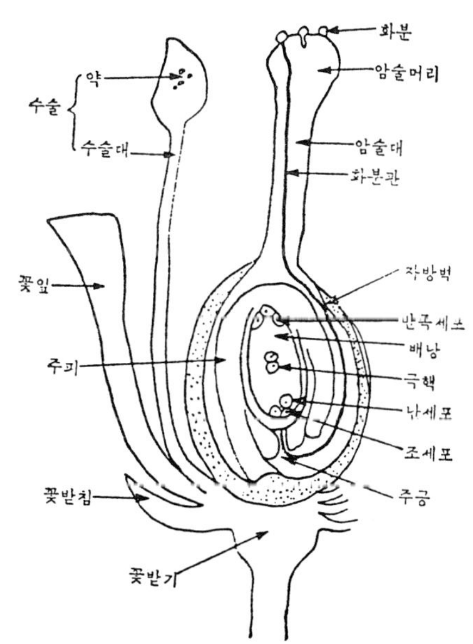

그림2-36(2) 꽃의 확대구조

하여 화피라 하며, 화피가 없는 꽃을 나화(裸花)라 한다 (예 :삼백초, 등대풀).

수술은 여러 개 또는 다수가 사상(絲狀)을 이루어 정단(頂端)에 화분(花粉)을 모으는 꽃밥(葯)이 있는데, 이것을 지지하고 있는 사상의 자루를 화사(花)라 한다. 화사는 종종 반 가량만 합착(合着)하는 때가 있다(예: 동백, 멀구슬나무).

암술은 꽃 중에서 가장 중요한 부분인만큼 그 구조도 복잡하며, 일반적으로 주두(柱頭), 화주(花柱), 자방(子房)의 세 가지 부분으로 나눈다. 화주는 자방의 정단(頂端)에 위치하는데, 그 선단이 주두로서 화분을 받아들이는 곳이며, 때로는 화주가 매우 단축되어 있는 것도 있다(예:양귀비꽃).

자방은 원칙적으로 수술이나 화피보다 위에 있지만, 각 화엽(花葉) 사이에 합착(合着)이 생기기 때문에 상대적으로 여러 가지 위치가 있다.

자방이 다른 화엽(花葉)과 합착하지 않고, 가장 원칙적으로 위치할 때, 이것을 상위자방(上位子房)라고 하고, 화피(花被)가 자방벽과 합착할 때, 자방은 화탁(巧托) 중에 매몰한 형으로 되고, 다른 화엽보다 밑으로 되는 것을 하위자방(下位子房)라 한다. 또한 자방이 화엽과 같은 위치에 있는 것을 중위자방(中位子房)라고

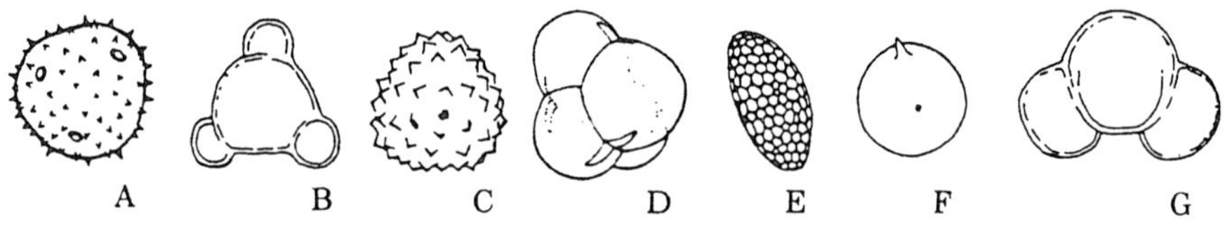

A:호박 B:왕달맞이꽃 C:두드러기쑥 D:철쭉나무 E:나팔나리 F:삼나무 G:적송

그림2-37 화분

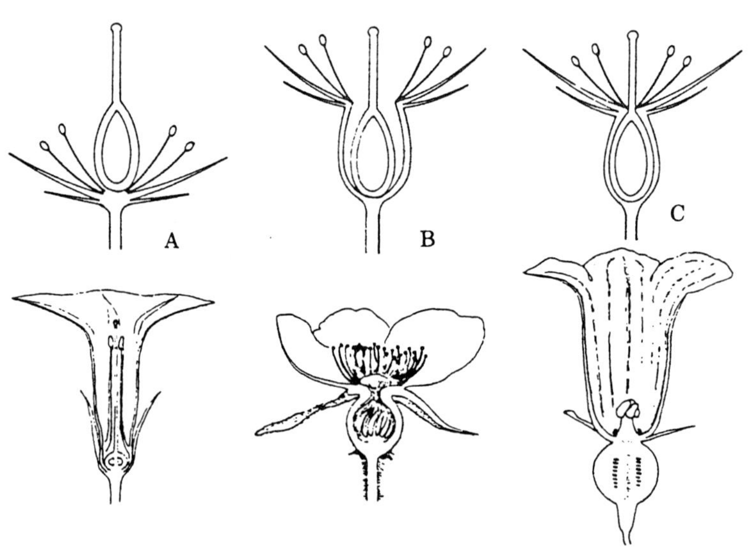

A:상위자방(나팔꽃) B:중위자방(연꽃) C:하위자방(호박)

그림2-38 자방의 위치

한다.

꽃의 기능 중에서 적어도 암술과 수술이 필요하므로, 하나의 꽃에 암술과 수술을 모두 구비하고 있는 꽃을 양성화(兩性花) 또는 완전화(完全花)라고 하고, 어느 한쪽이 없는 것을 단성화(單性花)라고 한다. 또한 양쪽이 없는 것을 중성화(中性花) 또는 무성화(無性花)라 한다. 암꽃과 수꽃이 동주(同株)에 있는 것을 자웅동주(雌雄同株) 또는 일가화(一家花)라 하고, 따로 있는 것을 자웅이주(雌雄異株)또는 이가화(二家花)라고 한다.

1) 수술

수술은 보통 암술을 둘러싸고 배열하는데, 화분을 갖고 있는 꽃밥(葯)과 이것을 지탱하고 있는 수술대(화사:花系)의 두 가지 부분으로 이루어져 있다.

꽃밥은 화사의 상단에서 뻗은 약격(葯隔)에 의해 2~4실(室)로 나누어지고, 약실

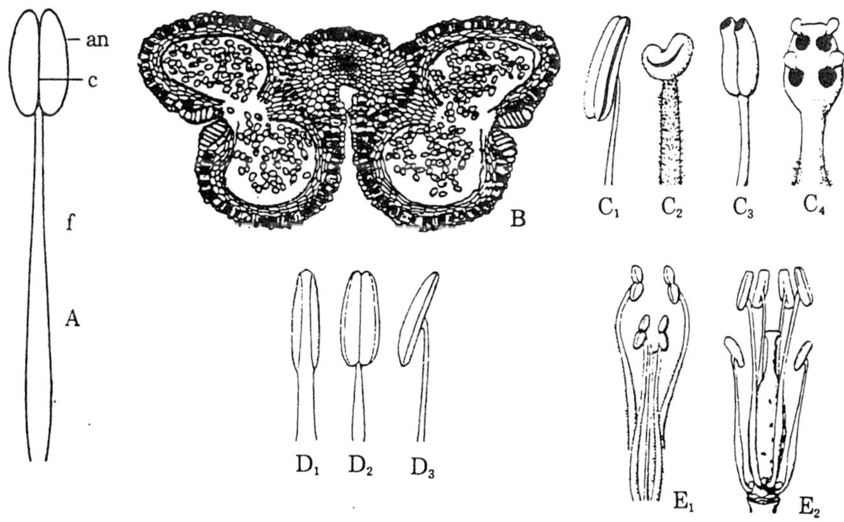

A:수술의 모형도 B:약(葯)의 횡단면(*Lilium philadelphicum*)
C:약의 열개의 모형
C_1:종열(백합속) C_2:횡열(금어초) C_3:공개(孔開:철쭉과, 가지과) C_4:변개(장목)
D:화사와 약(葯)의 위치관계
D_1:측착 D_2:저착 C_3:배착
E:수술의 장단(長短)
E_1:2강웅예(들깨) E_2:4강웅예(겨자) an:약(葯) C:약격(葯隔) f:화사

그림2-39 수술

내에는 화분낭(花粉囊)이 있어서 다수의 화분(花粉)이 존재한다. 꽃밥은 성숙하면 열려서 화분을 내지만, 그때 약실이 축방향으로 열개하는 것을 종열(從裂, 예:나리), 특정한 위치에 구멍이 있는 것을 공개(孔開 예:철쭉), 부속되어 있는 덮개가 열리는 것을 변개(弁開, 예:장목) 등의 양식이 있고, 이것은 식물군의 중요한 특징이다.

꽃밥을 지지(支持)하는 화사는 때로는 극히 짧고, 거의 없는 것도 있지만 보통은 가늘고 길며, 꽃밥의 기부(基部) 또는 배부(背部)에 붙어서, 그 천단은 약격(葯隔)이 되고, 때로는 꽃밥의 정부(頂部)를 넘어서 특수한 부속체(付屬體)가 되는 경우도 있다.

하나의 꽃 중에서 수술은 전부가 같은 크기, 같은 모양으로 이생(離生)하는 것이 많지만, 모양이 다르고 합생(合生)하는 것도 있다. 하나의 꽃 중에 수술의 길이에 차이가 있는 것이 있는데, 4개의 수술 중 2개가 긴 것을 2강웅예(2强雄友, 예:들깨), 6개 중 4개가 긴 것을 4강웅예(四强雄艾. 예:겨자)라 하고, 인접하는 수술의 꽃밥이 서로 붙어서 수술을 포위하는 통으로 된 것을 집약웅예(集葯雄友.예:국화)라고 한다.

2) 암 술

암술은 꽃의 중앙에 위치하고, 1매 또는 다수의 심피로써 되는데, 상단에서부터 주두, 화주, 자방의 세 가지로 나누어 진다. 주두는 화분(pollen)을 받아 배양되고 화분관을 발아시킨다. 화분관은 화주의 내부를 통과하여 자방에 이르며, 자방의 내면에는 배주(胚珠)가 부착되어, 화분관은 그 속으로 침투함으로써 배에 수정(受精)이 이루어져 종자를 만들며, 자방의 주위 조직은 발육되어서 이것을 싸고 과실이 된다.

배주가 부착하는 장소를 태좌(胎座)라 한다. 배주는 각 심피(心皮)에 1～다수 개 생긴다. 배주는 중앙부의 주심(珠心)과 이것을 포위하는 주피(珠皮)로 된다. 주피는 보통 2장 있고, 각각 내주피(內珠皮), 외주피(外珠皮)라 부른다. 배주는 주피(珠皮)로 둘러싸여 있고, 화분관을 통과시키기 위하여 하나의 구멍이 있는데, 이것을 주공(珠孔)이라 한다.

구심(珠心)의 가운데에는 배낭(胚囊)이 있고, 배낭 속에는 난세포, 조세포, 반족세포 및 극액(極核)이 있다. 화분관내의 2개의 정핵(枯核) 중 1개는 난세포와 다른 1개는 극핵과 융합하여 수정한다. 수정한 후 난세포는 발달하여 배(embryo)가 되

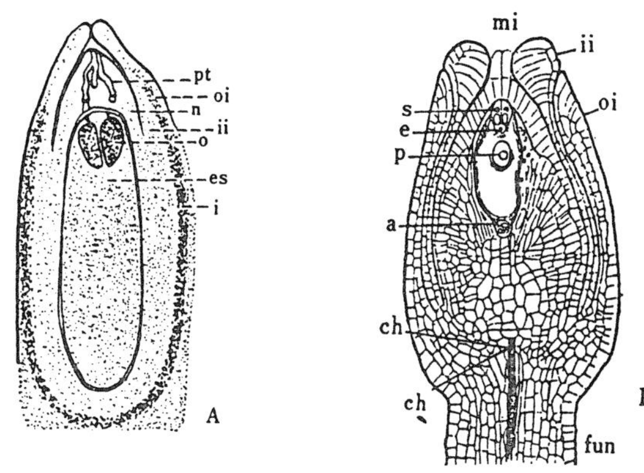

A:나자식물(소나무) B:피자식물(마다풀)
a:반족세포 ch:합점 e:난세포 es:내유 fun:주병 i:주피 ii:내주피 mi:배유
n:주심: o:조란기 oi외주피 p:극핵 pt:화분관 s:조태세포
그림2-40 배주와 배낭

고, 극핵은 분열하여 배유(胚乳)가 되며, 발달한 배주는 종자가 된다. 그리하여 배주를 둘어싼 자방과 함께 과실이 된다. 배는 유근(幼根), 유경(幼莖) 및 떡잎(子葉)으로 된 것이다.

3) 화서(花序)

꽃이 집난이 되어 일정한 배열은 갖는 것을 화서(花序)라 한다. 화서에도 엽서(葉序)와 마찬가지로 규칙성이 있고, 꽃은 호생(互生) 또는 윤생(輪生)한다. 그러나 같은 식물에서도 화서와 엽서는 같지 않다. 꽃이 화서축(花序軸)의 아래쪽에서 피기 시작해서 위쪽으로 올라가는 것을 무한화서(無限花序), 위쪽에서 아래쪽으로 피는 것을 유한화서(有限花序)라고 한다. 무한화서에서는 화아(花芽)는 보통 측생(側生)하고, 유한화서에서 화아는 보통 정생(頂生)한다.

(1) 무한화서는 총수화서(總穗花序)라고도 하며, 다음과 같은 것이 있다.

① 수상화서

화축을 길게 신장하며, 소화경이 없는 꽃이 화축에 달리는 것으로 드림 꽃차례라고도 한다(수양버들, 오리나무, 보리, 질경이).

② 총상화서

길게 신장된 화축에 소화경을 지닌 꽃들이 달리는 것으로 송이꽃차례라고도 한다(아까시나무, 등나무, 포도).

③ 산방화서

소화경 끝에 달린 꽃들이 평평하거나 볼록한 모양으로 덩어리꽃을 이룬다. 가장자리 꽃이 먼저 개화하는데 고른 꽃차례라고도 한다(왕벚나무).

④ 육수화서

수상화서의 변형으로, 수상화서의 축이 육질(肉質)로 비후 된 것(예 :천남성,

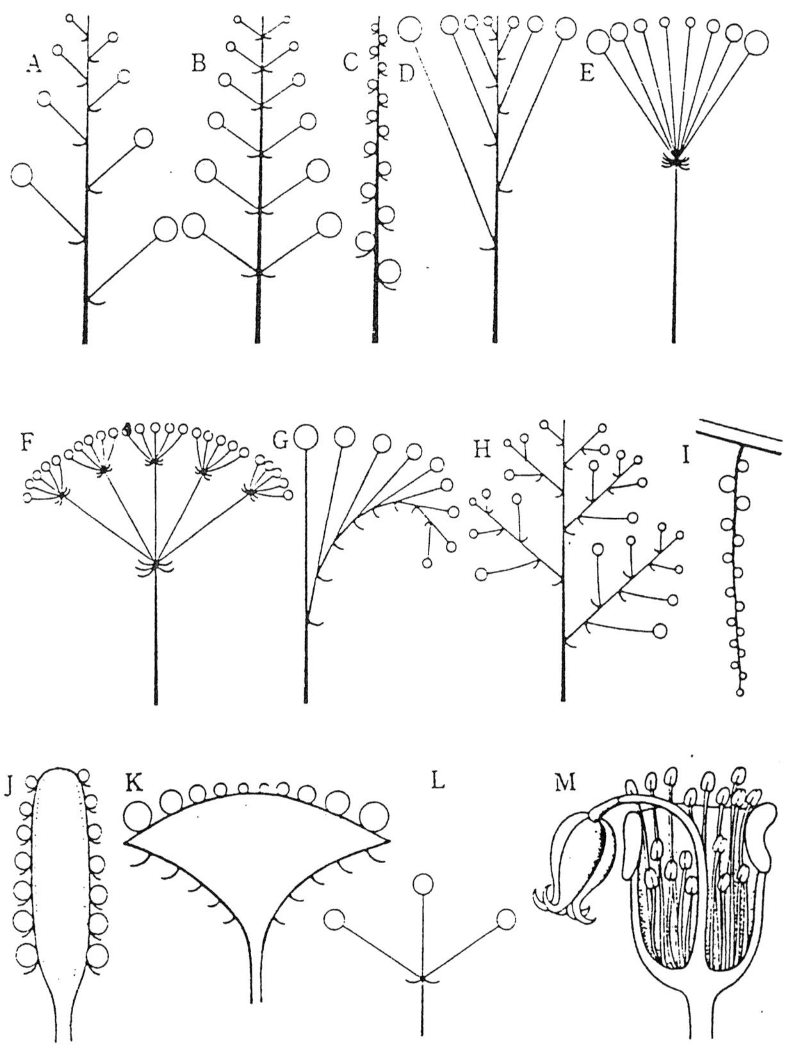

A~B:총상화서 C:수상화서 D:산방화서 E:산형화서 F:복산형화서 G:권산화서 H:원추화서 I:미상화서 J:육수화서 K:두상화서 L:소취산화서 M:배상화서

그림2-41 각종 화서의 모식도

창포).

⑤ 산형화서

수축이 없고, 경정(莖頂)의 한 점에서 화병이 방사상으로 붙는다. 즉 각 화병이 거의 같은 길이로 방사상을 이루며 우산 모양이다 (예:미나리과의 미나리, 오갈피나무과의 인삼, 오갈피).

⑥ 두상화서

화축이 편평반상(扁平盤狀)을 이루고, 그 윗면에 다수의 꽃이 붙는다(예 :국화과).

⑦ 은두화서

두상화서의 변형으로 두상화서의 화상(花床)이 팽대되어, 화상면이 항아리 모양으로 되어 꽃을 싸는 것(예:무화과나무).

(2) 유한화서는 집산화서(集散花序)이라고 하며, 다음과 같은 것이 있다.

① 단정화서(單頂花序)

꽃이 경정(莖頂)에 하나 붙은 것(백목련, 목단).

② 호산화서(互散花序)

축단(軸端)에 정생하는 꽃의 아래에 액아(腋芽)가 꽃을 정생하는 구조를 되풀이하는 것.

③ 단산화서(團散花序)

산형화서나 두상화서와 같은 형태로 꽃의 중심부에서부터 핀다.

6. 열매(果實)

배추가 성숙하여 종자가 될 때. 이것을 둘러싼 자방이 비대생장해서 열매가 된다. 진정한 열매는 자방에서 되는데, 이것을 진과(眞果)라 하고, 이것에 대해서 자방 이외의 화엽(花葉), 화탁(花托),화명(花柄)의 일부가 다육화해서 과실상으로 된 것을 위과(僞果)라 하여 진과와 구별한다.

과실이라는 말은 엄밀하게 말하면 진과를 가리키지만 위과를 포함해서 사용한다. 열매는 보통 1자방에서 1개 생긴다. 이것은 단과(單科)라 한다. 대부분의 꽃에서는 1자방이므로 1단과를 만들지만 다심피의 분리지예를 가진 꽃에서는 하나의 꽃에서 여러 개의 단과를 집착해서 이것이 한 개의 과실처럼 보이는 경우가 있다.

이것을 집과(集果, 예:나무딸기)라 한다. 또 2개 이상의 꽃에서 생긴 복수의 과실이 집합 또는 합작해서 한 개의 과실처럼 보이는 것을 복과(複果, 예:뽕나무, 산딸나무, 무화과, 파인애플)라 한다.

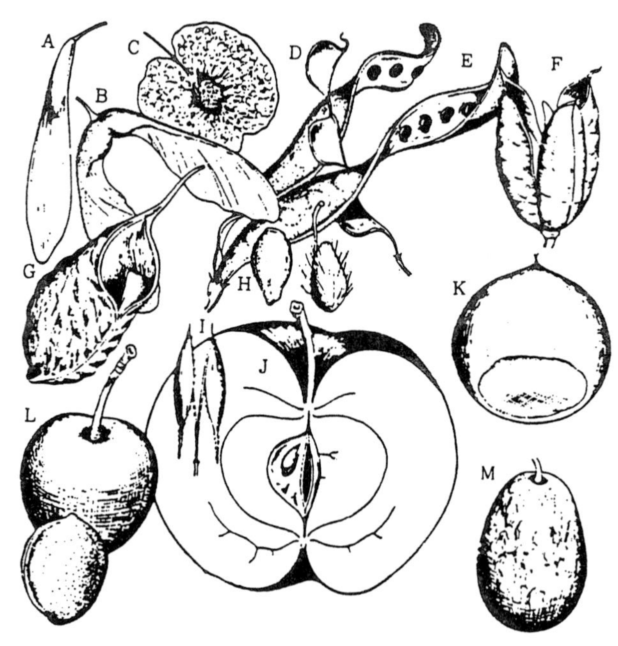

A~C:시과 D:분리과 E:협과 F:삭과 G:골돌과 H:수과 I:분열과 J:이과 K:견과 L:핵과 M:장과

그림2-42 열매의 종류

1) 진과(眞果)

열매는 지방벽이 비대해서 생긴 과피(果皮)와 내장되어 있는 종자(seed)로 된다. 과피는 외과피, 중과피, 및 내과피의 3층으로 되지만, 구조상 명확하지 않는 것도 있다. 열매는 주로 과피의 성질에 따라서 다음과 같이 분류된다. 이 분류는 원칙으로 진과에 관한 것이다.

(1) 건과 (乾果)

과피가 성숙하면 건질(乾質)로 된다.

ⓐ 폐과(閉果)

파괴는 완숙해도 개열(開裂)하지 않는다.

① 견과(堅果)

과피는 목질로 단단하고, 종자는 밀착하지 않는다(예:밤, 종가시나무).

② 수과(瘦果)

과피는 엷은 막상 또는 목질을 이루고 가운데에 한개의 종자를 가지며, 열매는 일반적으로 소형이다(예:수영, 민들레).

③ 곡과(穀果) 또는 영과(頴果)

과피는 엷고 한 개의 종자를 가지며, 과괴는 종자에 밀착되어 있다(예:벼)

④ 익과(翼果)

과피의 일부가 뻗어서 날개 모양의 부속물이 된다(예:단풍나무)

ⓑ 열개과(裂開果)

과피는 완숙하면 쪼개어져서 종자를 드러낸다.

① 두과(豆果) 또는 협과(莢果)

1심피자방으로 된 과실로 성숙한 후 건조하면 내외양봉선(內外兩縫線)을 따라서 나누어지는 것(예:완두, 그 밖의 콩과식물).

② 대과(袋果)

1심피자방으로 된 과실로, 성숙하면 한쪽 방향의 봉선(縫線)을 따라서 쪼개어지는것(예:미나리아재비과, 목련과).

③ 삭과(蒴果)

다심피자방에서 된 과실로 완숙한 후 건조되면 개열하는 것(예 :나팔꽃, 양

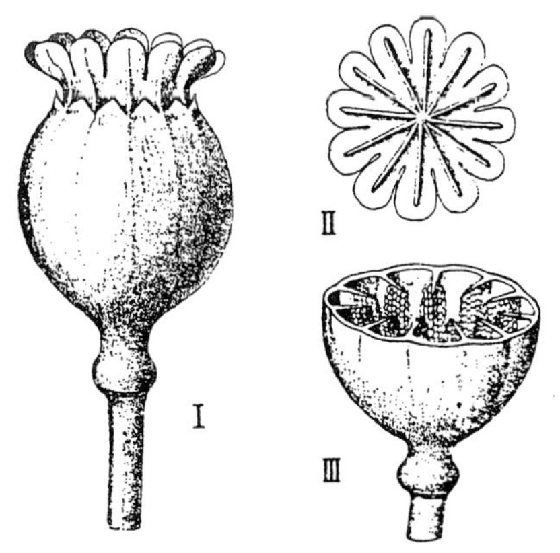

Ⅰ. 측면도 Ⅱ. 평면도 Ⅲ. 횡단면(Gilg)

그림2-43 삭과(양귀비 *Papaver somniferum*)

귀비,철쑥,이질풀).

(2) 습과(濕果, 多肉果)

중과피 또는 내과피, 또는 모두가 육질~다즙질인 것.

① 핵과(核果, 石果)

외과피는 엷고, 중과피는 다육으로 되고, 내과피는 견고한 핵(核)으로 된 것 (예:복숭아,매실)

② 장과(漿果)

중과피와 내과피가 연하고 수분을 많이 함유하며 보통 견고한 종자가 있다 (예:포도, 토마토, 구기자)

③ 감과(柑果)

외과피는 약간 두껍고 유실(油室)이 풍부하고, 중과피는 해면상(海綿狀), 내과피는 엷은 낭상으로 되고, 그 내면에 종자를 보호하는 털이 있고, 그 털이 다즙질(多汁質)로 된 것(예:밀감).

2) 열매의 내부구조

외과피는 열매의 외면(外面)을 보호해 주는 표피이고, 심피의 하면표피에 상당하는 부분이므로 원칙적으로 표피에 닮은 점이 많다. 쿠티쿨라, 납(wax)으로 덮여 있는 1층의 표피세포로 되고, 털, 기공이 존재한다. 중과피는 가장 변화가 많지만, 원칙적으로 유조직으로 되며, 외표(外表) 부근에 석세포층이 있는 것, 유실(油室), 유세포(油細胞), 분비세포 등이 분포하는 것도 있다.

유조직 중에는 여러 종류의 유관속이 존재한다. 내과피는 엷은 막질로 된 것(예:견과, 수과), 다육질로 된 것(예:장과), 두껍고 목질화하여 견고한 것(예:핵과)등이 있다.

7. 씨(種子)

종자는 보통 둥근 형태를 갖고 있지만 타원형, 다면체형, 각형 등의 다양한 형상을 가지고, 외부에 여러 가지의 부속체를 가진 것이 있다.

아주 작은 것(예:난과)에서부터 큰(예:콩과, 야자과) 것까지 다양한 종류의 형태를 갖고 있다.

종자의 외면은 종피(種皮)로 덮히고, 내부에 장래의 유식물체(幼植物體)가 되는 배(胚)와 양분을 저장할 배유(胚乳)가 있다.

종피는 일반적으로 표피, 후막조직층, 색소층, 유조직층으로 된다. 종자의 표피는 종자 표면에 여러 가지의 굴곡진 모양을 만들고 있으므로, 식물의 군에 따라서는 중요한 특징이 되고 있다.

종자의 내부에 있는 배(胚)는 수정란에서 발생한 것이므로 자엽(子葉), 배축(胚軸), 유아(幼芽) 및 유근(幼根)으로 되지만, 배의 분화가 발아 후에 진행하는 것(예:난과), 자엽이 퇴화하는 것도 있다. 종자 중의 배(胚)의 크기, 형상, 자세, 배유에 대한 위치 등도 식물의 분류상 중요한 특징이 된다.

배유(胚乳)는 배낭(胚囊)의 분열에 의해 생긴 내배유 이외에, 배낭외주심(胚食外珠沁)에 유래하는 외배유(外胚乳)가 주위를 둘러싸고 있는 것도 있다. 또한 배유를 전혀 갖지 않은 종자(예:콩과, 난과)도 있는데, 이것을 무배유종자(無조乳種子)라고

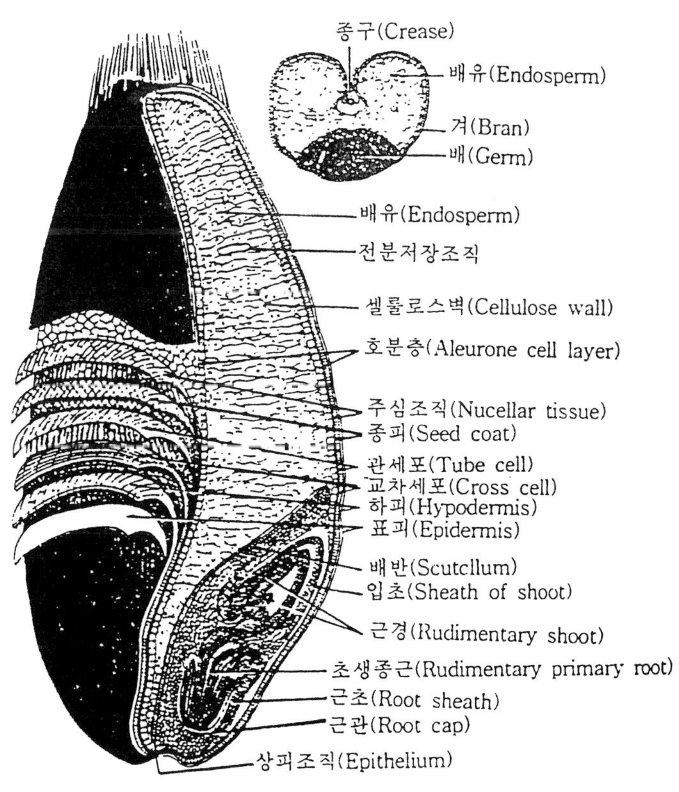

그림2-44 종자의 구조

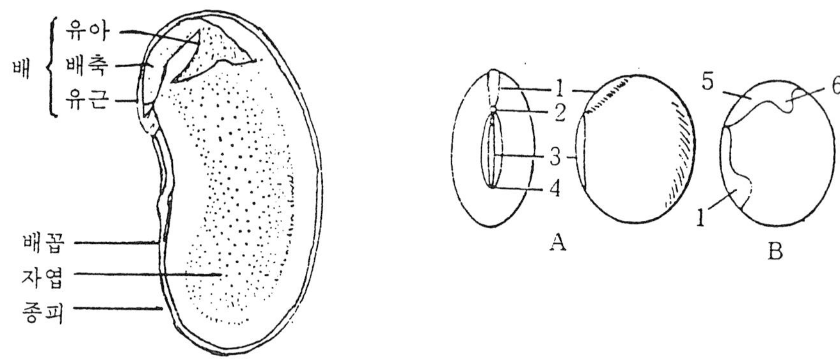

그림2-45 콩 종자 횡단면

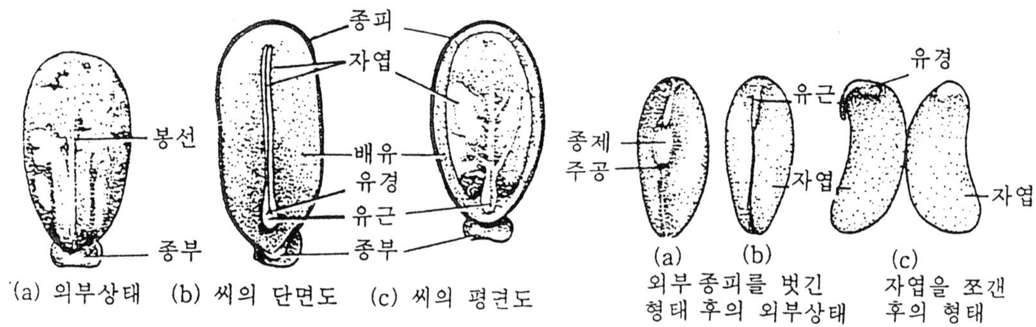

그림2-46 유배유종자와 무배유종자

한다. 배유는 배(胚)에서 발아시의 영양을 공급하기 때문에 저장조직이지만, 콩과 등에서는 배유 대신 자엽이 발달해서 영향을 저장하고 있다.

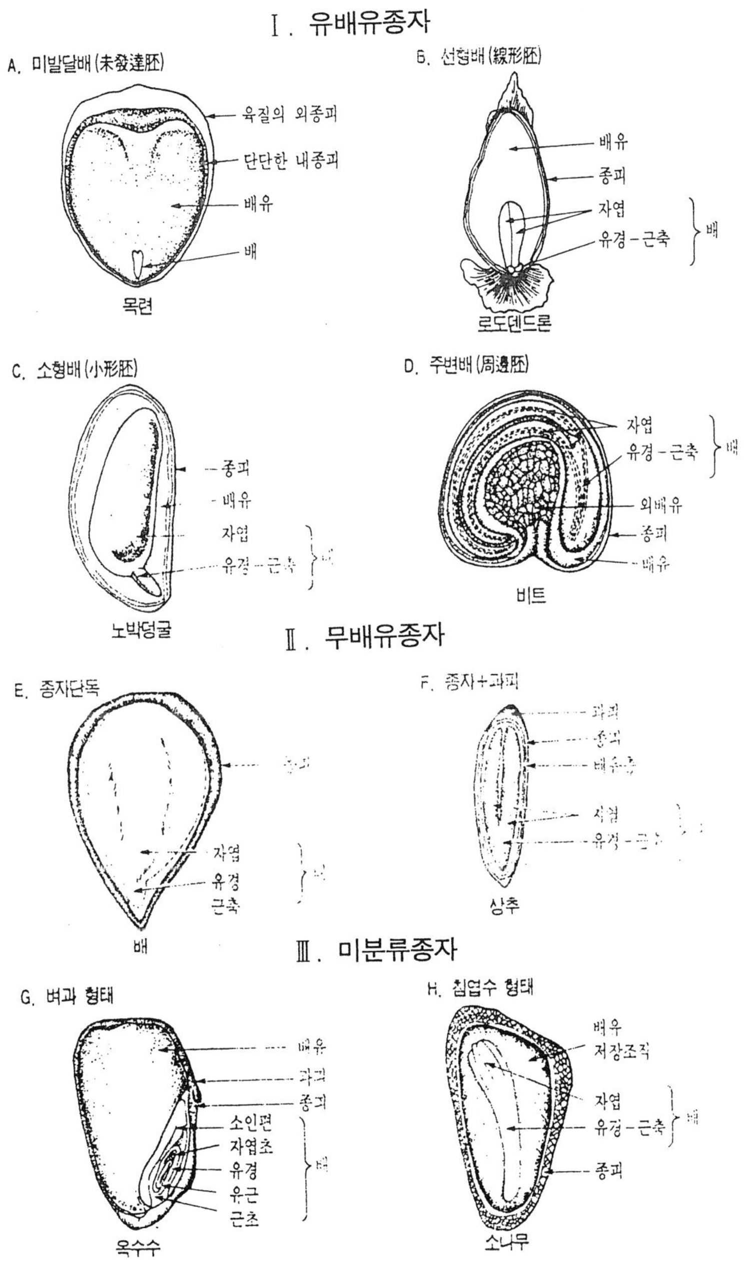

Ⅰ. 유배유종자

A. 미발달배(未發達胚)

육질의 외종피
단단한 내종피
배유
배

목련

B. 선형배(線形胚)

배유
종피
자엽
유경－근축
배

로도덴드론

C. 소형배(小形胚)

종피
배유
자엽
유경－근축
배

노박덩굴

D. 주변배(周邊胚)

자엽
유경－근축
배
외배유
종피
배유

비트

Ⅱ. 무배유종자

E. 종자단독

종피
자엽
유경
근축
배

배

F. 종자+과피

과피
종피
배유층
자엽
유경－근축

상추

Ⅲ. 미분류종자

G. 벼과 형태

배유
과피
종피
소인편
자엽초
유경
유근
근초
배

옥수수

H. 침엽수 형태

배우
저장조직
자엽
유경－근축
배
종피

소나무

그림2-47 식물종자의 단면

Ⅲ. 약 · 특용식물의 재배환경

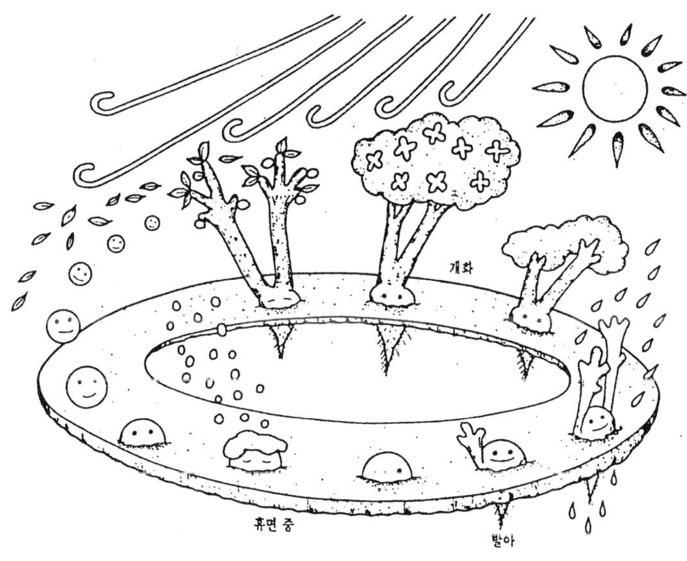

식물의 생장과 발육에 대한 환경의 영향

Ⅲ. 약·특용식물의 재배환경

1 광 조건

1. 광의 기작

1) 광합성

광합성 작용은 식물의 기본으로 녹색 식물이 태양 에너지를 이용하여 엽록소에서 이산화탄소와 물을 동화하여 화학 에너지를 탄수화물에 고정하는 반응이며, 주로 햇빛이 있는 낮에 일어난다.(*대기 중의 이산화탄소의 농도: 0.03%)

호흡작용은 생물체가 탄수화물을 이산화탄소와 물로 분해하면서 생활에너지를 얻는 반응이므로 낮과 밤에 모두 일어난다.

$$6CO_2+6H_2O+684kcal \rightarrow C_6H_{12}O_6+6O_2$$

(1) 햇빛 에너지

햇빛 에너지는 지구상의 모든 에너지의 근원이며, 대기의 움직임과 물의 증발과 비 등, 기상 변화의 원동력이다. 햇빛이 대기를 통과하여 지면에 의해 반사되기나 대기 중에 흡수되고, 약46%만이 지면에 도달하여 공기와 땅을 덥히고 물을 증발시키며, 광합성에 이용된다.

(2) 햇빛의 작용

햇빛은 한 가지 파장의 광이 아니며, 280～3000nm(1nm=10-9m) 범위의 여러 가지 파장의 광선을 포함하고 있다. 이 중 400nm 이하의 짧은 파장을 자외선이라 하고, 400～700nm의 파장을 가시광선(可視光線), 그리고 700nm 이상의 파장을 적외선이라 한다.

파장이 짧은 자외선은 생물 활동을 억제하거나 심하면 주게 하고, 적외선은 열선(熱線)이라 한다. 식물의 광합성 활동에 쓰이는 빛은 가시광선이다.

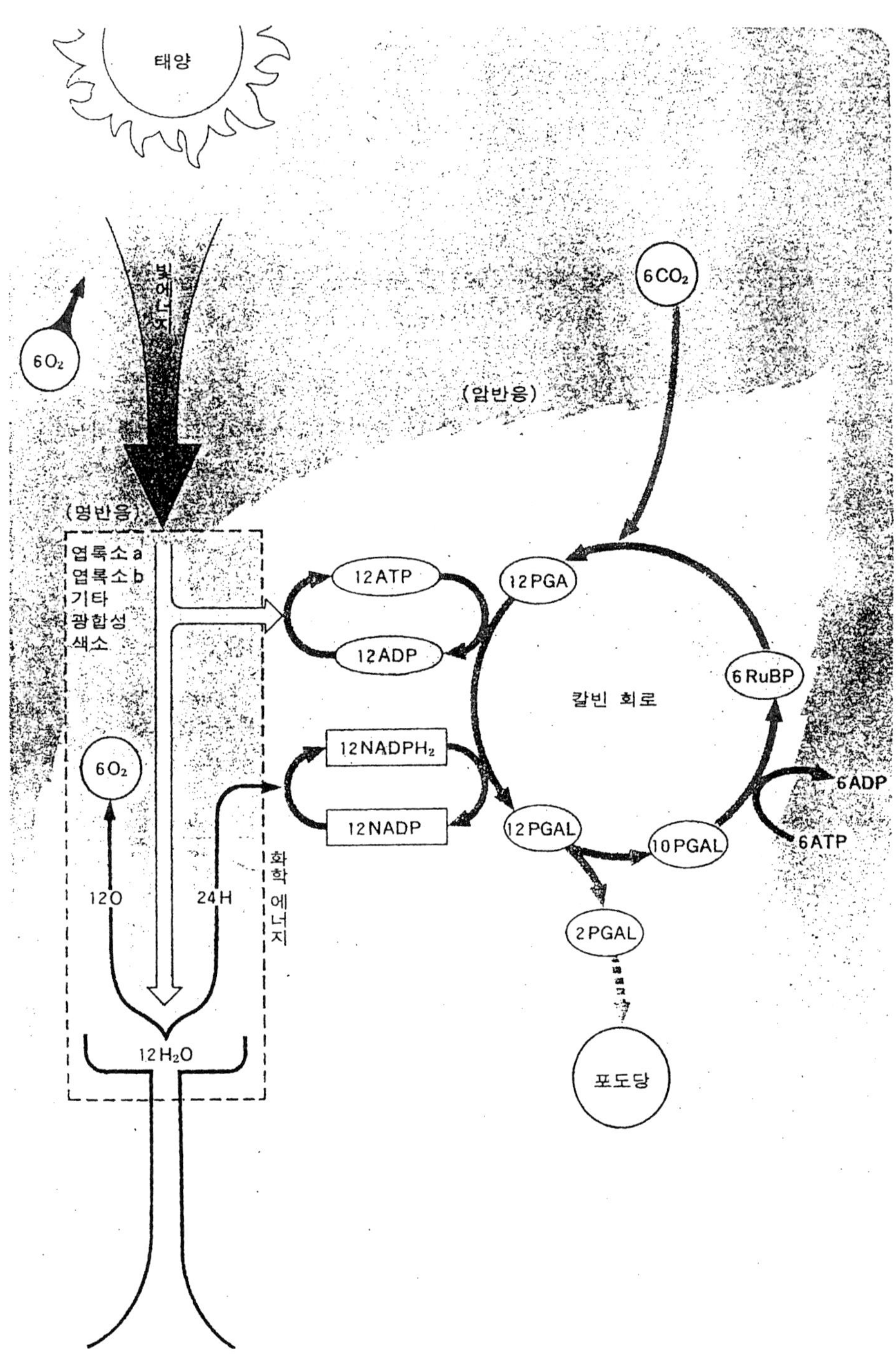

그림3-1 광합성의 전과정

(3) 광보상점

식물은 빛이 없는 암흑 상태에서는 광합성을 할 수 없고, 생활에너지를 얻기 위하여 호흡에 의한 소모만을 계속한다. 빛이 쪼이기 시작하면 광합성도 시작된다. 빛의 세기가 차차 세어지면 광합성량과 호흡에 의한 소모량이 같아져 겉보기로는 물질의 생산이 없는 것 같은 상태에 이르는데, 이때의 빛의 세기를 말한다.

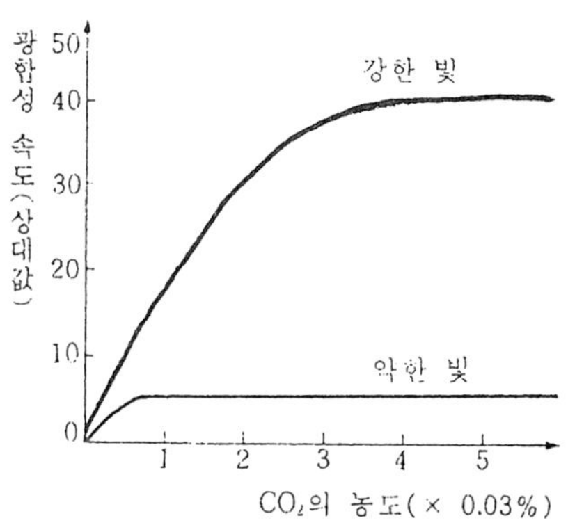

그림 3-2 빛과 광합성량

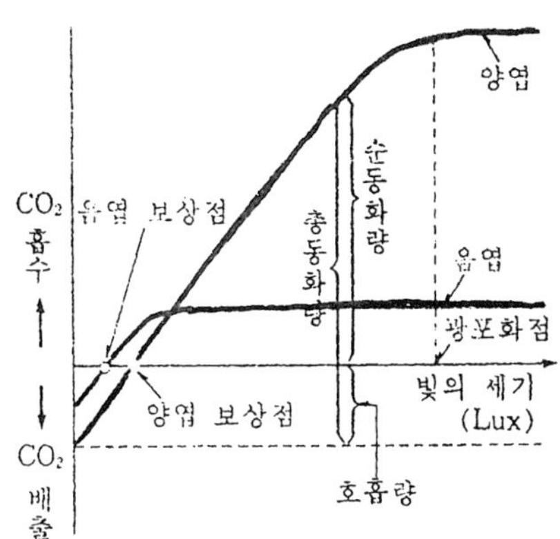

그림 3-3 CO₂ 농도와 광합성률

〈표3-1〉작물의 종류별 광포화점

광포화점	작물의 종류
40klx이상	수박, 토란, 토마토, 옥수수, 오이, 호박, 가지, 고추, 무, 당근
20-40klx	배추, 양배추, 순무, 완두, 강낭콩, 셀러리, 상추
10klx이하	미나리, 머위, 땅두릅, 삼엽채

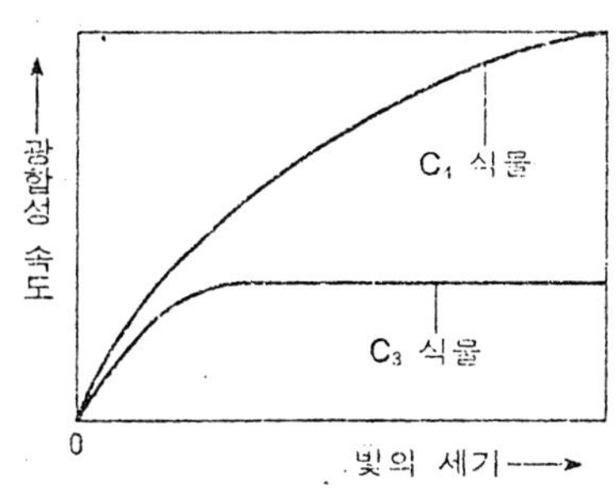

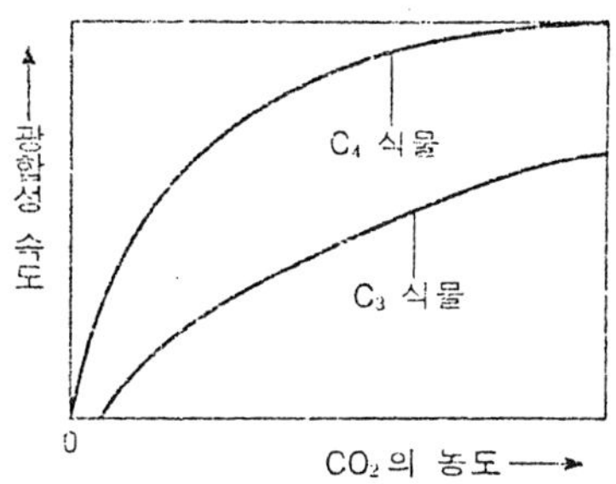

그림3-4 C_4 식물과 C_3식물의 특징의 차이

(4) C3, C4 식물

처음에 이산화탄소가 공정될 때 생기는 물질이 4개의 탄소로 된 화합물을 만드는 식물을 C4 식물이라고 하고, 대다수의 식물이 그러하듯이 처음에 3개의 탄소를 갖는 PGA를 만드는 식물을 C3 식물이라고 한다.

C4 식물이 C3 식물과 다른 점은 그림3-4에서 알 수 있는 바와 같이, 빛의 세기가 증가할수록 광합성 속도가 증가하고 C3 식물처럼 쉽사리 광포화에 도달하지 않는 것이다. 이러한 C4 식물의 특징은 열대지방처럼 강한 햇빛 아래서 자라는 식물의 경우에는 매우 유리한 조건이 된다. 이밖에 C4 식물은 이산화탄소의 농도가 낮아도 광합성 속도가 C3 식물에 비해서 크다는 이점도 지니고 있다.

따라서 앞으로 C4 식물에 대한 연구를 통해서 다수확 문제를 해결할 수 있는 가능성이 예견되고 있다.

(5) 광포화점

빛의 세기가 보상점을 지나 더 세어지면 광합성이 증가하나, 어느 한계에 다다르면 더 이상 증가하지 않는다. 이 때의 빛의 세기를 광포화점이라 한다.

2. 광의 작용

1) 작물 생태에 대한 작용

각종 약용식물은 그들의 계통적 발육에 있어서 오랜 기간 서로 다른 일조조건하에서 자랐기 때문에 그에 따른 적응성을 형성한다. 따라서 일조량의 수요도 서로 다르다. 일조강도의 요구에 따라 식물을 크게 세 가지로 분류할 수 있다.

㉠ 양생식물

햇빛이 충분한 곳에서 성장해야 하며 햇빛이 결핍되면 쇠약해지고, 생육을 못하게 되어 생산량이 매우 낮다. 지황·해방풍·홍화·결명·양유·작약·길경·초용담·음양곽 등이 있다.

㉡ 중생식물

음생식물과 양생식물의 중간상태의 식물로 반양지 또는 반음지에서 가장 잘 자라지만, 양지나 음지 어느 곳에서나 잘 자란다. 천문동·백출·맥문동 등이 있다.

㉢ 음생식물

강렬한 일광의 조사(照射)를 피해 어두운 환경이나 나무 아래에서 생육하길 좋아하는 것으로 인삼·서양삼·황련·황정·백지·천남성·관중·반하·세신 등이 있다. 같은 식물이더라도 생장·발육 단계에서 일조 요구량이 변하기도 한다. 예를 들어 북오미자·당삼·후박 등은 묘목이 어릴 때나 이식재배 초기에는 강한 햇빛을 싫어하므로 이때는 반드시 차광시설을 해주어야 한다.

2) 일장와 작물의 관계

일장는 약용식물의 발육과 깊은 관계를 가지고 있다. 많은 식물의 화아분화·개화·결실, 지하 저장기관의 형성과 비대·휴면과 낙엽현상 등은 낮과 밤의 길고 짧음에 깊은 상관성을 지닌다. 이런 일장의 장단에 대한 반응을 광주기 현상이라 한다. 약용식물들은 오랜 기간 서로 다른 일조 조건에서 생장하기 때문에 그들의 일조시간에 대한 요구들은 서로 다르기 마련이므로 일조조건을 만족시켜 주어야 정상적으로 발육할 수 있다.

약용식물의 일조시간의 장단의 요구에 따른 요구도 크게 3가지로 나눌 수 있다.

㉠ 장일성식물(長日性植物)

대개 일조시간이 긴 봄에 꽃이 피거나 결실하는 약용식물로 숙지황·단삼·박

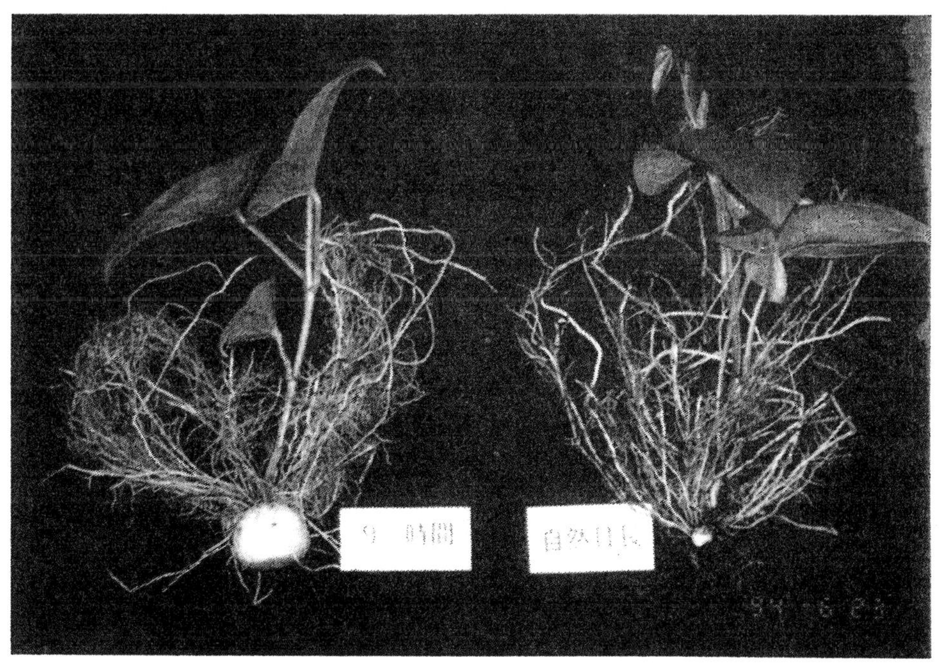

그림3-5 일조와 작물의 생장

하 · 양귀비 · 석룡담 · 연교 · 진피 등이 있다.

㉡ 단일성 식물(短日性植物)

대개 일조시간이 짧은 가을에 꽃이 피거나 결실하는 약용식물이며 구절초 · 산약 · 아마 · 차엽 · 목화 · 계관화 · 우슬 · 청상자 등이 있다.

㉢ 중성식물(中性植物)

4계절 구별없이 온도만 맞으면 꽃이 피는 식물로서 당근 · 번행 · 근화 · 오이 · 토마토 등을 예로 들 수 있다.

3) 합리적 재식밀도

식물이 이용하고자 하는 광(光)을 충분하게 이용하는 중요한 재배방법이다. 밀식은 작물이 지력과 빛을 충분히 이용하여 보다 많은 유기물질을 만들 수 있도록 하여 단위면적의 생산량을 향상시킨다. 밀도는 약용식물의 종 또는 품종 및 기후, 토양의 비옥도에 따라 결정된다.

㉠ 개체와 군체의 생장발육의 상관성

군체의 조직과 특성은 개체의 숫자와 발육상황 및 특성에 의하여 결정되며 합리적 밀식의 기초이다. 군체 내부의 포기들 사이에 형성된 일조 · 온도 · 습도 · 풍속은 개체의 수와 군체의 무성하고 빽빽한 정도에 따라 개체의 생장에 커다란 영향을 준다.

㉡ 군체의 조직과 광에너지의 이용

식물이 군체조직이란 주로 군체, 잎 면적의 크기, 잎의 배열상태, 잎의 착생된 각도, 잎의 반사광과 투광성질 등을 말한다.

군체조직은 품종과 재배조건, 즉 관수상태, 토양의 영양, 재식밀도 등의 서로 다른 환경조건에 따라 서로 다르게 변화하며, 빛 에너지 이용에 영향을 미친다.

예를 들면 큰 잎이 수평으로 펼쳐져 빛을 차단한다면 그 아래에서는 측잎이 잘 자랄 수 없다. 그러므로 적당하게 밀식하여 광에너지를 충분하게 이용해야 한다. 밀식이 한도를 넘어서면 수확을 제대로 할 수 없다. 동일한 식물이라 하더라도 재배목적이 다른 경우면 밀도를 반드시 같게 할 필요가 없다. 물론 동일식물이 서로 다른 지역에 있으면 기후, 토양, 물의 조건이 다르므로 재배 밀도는 반드시 차이가 있어야 한다. 때와 장소에 따라 적당히 조절하고, 식물의 특성과 재배의 필요에 따라 밀식의 정도를 정하여야 한다.

3. 온 도

온도란 식물 생장기간중 지상부의 온도와 지하부의 온도를 말하며, 기온은 위도・해발 고도・계절의 영향을 받는다. 1년 중 기온이 가장 추운 달과 가장 더운 달의 평균 변화의 차이를 연교차라 하고, 하루 중 기온 변화의 차이를 일교차라 한다.

1) 온도와 생장발육과의 관계

온도의 변화는 식물의 광합성작용과 호흡작용에 직접적인 영향을 미친다. 일반적으로 온도의 상승에 따라 광합성작용과 호흡작용이 모두 활발해지지만, 식물은 최적온도, 최고온도, 최저온도가 있으므로 이 3가지 온도에 대한 요구는 다를 수 밖에 없다.

일반식물의 광합성작용은 25～30℃ 정도가 가장 활발하며, 이 온도를 넘어서면 광합성 작용의 강도가 점차 낮아져 40～45℃에 달하면 광합성작용은 완전히 멈추고 만다.

광합성작용은 유기물질을 합성하는 것이고, 호흡작용은 유기물을 분해하는 작용이다. 따라서 낮에는 온도가 높고 저녁에는 온도가 낮은 적당한 일교차가 유기물의 축적에 유리하다. 또한, 겨울에 온실 속의 저녁 온도가 지나치게 높으면 생장에 영향을 준다.

즉 온도는 식물의 휴면과 발아에 매우 큰 영향을 주며 최고, 최적, 최저의 온도가 있다. 이러한 현상으로 도입종과 원산지와의 관계를 알 수가 있나.

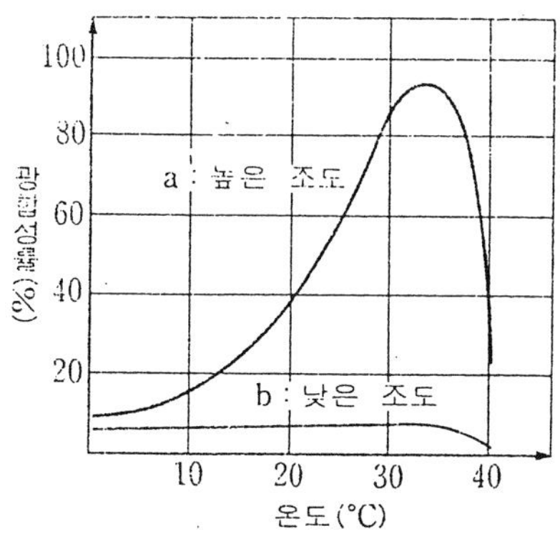

그림 3-6 온도와 광합성

2) 약용식물의 온도 적응

식물은 온도에 대한 요구가 서로 다르다. 따라서 식물생장의 습성과 원산지의 차이에 따라 열대식물, 아열대식물, 온대식물 및 한대식물로 구분할 수 있다.

㉠ 열대식물

인도네시아 · 말레지아 · 대만 등지에 분포하는 것으로 가장 추운 달의 평균기온이 16℃ 이상이고, 일년 내내 서리와 눈이 없어야 한다. 사인 · 육두구 · 파두 · 점가 · 정향 · 안식향 등은 고온을 좋아하며, 0℃ 또는 그 이하로 떨어지면 동해를 입거나 심하면 죽는다.

㉡ 아열대식물

가장 추운 달의 평균온도가 0~16℃ 사이이며, 서리와 눈이 적은 중국의 화중지방이나 제주도 지역에 분포할 수 있다. 삼칠 · 후박 · 감길 · 장목 등이 있는데 온난한 기후를 좋아하고 경미한 동상(凍霜)에서도 견딘다.

㉢ 온대식몰

대부분 우리나라 전 지역에 분포한다. 가장 추운 달의 평균 온도는 0℃ 이상이거나 -25℃ 이하인 경우도 있지만, 많은 종류의 약용식물이 자라며 온화하거나 시원한 기후를 좋아하고 내한성이 있다. 현삼 · 천궁 · 홍화 · 지황 · 패모 · 현호색 등은 온난한 기후를 좋아하고, 인삼 · 황련 · 대황 · 당귀 · 작약 등은 서늘한 기후를 필요로 한다.

㉣ 한대식물

높고 추운 산간지역인 시베리아 등지의 일년내내 눈이 쌓이고 있는 곳에 분포하는 것으로 설연화 등이 있다.

3) 온도조건

대개 약용작물을 재배하는 경우 넓은 면적을 이용하기 때문에 방한설비나 보온을 하기는 곤란하다. 다만 발아할 때 온실이나 비닐하우스를 설치하여 이용하는데 약용작물의 종류에 따라 온도 조건을 달리한다.

㉠ 내한성이 강한 작물

황기 · 당귀 · 길경 · 감국 · 우슬 · 천궁 · 목향 · 대황

㉡ 추운 온도에 알맞는 작물

당귀 · 백지 · 작약 · 사삼 · 만삼 · 강활

㉢ 따뜻한 온도에 알맞는 작물

산약 · 지황 · 맥문동 · 천문동 · 구기자 · 향부자 · 박하

㉣ 고온에 알맞는 작물

생강 · 제사국 · 디기탈리스 · 백화사설초

4. 수 분

식물을 어느 지방에 자생하게 하는 요인 중에서 가장 커다란 것은 온도와 강우량과 관계가 깊은 수분이라고 하겠다. 약용식물 생육에 대한 수분의 기본적 역할은 다음과 같다.

· 원형질의 생활상태를 유지한다.

· 식물체 구성물질의 성분이 된다.

· 필요물질 흡수의 용매가 된다.

· 식물체 속의 물질분포를 고르게 하는 매개체가 된다.

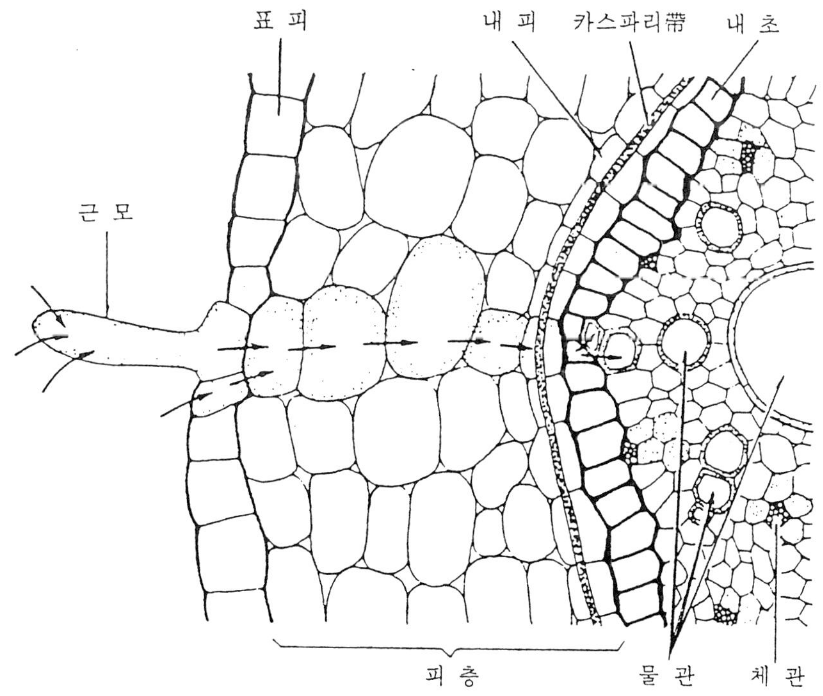

그림3-7 토양용액으로부터 작물의 수분흡수 모식도(Esau 1960)

· 필요 물질의 합성 · 분해의 매개체가 된다.
· 세포의 긴장상태를 유지하여 식물의 체제유지를 가능하게 한다.

1) 건생식물

뿌리조직이 발달되고, 양호한 증발억제 구조를 갖고 있으며 수분저장 능력이 있다. 건조하고 강우가 적은 곳에서 재배하는데 선인장 · 사극 · 노창 · 용설란 · 감초 · 마황 등이 있다.

2) 수생식물

뿌리가 발달되지 못하고 수분증발 억제조직도 없으나 통기조직이 특별히 발달되어 있다. 수연 · 연 등이 있다.

3) 습생식물

뿌리가 빈약하고 측근도 짧고 수분증발 억제조직도 약하나 통기조직이 발달되어 있다. 연못이나 계곡 주변의 습지나 숲속의 다습한 환경에서 성장하며, 천남성 · 택사 · 창포 · 석창포 등이 있다.

4) 중생식물

건조한 조건에서도 쉽게 시들어 버리지만, 수분이 조금이라도 많은 경우에도 쉽사리 습해를 받는다. 대부분의 약용식물이 이에 속하며 지황 · 절패모 · 현호색 등이 있다. 그러므로, 고품질의 약용작물을 생산하기 위해서는 포장 관수시설을 갖추고 적절한 관수를 하여 주는 것이 질과 생산량을 높일 수 있다.

5. 공기와 바람

공기란 지면에 가까운 대기와 토양 속에 함유되어 있는 기체상대의 물질을 말한다.

1) 공기와 생장 발육과의 관계

식물의 생장에 영향을 주고 있는 성분으로는 산소 · 탄산가스 · 아황산가스 · 수소 · 먼지 · 공장의 배출가스 등이 있다.

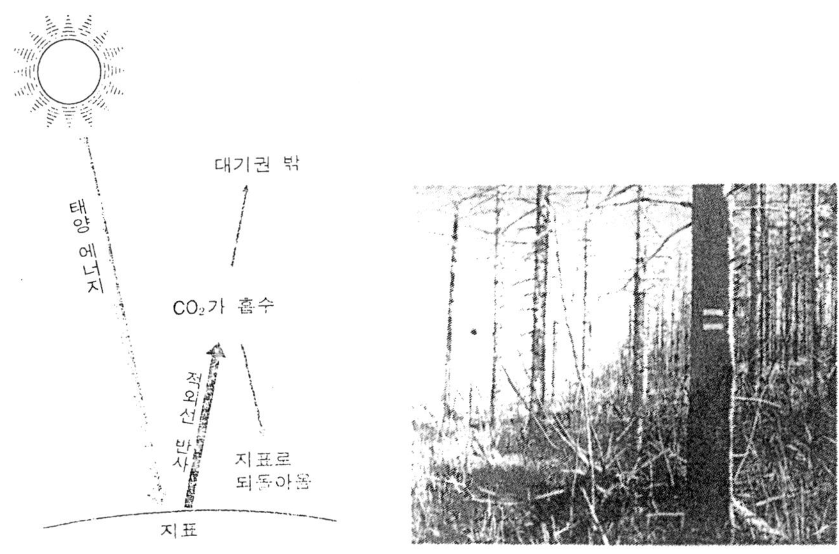

그림3-8 온실효과와 산성비의 영향

대기 중의 CO_2는 식물의 광합성작용의 재료로 필요하며, 그 함량은 공업의 발달에 따라 점차 높아지고 있다. 일반적으로 전체 공기의 0.03%를 차지하며, 토양 중에는 0.15～0.65%가 함유되어 있다. 그러나 토양의 CO_2함량이 2～3%에 달하면 뿌리의 호흡이 불리하게 되는 해독작용이 있다.

산소 또한 호흡작용에 필요하지만 토양에는 산소의 함량이 적어서, 보통 뿌리부분의 호흡에 제한요소가 되기도 한다. 수증기는 공기의 온도에 영향을 주며, 더욱이 공장의 폐기물 · 매연 · 먼지 등은 약용식물의 생장과 발육에 심각한 영향을 미친다.

2) 바람과 생장 발육과의 관계

바람은 공기의 운동으로 공기층의 온도차에 의해 생기며, 지면의 열량과 수분변화의 요인으로 식물 생장 발육에 직접적인 영향을 준다. 미풍은 풍매화 식물의 꽃가루를 전파하며 또한 경미한 한해를 막아 주는데 도움이 된다. 강한 바람의 직접적인 해는 가지나 잎을 손상시키거나 낙화, 낙과를 일으키거나 식물을 넘어뜨리는 경우이며, 간접적으로는 공기의 온도와 습도를 변화시켜 토양을 건조하게 하거나 지온을 떨어뜨리고 미세한 흙을 날려버리는 등 약용식물의 생장을 불리하게 하기도 한다.

2 기후조건

약용작물을 재배하려면 먼저 우리 나라의 특수한 기후와 토질에 대하여 잘 이해하고 약용작물이 자라는 자연적 환경요건과 재배 약용작물의 성상 및 생리적 관계를 잘 알고서 합리적으로 재배하는 방향이 강구되어야 할 것이다.

먼저 우리 나라의 공통된 기후 특징과 약용작물 재배와의 관계를 크게 나누면 다음과 같다.

1. 건조기의 재배기술

봄의 해빙기에는 토양에 다량의 수분이 있으나 파종한 다음 생육에 가장 중요한 시기인 4월부터 6월 사이가 매년 강우량이 적고 토양이 매우 건조하다. 때문에 종자의 발아, 발육이 좋지 않을 뿐더러 진딧물을 비롯한 많은 해충의 발생으로 피해도 많다.

먼저 가을에 파종하는 작물은 토질과 종류, 그리고 입지조건에 따라서 다소 차이가 있겠으나 이랑을 넓고 얇게 만들고 잘 썩은 퇴비를 비롯해서 보수력(保水力)이 강한 유기질비료를 기비(基肥)로서 충분히 시용하는 것이 유리하다. 종근을 심을 때는 비교적 깊게 심도록 하며 종자의 복토도 보통 때보다 약간 깊게 하는 것이 좋다.

봄에 파종할 경우는 봄철의 건조기를 고려하여 중요하고 고귀한 종류의 약초는 포장의 관개시설을 잘 하거나 온상이나 묘포를 설치하여 집중 관리를 하는 것이 좋다. 종근을 심을 때는 가을 조건과 달라 퇴비를 일시에 많이 주거나 덜 썩은 것을 주게 되면, 오히려 건조가 계속되어 지하수분의 상승을 저해하는 현상이 일어난다. 또한 파종 후에는 짚이나 퇴비 등을 덮어 주도록 한다.

한편 건조기에 종자의 발아를 좋게 하기 위해서는 전년에 땅이 얼기 전 깊이 갈아 두었다가 봄 파종기에는 흙덩이만 깨고 정지하여 파종하면 수분유지가 잘 되어 발아율이 더 좋다. 특기할 것은 패모는 6월 하순경 수확하게 되는데, 이 건조기에 가장 생육이 왕성할 때이므로 전년(前年) 가을 인경을 심을 때 다소 깊이 심고 잘 썩은 퇴비와 깻묵을 많이 시용하여서 한발의 해를 적게 받도록 해야 한다. 봄 건조기에 강한 약초와 약한 약초의 예를 보면 다음과 같다.

① 봄건조기에 강한 약초의 종류

결명자, 작약, 목단, 백지, 독활, 당귀, 지황, 홍화, 익모초, 맥문동, 길경.

② 봄건조기에 약한 약초의 종류

형개, 디기탈리스, 시호, 일당귀, 현삼, 황기.

2. 우기의 재배기술

우리나라의 년 평균 강우량은 1200~1300mm 정도이다. 그중 7~8월에 반이상이 내린다. 이때의 토양은 과습하고 비옥한 표토가 유실되며, 진흙땅에서는 작업이 곤란해지고 잡초가 무성하게 자라 지황, 당귀 등과 같은 숙근성 약초의 뿌리가 썩기 쉽고, 줄기나 잎은 잡초와 경쟁에 뒤져 생육이 부진하며 개화 · 결실이 나빠진다. 따라서 이 시기에는 이랑을 높이고 배수구를 만들어 과습되지 않도록 할 것이며 이 시기에 파종하는 종자는 파종량을 다소 많게 뿌리도록 한다.

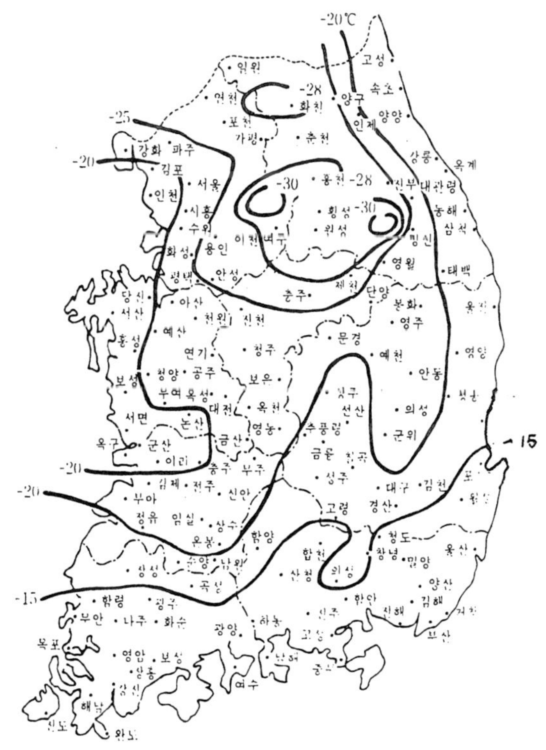

그림3-9 남부지역의 등온선 분포

3. 가을의 재배기술

9월에 들어서 맑은 날씨가 계속되면 종자 결실율이 좋고 성숙이 빨라지나 약초의 종류에 따라서는 늦가을까지 생장이 지속된다. 따라서 생장기간 중에 수확을 해야 하기 때문에 퇴비를 사용할 경우 퇴비의 효과가 늦게까지 지속되지 않도록 기비(基肥)로 사용토록 할 것이다. 예를 들면 구기자, 지황, 천궁 등의 약초는 이러한 경우를 고려하여 추비(追肥)에 치중하는 것보다 기비(基肥)로 사용하는 것이 좋을 것이다.

4. 냉한기의 재배기술

중부이북 지방에서는 남부지방보다 겨울이 길고 혹심하기 때문에 특수한 약초 종자는 가을에 파종하지만 대부분의 약초는 봄에 많이 파종하고 있다.

가을에 파종할 경우 토양이 겨울동안 얼었다 녹았다 하기 때문에 종자, 종근이 지상으로 노출되어 한해(寒害)를 입을 수도 있으니 특히 복토에 주의하고 짚이나 퇴비 등을 덮어주는 것이 좋다. 또한 음습지, 경질토에는 서릿발이 생겨서 종자, 종묘 등을 노출시켜 일어 죽게 하므로 이러한 토양에는 가능한 한 심지 않는 것이 좋으며, 초겨울과 해빙기에는 흙 밟기를 실시하도록 한다.

3 약용식물의 물질대사

식물체내에서는 C, H, O 뿐만 아니라 질소도 대단히 중요한 원소이다. 질소는 식물체를 구성하는 여러 가지 물질 속에 들어있으나 그 대부분이 단백질 분자 내에 존재한다.

질소(N_2)는 우리들 주위에 여러 형태로 존재하며, 이것들은 물리적 및 생물학적 과정을 통하여 계속적으로 상호 전환될 수 있기 때문에 질소(N_2) 순환이 이루어지고 있다. 지구상의 질소(N_2)는 공기 중에 존재하지만 식물은 이 질소를 직접 이용하지 못한다.

식물은 잎(葉)의 기공을 통하여 질소를 이산화탄소(CO_2)와 더불어 흡수하지만, 이 질소를 직접 환원하는 효소를 가지고 있지 않다.

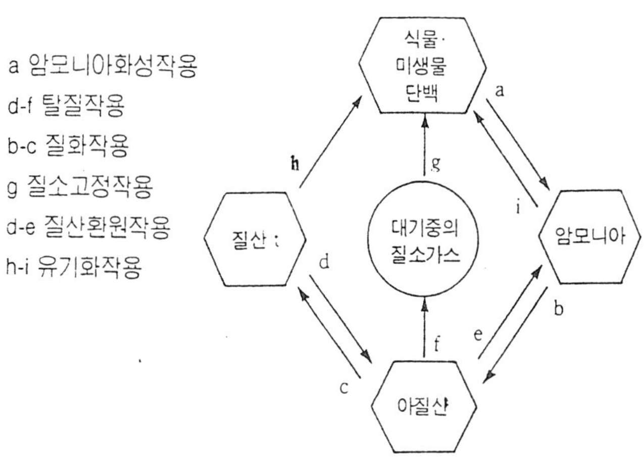

그림3-10 토양생태계의 질소순환과 미생물의 작용

대기(大氣)에서 소량의 질소는 NH_4^+나 NO_3^- 형태로서 비(雨)에 섞여 토양으로 이동된 후 뿌리를 통하여 흡수되기도 한다.

일반적으로 N_2가 NH_4^+로 환원되는 과정을 질소고정이라 한다. 중요한 질소(N_2) 고정 생물로는 독립생활을 하는 토양세균, 물속이나 토양 표면에서 독립생활을 하

표3-2. 질소순환시 관여하는 주요한 미생물

질소의 형태변화	관여하는 미생물
(1) 암모니아화성작용 단백질 → 아미노산 → NH4	대부분의 유기영양미생물
(2) 질화작용 $NH_4^+ \rightarrow NO_2^-$ $NO_2^- \rightarrow NO_3^-$	 아질산균 질산균
(3) 질산환원작용 $NO_3^- \rightarrow NO_2^- \rightarrow NH_4^+$	 유기영양미생물
(4) 탈질작용 $NO_3^- \rightarrow NO_2^- \rightarrow N_2O,\ N_2$	 탈질세균
(5) 질소고정작용 N_2 → 단백질	독립질소고정세균 공생질소고정세균 남조류
(6) 유기화작용 NO_3, NH_4^+ → 단백질	대부분의 유기영양미생물

는 남조류, 지의류내의 곰팡이, 양치식물, 이끼 및 우산이끼와 공생하는 남조류, 그리고 콩과식물의 뿌리에 공생하는 세균이나 다른 미생물 등이 있다.

콩과 식물 20,000여종 중 대부분이 뿌리혹을 가지고 질소(N_2)를 고정하며, 비콩과 식물로는 오리나무, 등의 뿌리에도 있다.,

질소(N_2)는 단백질, 핵산(核酸) 등의 구성원소로서 생물체에 절대 필요한 것이다. 동물은 질소를 주로 하는 유기화합물을 섭취하며 생활한다. 식물은 질산이온 NO_3^- 또는 암모늄 이온 NH^+_4 형태의 물질을 섭취하여 생육한다. 유안비료인 $(NH_4)_2SO_4$ 등을 시비(施肥)하면 토양 중의 질화(窒化) 박테리아에 의하여 산화되어 질산이온으로서 식물에 흡수된다.

콩과식물에서는 근류(根瘤)박테리아가 뿌리에 공생하여 근류를 형성하고, 박테리아는 숙주(宿主)로부터 에너지원과 물을 공급받아 공기 중의 질소를 고정시켜서 암모니아를 만들며, 이어 아미노산을 만들어 숙주인 식물에 공급한다. 따라서 콩과식물은 질소비료가 없는 땅에서도 잘 발육한다.

단백질은 원형질의 주성분이고 또 효소도 단백질로 이루어진 생명현상의 근본물질이다.

핵산과 결합한 핵단백질은 주로 세포의 핵질 특히 염색체의 주성분이며 단백질의 합성, 식물의 생장, 생식 및 유전에 관여하는 중요한 물질이다.

4 약용식물의 생장호르몬

식물체가 생육하려면 식물이 외계로부터 흡수하는 물질이나 에너지 즉 수분, 광에너지, 이산화탄소, 무기염류 등과 더불어 체내에 있어서 특수한 화학물질이 요구된다.

이 특수한 화학물질을 식물호르몬이라 하며, 극소량으로도 큰 효과를 나타내고 보통 식물 자체에서도 생성이 된다.

호르몬이란 식물체내의 어떤 기관(器官)이나 부분에서 생성되어 체내의 다른 기관이나 또는 부분에 이행하여 특수한 반응을 일으키는 물질을 말하며, 그 중에서 특히 생장을 지배하는 호르몬을 생장호르몬이라 한다.

식물은 영양저장물질을 이용하여 세포가 증식(增殖)되고 생장하게 된다. 식물체는 호르몬의 분포와 작용에 의해 각각 필요한 방향으로 세포를 증식시켜 생장한다. 이를테면 줄기의 배지성(背地性)과 향지성(向地性) 및 줄기의 향일성(向日性)과 뿌리의 배일성(背日性)이 그것이다.

식물의 어린 묘(苗)를 수평 또는 다소 경사지게 하면 싹(芽)은 중력과 반대 방향으로 향하고 뿌리는 중력의 방향으로 향한다. 이것은 배지성과 향지성의 결과이다. 이것은 지상부에서는 중력의 반대 방향으로 생장호르몬이 작용하고, 뿌리에서는 그 반대로 작용하기 때문이다. 또 어린 묘에 광선을 쬐면 쬔 쪽으로 생장하게 되고, 뿌리는 반대쪽으로 생장한다. 이것은 줄기에서는 광선이 쬐는 반대쪽에 생장호르몬이 생성되어 생장을 촉진한 결과이다.

1. 생장호르몬의 종류

1) 오옥신(Auxin)

오옥신이라는 식물호르몬의 존재를 처음으로 생각한 사람은 다윈(Darwin)이다. 초엽이 빛이 쪼이는 방향으로 굽어지는데서 어떤 자극이 선단부에서 기부로 전달되는데서 기원하여 식물에서 처음으로 발견된 생장호르몬은 auxin이다. 이것은 곧 합성품이 나왔고, 또 그 후에 화학구조가 유사한 화합물을 합성, auxin보다 효력이 좋은 생장호르몬도 많이 발견되거나 합성되었다. 현재 많이 사용되고 있는 생장호르몬은 NAA, 2,4-D 등이다.

오옥신의 작용으로는 줄기와 초엽의 신장, 광이나 중력에 의한 굴곡, 부정근형성, 목부의 분화, 과실의 생장, 형성층의 활성등의 작용이 있는 반면 뿌리와 신장 잎의 노화, 낙화를 억제하는 작용도 있다.

2) 지베렐린(Gibberellin)

벼 병충해의 일종으로 줄기가 이상 발육을 하여 벼이삭이 나오지 않고 말라 죽는 병충해가 있는데 그 병원균이 벼키다리병원(Gibberella fujikuroi) 임이 밝혀졌다. 1938년, 이 균의 배양에서 gibberellin이 분리되었고 그 화학구조도 밝혀졌다.

이들 성분은 모든 식물에 대하여 생장촉진작용을 나타낸다. 한편 Citrus속 식물의 어린싹 및 다른 많은 식물에서도 검출되어 auxin과 같이 식물의 생장을 촉진하는 물질로 알려졌다.

2. 생장호르몬의 응용

생장호르몬은 발근소(發根素)로서 삽목(揷木) 등에 많이 응용되고 있다. 그 중에서도 naphthalene-α-acetic acid(NAA) 등이 많이 사용되고 있으며, 또 뿌리에는 과잉생장호르몬이 오히려 해롭기 때문에 2, 4-D 등은 제초제(除草劑)로 사용되고 있다. 이 경우, 벼과식물은 비교적 저항이 강하므로, 논 또는 잔디 등의 잡초 제거에 효과가 크다.

gibberellin 및 합성 생장호르몬은 꽃에 살포하면 수정(受精)이 되지 않은 채 자방(子房)만이 비대생장하기 때문에 씨 없는 수박, 씨 없는 포도 등의 재배에 응용된다.

3. 약용식물의 세포배양

약용식물에 함유된 2차 대사산물인 약효성분은 중요한 의약자원이므로 그 대량생산에 대해서 많은 연구가 진행되어 왔다. 지금까지는 약용식물의 재배라든가 또는 함유된 약효성분의 화학적 합성 등의 방법을 이용해 왔다. 그러나 최근에 와서 약용식물의 바이오테크놀로지라는 새로운 기술이 개발되어 이들 약효성분의 필요에 따른 대량생산이 가능해지고 또 실제로 활용하고 있는 것이다.

약용식물의 바이오테크놀로지는 약용식물의 생체 및 그 기능의 조작과 그것에 관계되는 엔지니어링의 총칭이고 산업적 응용을 목적으로 하는 것이 되어 실제에 있어서 유용한 대사물질의 생산, 종묘 생산, 및 새로운 종묘의 육종 등 새로운 분야로서의 기술개발이 되는 것이다.

1) 칼루스 배양

1902년 독일의 식물생리학자 HABERLANDT는 식물에 상처를 주면 시간이 지남에 따라 그 상처받은 곳에 부정형의 덩어리가 종종 생기는 현상을 발견, 이 부정형의 세포집단을 칼루스(Callus)라고 부르면서 식물의 바이오테크놀로지 즉 식물의 조직배양에 관한 연구가 시작되었다. 그 후 칼루스를 세균 등 미생물의 영향을 받지 않고 무균적으로 증식할 수 있게 된 것이 1930년대이다.

그 후 특정의 식물조직에서 유래하는 균일한 세포들을 얻게 되어 식물의 생장

〈표3-3〉 식물조직배양의 분야

기본기술		관련기술	
칼루스배양	칼루스 유도 현탁 배양 세포 선발	세포융합	플로토플라스트 배양 단세포 배양 세포의 융합기술
기관배양	뿌리, 잎, 슈트의 배양 경정 배양 배, 배주배양 화분 배양	유전자 조작	마이크로 인젝숀 식물병원균의 이용
		대량배양	바이오리액터 고정화 세포의 분비

이나 분화 그리고 2차 대사산물인 약효성분의 생합성과 아울러 대량생산에 기여하게 되었다.

고체배지상에서 증식한 부드러운 칼루스는 대량생산을 위해서 액체배지에 옮기어 현탁배양을 시도하는 것이 바람직하다. 현탁배양은 이를테면 3각 플라스크를 사용하여 배지의 5~10% 용량의 칼루스를 종세포로서 가하고 진탕하거나 멸균공기를 통하면서 배양한다.

최근에 이르러 식물조직배양에 의한 물질생산에 관한 연구가 성공리에 이루어지면서 많은 문헌이나 데이터가 축적되어 보다 고물질 생산을 위한 고생산 세포를 얻기 위해서는 다음과 같은 조건이 충족되도록 하여야 한다.

(1) 목적성분(약효성분)을 많이 함유하는 식물 개체의 선택

(2) 배양조건의 검토

(3) 변이주의 유도

(4) 고생산주의 선발

2) 기관배양

칼루스에 의한 재료식물의 성분 생산능력은 일반적으로 유도된 칼루스에서는 유지되지만 몇 번이고 옮겨가며 배양함에 따라서 점차 생산성은 저하되고, 경우에 따라서는 없어지는 경우도 많다.

식물이 생산하는 2차 대사산물 중에는 그 생합성 부위가 식물의 특수기관이나 조직에 집중되어 있거나, 유관이나 분비소식에 축적되는 것이 많다. morphine은 양귀비의 유관 중에 축적된다는 것은 알려졌지만, 최근 그 생성에 유관의 분화가

필요하다는 것이 알려졌다.

칼루스배양에 있어서 황련의 알칼로이드 고생산주(高生産抹)처럼 액포라고 하는 세포레벨에서의 구조 변화가 물질생산과 밀접한 관계가 있다는 것을 생각하면 2차 대사기능의 발현에 필요한 형태분화가 꼭 기관분화이어야 할 필요는 없으며, 조직이나 세포 레벨에서의 분화도 기능성 물질생산에 기여하리라 생각된다.

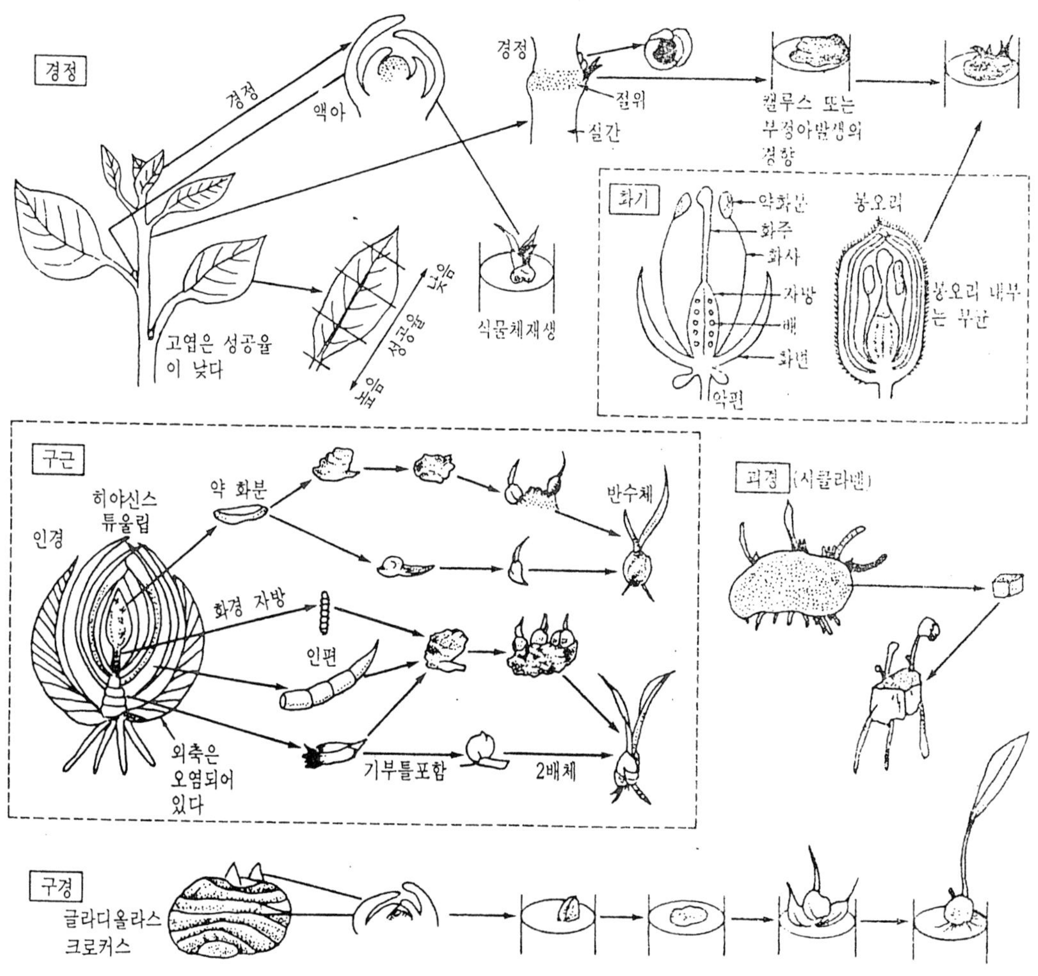

그림3-11 배양재료의 적출부위

Ⅳ. 약·특용식물의 토양환경

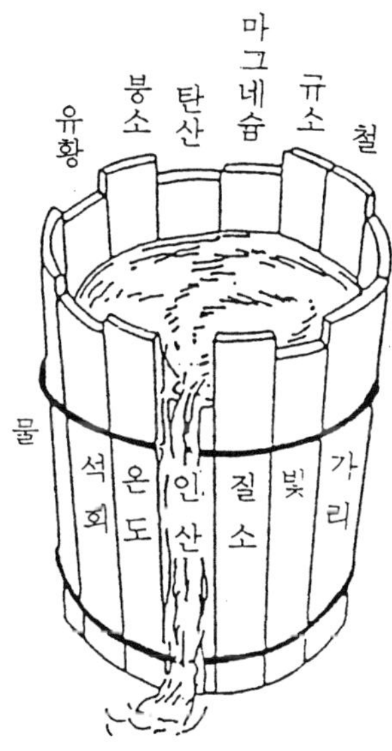

드베네크의 최소통

Ⅳ. 약·특용식물의 토양환경

1 토양의 기초

토양은 약용식물 재배의 기초이므로 적당한 토양을 골라 쓰고 합리적 경작을 하면서, 비옥도를 높여 필요한 영양을 제공해 주어야 생산량을 높이고 품질을 향상시킬 수가 있다.

1. 토양과 비옥도

토양은 지각표면으로 식물이 자랄 수 있는 부드러운 표층인데, 암석에서 오랜 기간 물·열·공기·생물 등의 공동작용을 받고 풍화와 토성작용을 통하여 점진적으로 형성된 것이다. 토양의 가장 기본적 특성은 비옥도를 가진 점이다. 토양의 비옥도는 자연 비옥도와 인위 비옥도 두 가지로 나눌 수 있는데, 자연 비옥도는 자연토양이 지니는 비옥도로 개간되지 않은 처녀지에서만 찾아 볼 수 있다. 인위 비옥도는 농업토양이 가지는 일종의 비옥도로 자연토양의 기존 위에서 경작, 이식 등 농업활동의 노력으로 생기는 비옥도이다. 약용식물의 생산량과 품질은 토양의 비옥도에 크게 좌우된다.

2. 토양의 조성

토양은 고체, 액체, 기체의 3가지 물질이 이룩하는 복잡한 성상(性狀)의 자연고체이다. 토양의 모든 변화는 이 3가지와 긴밀한 관계가 있다.

1) 토양의 종류와 토립

(1) 토양의 종류

① 모래땅(사질양토)은 하천근처, 해인가로 수분 보유력, 보비력이 낮다. 통기성, 배수성은 좋으나 한해(旱害) 입기 쉬우며 완충능력 낮고 지온 상승 빠르

므로 초기생육 촉진된다. 내건성 강한 땅콩, 고구마 등이 좋다.

② 충적토양은 홍수에 의해 토사가 운반 퇴적되어 이루어진 땅으로 큰 하천유역에 발달되어 사질~점질, 다양한 토성, 사양토 또는 양토가 많다. 배수 양호, 토심이 깊고 비옥하여 작물 재배에 적당하다.

③ 홍적토양은 구릉지, 분지. 경사지에 많다. 오랜 풍화와 용탈로 염기가 유실되어 강한 산성땅으로 부식질이 적고 인산이 부족한 점질토가 많다.

④ 화산회토는 제주도 일부지역으로 흑갈색, 가벼운 토양으로 비옥하지 못하여 인산이 부족하다. 배수가 양호하여 목본류 재배에 좋다.

(2) 토립에 따른 분류

토양 중에는 거칠고 고운 토양입자가 있는데 토립이라 부르며, 거칠거나 고운

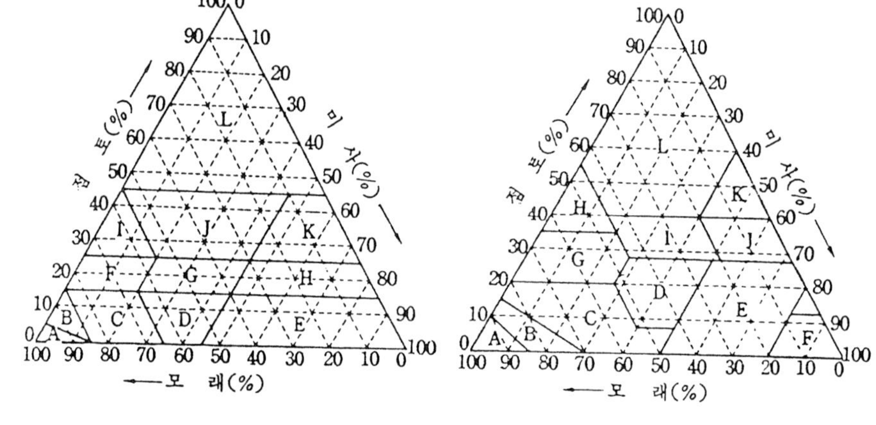

제9도 토성구분(국제토양학회법)

A:사토(snad) (S)
B:양질사토(loamy sand) (LS)
C:사양토(sandy loam) (SL)
D:양토(loam) (L)
E:미사질양토(silt loam) (SiL)
F:사질식양토(sandy clay loam) (SCL)
G:식양토(clay loam) (CL)
H:미사질식양토(silty clay loam) (SiCL)
I:사질식토(sandy clay) (SC)
J:미사질식토(silty clay) (SiC)
K:경식토(light clay) (LiC)
L:중식토(heavy clay) (HC)

제10도 토성구분(미국농무부법)

A:사토(snad) (S)
B:양질사토(loamy sand) (LS)
C:사양토(sandy loam) (SL)
D:양토(loam) (L)
E:미사질양토(silt loam) (SiL)
F:미사토(silt) (Si)
G:사질식양토(sandy clay loam) (SCL)
H:사질식토(sandy clay) (SC)
I:식양토(clay loam) (CL)
J:미사질식양토(silty clay loam) (SiCL)
K:미사질식토(silty clay) (SiC)
L:식토(clay) (C)

그림4-1 토성의 분류도

토립의 비례정도에 따라 서로 다른 토질의 토양을 이룬다. 토양입자의 정조(精粗)에 따라서 유별한 토양의 종류를 토성(土性)이라 하는데, 입경 2mm 이하의 입자로 된 토양을 세토라 한다.

그러므로 식물 생태의 특성에 근거하여 지역에 따라 선호하는 토양을 선정, 활용하여야 한다. 사토에는 우창포 · 우방 · 향부자 등이 좋고, 사양토에는 인삼 · 홍화 · 지모 · 결명초 · 방풍 · 디기탈리스 등이, 양토에는 당귀 · 박하 · 구기자 · 현삼 · 백지 · 천궁 · 패모 · 지황 등이 좋고 식양토에는 황촉규. 황무. 토목향 등이 좋으며, 식토(埴土)에는 택사 등이 좋다.

〈표4-1〉 토성의 분류법

토성의 명칭	세토(입경 2mm이하) 중의 점토 함량 (%)
사 토	<12.5
사양토	12.5～25
양 토	25～37.5
식양토	37～50
식 토	>50

2) 토양유기물

토양 중의 유기물, 즉 동물과 식물의 잔재물은 미생물작용이나 화학작용을 받아서 분해한다. 분해작용을 받아서 유기물의 원형을 잃은 암갈색～흑색의 부분을 부식(Humus)이라고 하며, 주요한 공급원은 퇴비, 구비, 녹비 등이다. 토양유기물의 주된 기능은 다음과 같다.

· 유기물이 분해할 때에 여러 가지 산을 생성하여 암석의 분해를 촉진시킨다.
· 질소 · 인산 · 칼륨 · 마그네슘 · 규소 등의 다량원소와, 망간 · 붕소 · 구리 · 코발트 · 아연 등의 미량원소를 공급한다.
· 유기물이 분해할 때에 방출되는 탄산가스는 대기중의 그 농도를 높여 광합성을 조장한다.
· 분해할 때에는 호르몬 · 비타민 · 핵산물질 등의 생장촉진 물질을 생성한다.
· 토양 입단의 형성을 조장하여 토양의 물리성을 개선한다.
· 토양의 통기 · 보수역 · 보비력 등을 증대시킨다.
· 토양반응을 급히 변동시키지 않는 토양의 완충능력을 증대시킨다.
· 유용미생물의 번식을 조장시키며 지온을 상승시킨다.

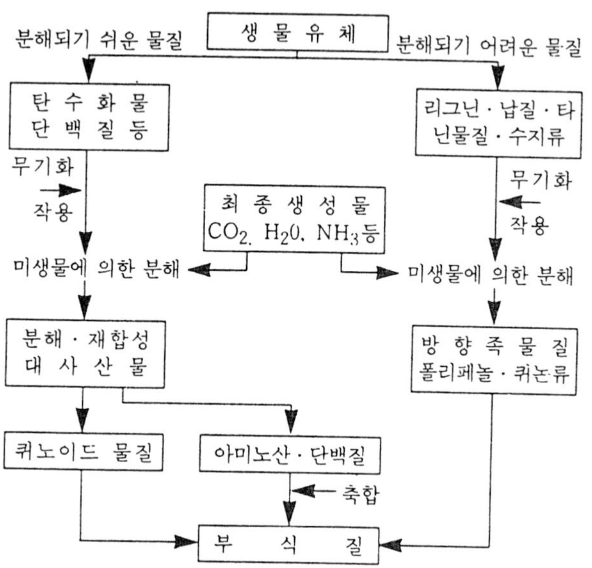

그림 4-2 유기물의 분해와 부식화

3) 토양미생물

토양 중에는 다양한 미생물이 대량 있는데, 세균 · 진균 · 방사상균 · 조류 · 원생동물 등에서 일반적으로 세균의 수가 가장 많다. 해로운 미생물도 있으며 병해를 일으키거나 생장에 나쁜 영향을 미치기도 한다.

미생물은 약용식물의 생육에 유리하거나 불리하게 작용하는 것이 있다. 이들은 토양 중에 유기물이 많고 토양통기가 좋으며 토양반응이 중성 내지 약산성이고 토양습도가 적당하며, 토양온도가 20~30℃일 때 활동이 가장 활발하다.

4) 토양수분

(1) 작물의 생육과 토양수분

· 광합성 및 기타 화학반응의 원료
· 영양원소들의 용매, 물질의 운반매체
· 각종 효소의 활성을 증대시켜 촉매작용을 촉진
· 식물의 체형유지: 세포의 팽압
· 식물체온의 조절: 증산의 기화열로 엽온 상승 억제

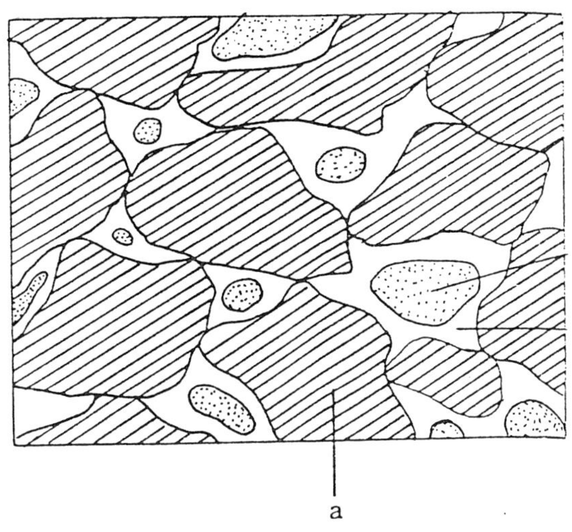

a:토양입자, b:토양수분, c:토양공기

그림 4-3 토양의 단면도

(2) 토양수분의 종류

강우 · 관수 · 지하수위 · 온도 등과 직접적인 관계가 있으며 토양 속에 존재하는 수분의 형태는 다음과 같다.

- 결합수: 점토광물에 결합되어 분리시킬 수 없는 수분이다.
- 흡습수: 토양 입자표변에 피막상으로 흡착된 수분이며 식물이 흡수하지 못한다.
- 모관수: 표면장력에 의하여 토양공극 내에서 동력에 저항하여 유지되는 수분

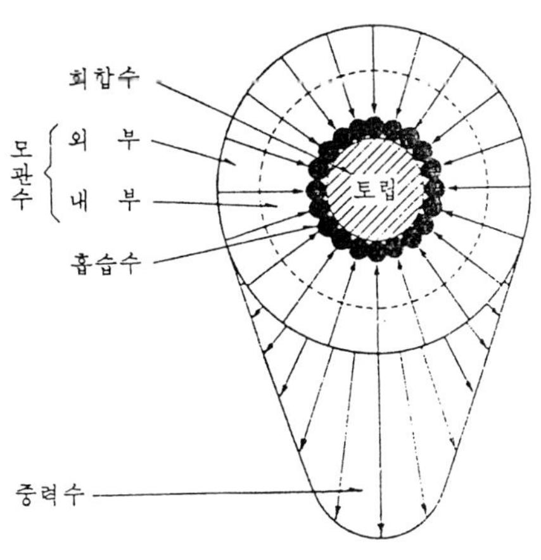

그림4-4 모세관수의 내계도

이며 모관현상(毛管現象)에 의해서 지하수가 모관공극을 상승하여 공급된다. 식물이 주로 이용하는 수분이다.

· 중력수: 중력에 의해서 비모관공극을 스며 내리는 수분이며 식물에 이용된다.

· 지하수: 지하에 정체하여 모관수의 근원이 되는 물이다.

5) 토양공기

토양공기는 대기에 비하여 이산화탄소의 농도가 몇 배나 높은 반면, 산소의 농도는 낮다.

〈표4-2〉 대기와 토양공기의 비교(용량 %)

종 류	질 소	산 소	이산화탄소
대 기	79.01	20.93	0.03
토양공기	75～80	10～21	01～10

특히 토양 속으로 깊이 들어갈수록 점점 산소의 농도가 낮아지고 이산화탄소의 농도는 높아지며, 약 4피이트 이하부터 이산화탄소의 농도가 산소의 농도보다 도리어 높아진다. 토양의 통기성이 우량하면 식물의 생장과 미생물의 활동에 모두 유익하다. 경운 · 배수 · 관개 · 객토 등으로 토양공기와 수분의 상태를 조절하여 식물 생장발육의 조건을 충족시켜주어야 한다.

〈표4-3〉 pH값과 토양구분

PH	구분
	강산성
5.5	
	중산성
6.0	
	약산성
6.5	
7.0 7.5	미산성 중성 미알칼리성
	약알칼리성
8.0	
	중알칼리성
8.5	
	강알칼리성

6) 토양반응

토양산도는 pH로 표시하며 대개 식물생육에 가장 적합한 산도는 pH 5.5~7.0이다. 식물의 종류에 따라 호산성식물·호염기성식물·중성식물로 나누며, 토양의 반응은 토양용액 중의 수소이온 농도 [H+]와 수산이온 농도[OH-]의 비율에 따라 결정된다. [H+]의 역수의 대수치를 취한 것이 pH(Potcntial of hydrogenion)이다. pH는 1~14의 수치로 표시되며, 7이 중성이고, 7이하가 산성이며, 7이상이 알칼리성이다.

육계·인삼·서양삼·정향·황련 등은 산성토양에 적합하며, 알칼리성 토양에서 잘 자라는 것으로는 감초·구기 등이 있다. 그리고 대부분의 약용식물이 중성토양에 적당하며 생장에도 좋다. 약용식물을 재배할 때는 토양의 산도에 따라 적당한 토양을 선택하여야 하며 토양반응을 교정시키는 방법을 가지고 재배를 하여야 한다.

〈표4-4〉 각종 약용식물의 호적 토양

산 도	약 용 식 물
pH 5.5 이하	소나무류, 은방울, 철쭉류
pH 5.5 내외	고사리류, 으아리, 치자
pH 6.5 이하	나리, 감국, 구절초
pH 7.0 내외	앵초류
pH 7.0 이상	선인장류

7) 토양의 개량

(1) 산성화의 원인과 개량

토양 교질입자의 표면에 붙어있는 치환성 염기가 떨어져나가고 대신 H이온이 흡착되고 토양 중에 질소나 유황을 함유하는 물질에 미생물이 작용하여 질산(HNO_3) 및 황산(H_2SO_4)생성되어 생긴다. 또한 강수에 의해 토양 속에 용해된 염기가 제거되기도 한다.

산성토양의 개량은 생석회, 탄산석회, 소석회를 시용하고 유기물(퇴비, 구비 등)을 넣어 산성화에 의한 장해를 억제한다.

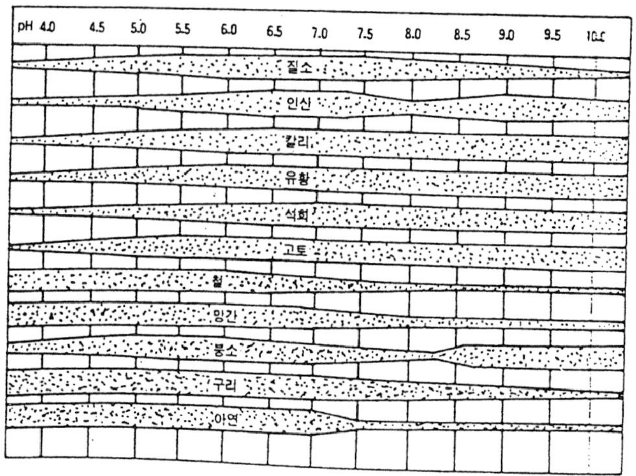

그림4-5 토양 pH와 작물의 각종 영양분의 유효도

(2) 염분 · 알칼리 토양의 개량

염토는 주로 염화물과 유산염이 포함된 것으로 중성이나 알칼리성 반응이 나타난다. 알칼리 토양은 주로 탄산염과 중탄산염을 함유하여 알칼리성이나 약알칼리성 반응이 나타나며, pH가 9~10에 이르면 유기질이 알칼리에 의해 용해되어 수분을 상실하고 토양의 비옥도가 파괴된다. 뿐만 아니라 일반토양의 염분함량이 0.2~0.3% 이상이 되면 식물생장에 좋지 않은 영향을 미치는데 어린 묘목시기에는 더욱 민감하다.

토지를 평평하게 하고 관개를 하여 염분을 씻어 낸 후 녹비를 뿌려 토양의 유기질을 증가시키고, 방풍림을 식재하여 풍속을 감속시켜 지면의 증발을 막아 토양이 염분화되는 현상을 막아야 된다.

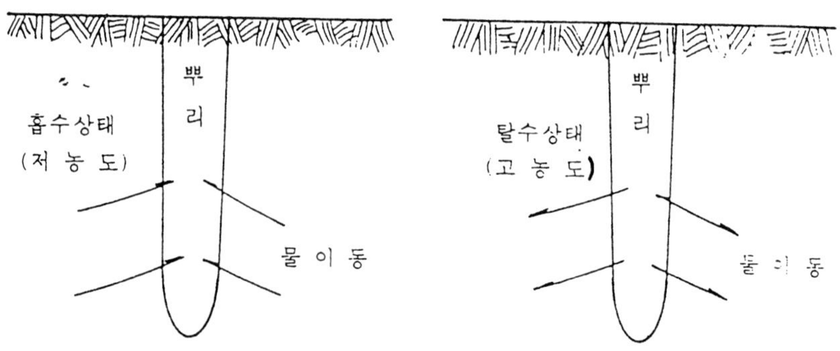

그림4-6 토양용액의 염농도와 뿌리의 수분 흡수

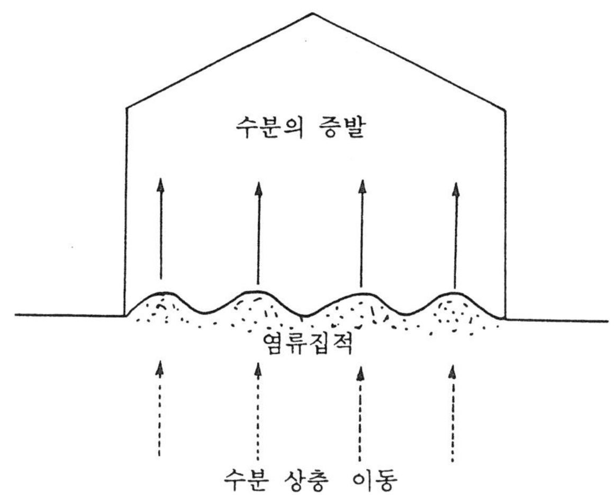

그림4-7 수분의 증발과 염류집적

(3) 중점토와 중사토의 개량

점질토의 주요 특징은 토질의 점착성이 강하고 조직이 치밀하여 유효 영양분이 결핍되어 있고 인산이 특히 부족하지만, 토층이 두꺼워 보수·보비효과는 크다. 이러한 토질은 심경(深耕)을 하고, 유기질 비료를 시비하며, 적당히 석회를 뿌리고 사토를 섞으면 개량할 수 있다.

사질토의 주요 특징은 가볍고 척박하며 보수·보비의 힘이 적다. 이런 토양에는 점토를 섞고 토층을 두껍게 하며, 녹비작물을 재배하고 유기질 비료를 시비하여 토양조직을 개량하여 보수·보비능력을 향상시킨다.

8) 토양소독

토양은 식물에 해로운 잡초종자·선충·곰팡이·박데리아 등을 포함하고 있다. 그러므로 상토나 조제한 배양토는 사용하기 전에 열이나 화학약제로 소독하는 것이 좋다.

부엽이나 퇴비가 많이 섞여 있는 흙을 가열하면 유기물질이 빨리 썩지만 식물의 생육에 유해한 화합물이 함께 발생하므로, 가열소독한 유기질 상토는 즉시 사용하지 말고 3~6주간 기다렸다가 사용한다. 이는 토양 중에 있는 어떤 복잡한 화합물은 85℃ 이상의 열을 받으면 분해되고, 질소·망간·인산·칼륨 및 그밖의 성분을 포함하는 가용성 염류의 양을 증가시키기 때문이다. 열로 토양을 소독하면 수 주일은 암모니아태질소 등과 같은 성분이 너무 많아서 식물에 해롭지만, 차츰

암모니아태질소가 질산태질소로 변화하게 되고, 약 6주 정도 지나면 질산태질소의 양이 최대값에 달한다.

㉠ 토양의 가열소독

토양을 열로 소독하는 데는 스팀이 가장 보편적으로 쓰인다. 흙을 채운 가마솥이나 벤치 아래쪽에 구멍이 뚫린 파이프를 넣고 이 파이프를 통해서 스팀을 토양속으로 보내는 방법이다. 토양을 가열하는 데는 흙이 어느 정도의 습기를 가지고 있는 것이 좋으며, 85℃로 30분 정도 찌면 대개 잡초의 종자·해충·선충·유해균류 및 세균류가 죽게 된다.

또한 소량의 토양은 밥을 짓는 솥을 이용할 수도 있다. 그러나 자칫하면 너무 높은 온도를 주기 쉬우므로 주의하며, 온도계를 흙의 윗층에 꽂아두고 관찰한다. 흙은 물기가 약간 있도록 해서 가열하는 것이 좋으며, 시루떡을 찌는 장치와 요령을 토양소독에 그대로 이용하는 방법이다.

㉡ 토양의 약제소독

열로 토양을 소독하는 것에 비해서 화학적·물리적인 성질에 아무런 변화를 주지 않고 유해생물을 제거할 수 있는 방법이다. 약제소독을 할 때 효과를 얻으려면 토양온도가 20~25℃에 달해야 하고, 건조한 상태에서는 효과가 적기 때문에 습기가 있어야 한다.

a. 포르말린(formalin) : 삼투력이 강한 살균제이다. 때로는 잡초의 종자까지 죽이는 작용을 하며 해충과 선충에 대해서도 완전한 효과를 얻을수 있다. 농도가 40%인 보통의 포르말린을 50배의 물에 희석하여 1㎡에 10 l 가량 뿌리면 표토 15~20cm 정도가 젖는다. 뿌린 후 곧 젖은 거적이나 폴리에틸렌 등으로 흙 위를 덮고 24시간 가량 그대로 둔다. 그리고 약 2주일쯤 포르말린가스가 발산해 버릴 때까지 건조시키고 바람에 쐬며, 흙에서 포르말린 냄새가 나지 않을 때까지 기다려야 한다. 소규모의 소독에서는 약 30 l 의 흙에 40% 포르말린을 약 45mg, 5~6배의 물로 희석하여 흙을 잘 섞는다. 그리고 24시간 동안 밀폐해서 소독이 되면 종자를 심고 관수를 한다.

b.클로로피크린(chloropicrin):상토를 30cm 두께로 깔고 25cm에 깊이 12cm 정도의 구멍을 뚫고 그 안에 2~4지를 주입, 1촌의 흙에 180㎖의 비율로 처리한다. 약을 주입한 후 구멍을 막고 비닐로 3일간 덮어 두었다가 7~10일 후에 종자를 파종한다. 밭 토양을 소독하려면 토양주입기를 사용하는 것이 편리하다.

9) 토양 기피현상

한 토양에 해마다 같은 작물을 심을 경우 발생하는 병을 기지현상(忌地現狀)이라 하는데 독소·충해·병해가 나타나며, 약용식물에는 대부분 이와 같은 기피현상이 있다.

기피의 원인을 살펴보면 양분의 일반적 수탈로 인해 나타나는데 석회 등과 같은 성분의 부족을 초래하기 쉬우며, 다비연작으로 염류(Na, Ca, Mg, Cl, K등)가 과잉 집적되기도 한다. 그 밖에 토양물리성의 악화, 잡초의 변성, 유독 물질의 축적, 토양 선충의 피해, 토양전염의 병해를 지적할 수 있다.

3. 토지의 이용

토지의 이용률을 높이고, 증산을 위하여 간작·교호작·윤작 등을 실행하면 좋다.

1) 간작

한 가지 작물이 생육하고 있는 조간(條間)에 다른 작물을 재배하는 것을 말한다. 채소와 약용식물을 간작하는 예로 맥문동과 옥수수, 곽향과 황기의 간작이 있다. 목본식물과 약용식물의 간작은 서로 다른 특성을 고려해야 하는데 황련·인삼·삼칠 등을 간작하면 무난하다.

2) 교호작

생장시기가 다른 작물을 교호로 파종하여 재배하는 것으로, 묘목기에 생장이 서서히 진행되는 특성을 이용하여 전작 후기에 후작물을 조기 파종하여 재배하기도 한다.

3) 윤작

같은 땅에 계획적으로 서로 다른 작물을 교대로 경작하는 것이다. 합리적인 윤작은 토양의 비옥도를 향상시키고 병충해와 잡초의 피해를 경감시킬 수가 있다.

4. 선지(選地)와 정지(整地)

1) 선지

식물생장 특성을 고려하여 선택하여야 하지만, 대부분의 약용식물은 토양조성이 좋은, 비옥하고 부드러우며 배수가 잘되고 중성반응을 나타내는 사질양토에서 잘 자란다.

2) 토양경운

토양의 물리적 성질을 변화시켜 보수·보비력을 증강시키고, 잡초와 병충해를 소멸시키는 것이 식물의 생장을 돕는 것이다.

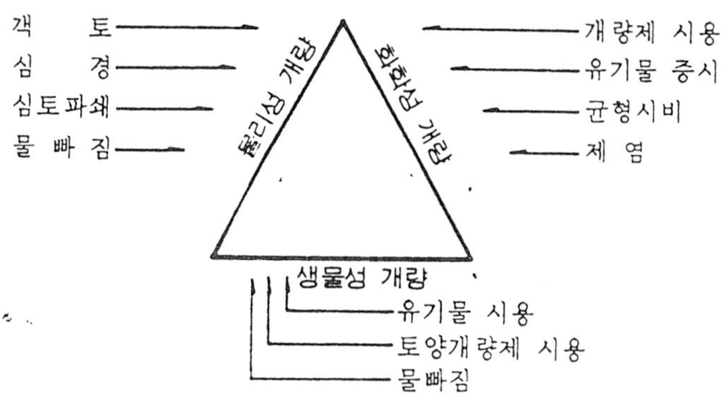

그림4-8 토양의 땅심돋우기 3요소

① 심 경

깊게 뒤집어 가는 방법으로 주로 봄·가을에 실시하며 만삼·우슬·백지 등 깊은 뿌리를 이용하는 약용식물의 재배에 필요하다. 심경할 때에는 기비(基肥)를 반드시 살포하여야 한다.

② 정 지

밭갈이 후에는 정지작업을 하여야 하는데 평평하고 가늘게 써래질을 하여 수분증발을 방지하는 것은 중요한 일이다. 또 약용식물의 생장특성을 고려하여 지세의 고저와 강우상황을 따져 두둑을 만들어야 한다. 두둑이 관개에 편리하여야 지온을 상승시킬 수 있고 기계화 영농에 편리하다. 두둑의 유형은 일반적으로 3가지로 나눌 수 있다.

a. 휴립휴파: 이랑을 세워서 고랑을 낮게 하여 이랑을 세우고 이랑에 파종하는 방법이다. 지온을 높이고, 통풍·투광·배수가 용이하므로 뿌리와 근경을 이용하는 약용식물의 재배에 좋다. 지세가 낮고 배수가 좋지 않은 지역에 많이 쓰인다.

b. 휴립구파: 이랑을 세우고 낮은 골에 파종하는 방식이다. 한해와 동해를 방지할 목적으로 재배할 때 좋다.

c. 평휴: 이랑을 평평하게 하여 이랑과 고랑의 높이가 같게 하는 방식으로 건조해와 습해가 동시에 완화되며, 배수가 좋은 지역에 적당하다. 이랑의 방향은 남북방향이 비교적 좋으며, 식물이 골고루 빛을 받게 되어 생장발육에 유리하기 때문에 빛을 좋아하는 식물에 좋다. 그러나 북풍이 강한 지역에서는 동서방향으로 이랑을 낸다.

5. 연작(連作)과 기지(忌地)현상

동일한 포장에 같은 종류의 작물을 계속해서 재배하는 것을 연작(連作)이라 하며, 연작을 할 때에는 작물의 생육이 뚜렷하게 나빠지는 현상을 기지(忌地)라 한다.

1) 연작(連作)의 필요성

수익성과 수요량이 크고 기지현상이 별로 없는 작물은 연작을 하는 것이 보통이며 벼농사는 그 대표적인 보기이다. 기지현상이 있더라도 특별히 수익성이 높은 작물은 기시대책을 세우고 연작을 하는데 이은 채소 등에서 흔히 볼 수 있다.

2) 작물의 종류와 기지(忌地)

연작의 해가 적은 작물 : 수수. 옥수수. 고구마. 삼. 담배. 당근. 양파. 호박. 연. 순무. 뽕나무. 아스파라거스. 토당귀. 미나리. 딸기. 양배추 등

1년 휴작을 요하는 작물 : 콩. 시금치. 파. 쪽파. 생강 등

2년 휴작을 요하는 작물 : 감자. 땅콩. 잠두. 오이 등

3년 휴작을 요하는 작물 : 강남콩. 참외. 토란. 쑥갓 등

5~7년 휴작을 요하는 작물 : 완두. 고추. 토마토, 사탕무우 등

10년 이상 휴작을 요하는 작물 : 아마. 인삼 등

3) 기지(忌地)의 원인

(1) 토양비료비의 소모
(2) 염류의 집적
(3) 토양물리성의 악화
(4) 토양전염병의 해
(5) 토양선충의 번성
(6) 유독물질의 축적
(7) 잡초의 번성

4) 기지(忌地) 대책

(1) 윤작
(2) 합리적 시비
(3) 담수(湛水)처리
(4) 객토(客土) 및 환토(換土)
(5) 저당성 품종 및 대목의 이용
(6) 유독물질의 제거
(7) 토양소독

6. 윤 작(輪作)

윤작방식은 지역 및 기상환경에 따라 다양하게 발달되어 있다.

1) 윤작의 방식

- 주작물은 지역 사정에 따라서 다양하게 변화하고 있다.
- 지력유지를 위하여 콩과작물이나 녹비작물이 포함되어 있다.
- 토지의 이용도를 높이기 위하여 하(夏)작물과 동(冬)작물이 결합되어 있다.
- 생산물의 용도면에서 볼 때 주작물은 식용작물이 되어 있거나 사료작물로 되어 있다.
- 잡초의 경감을 위해서 중경(中耕)작물이나 피복(被覆) 작물이 포함되어 있다.
- 토양보호를 위하여 피복작물이 포함되어 있다.

2) 윤작(輪作)의 효과

ㅇ지력(地力)의 유지 및 증대
ㅇ기지현상의 회피
ㅇ병해충 및 잡초의 경감
ㅇ토지 이용도의 향상
ㅇ수량 및 생산성의 증대
ㅇ노력분배의 합리화
ㅇ농업경영의 안정성 증대
ㅇ토양보호

7. 답전윤환(畓田輪煥) 재배

포장을 논상태와 밭상태로 몇 해씩 돌려가면서 작물을 재배하는 방식을 답전윤환 또는 윤답 환답 변경답이라고 한다. 즉 벼가 생육하지 않는 기간만 맥류나 감자 등을 재배하는 답과작이나 답전작과는 뜻이 다르다.

ㅇ지력(地力)증대
ㅇ잡초의 감소
ㅇ기지현상의 회피
ㅇ수량의 증가
ㅇ노력의 절감

우리 나라에서는 예전에 이와 같은 방식이 한경북도 길주지역에서 있었다고 하는데 이것은 주로 관개용수가 부족하여 그 지역 전체에 벼농사를 할 수 없었기 때문이라고 한다.

■ 이 방식에서 작물재배의 차례 :

	1년째	2년째	3년째	4년째	5년째
(보기 1):	조	봄보리-콩	수수	벼	벼
(보기 2):	조	봄보리-콩	수수	벼	벼

■ 주요국의 답전윤환

미 국 : 수도 → 콩 → 밀(3년 윤작--캘리포니아지방)
수도 → 귀리 → 콩(3년 윤작--알칸사스지방)
이탈리아 : 밀 → 목초 → 이식은 → 직파 (4년에 벼 2작)
밀 → 목초 → 목초 →이식 →직파 (5년에 벼 2작)
일 본 : 귀리. 클로버 혼파 → 레드클로버 → 벼

8. 혼파(混播) 및 혼작(混作)

1) 혼파의 의의와 장단점

두 종류 이상의 작물 종자를 함께 섞어서 파장하는 방식을 혼파라고 한다. 사료작물의 재배 특히 목야지를 조성할 때에는 보통 콩과목초와 화본과목초를 혼파한다. 예를 들면 클로버와 티머시, 벳치와 이탈이안 라글라스, 레드클로버와 클로버의 혼파를 한다.

(1) 장점
- ㅇ가축 영양사의 이점
- ㅇ입지 공간의 합리적 이용
- ㅇ비료성분의 합리적 이용
- ㅇ잡초의 경감
- ㅇ생산의 안정성 증대
- ㅇ목초 생산의 평준화

(2) 단점
- ㅇ혼파할 때 작물의 종류 제한
- ㅇ병충해 방제 곤란
- ㅇ채종(採種)작업 곤란
- ㅇ수확기가 일치하지 않는 한 수확 제한

2 약용식물 재배와 비료

1. 비료와 약용식물 생장과 발육

토양 중에는 각종 무기성분이 함유되고 있어 작물생육의 영양원이 된다. 작물생육에 필요불가결한 원소를 필수원소라 하는데 다음 16원소를 말한다. 즉, 탄소(C)·산소(O)·수소(H)·질소(N)·인(P)·칼륨(K)·칼슘(Ca)·마그네슘(Mg)·황(S)·철(Fe)·망간(Mn)·구리(Cu)·아연(Zn)·붕소(B)·몰리브덴(Mo)·염소(C1) 등이다. 그 중 질소·인·칼륨·칼슘·마그네슘·황의 6원소(때로는 탄소·산소·수소를 포함한 9원소)는 다량으로 소요되므로 다량원소라 하고, 철·망간·구리·아연·붕소·몰리브덴·염소의 7원소는 미량만 공급해도 되기 때문에 미량원소라 한다. 또한 인공적 보급의 필요성이 가장 큰 질소·인·칼륨을 비료의 3요소라고 하며, 칼슘을 보태어 4요소, 그리고 부식을 보태어 5요소라 하기도 한다.

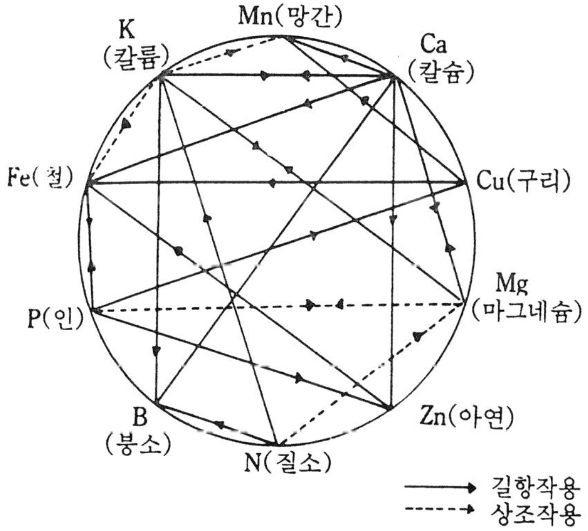

그림4-9 토양중 양분상호간의 작용

1) 질 소 (N)

원형질의 주성분은 단백질이며 질소는 그 주요한 구성원소로서 단백질의 약 16%를 차지하고 있으며, 선물(乾物) 중 질소를 함유하는 유기물이 차지하는 비율은 5～30%이다. 질소비료의 화합형태는 질산태 · 암모니아태 · 시안아미드태 · 단백태 등으로 구별된다.

2) 인 산(P)

인산은 탄수화물과 화합물을 형성하여 다른 물질로 변화하는데 이용되며 탄수화물 대사와 에너지 대사에 중요한 역할을 한다. 인을 함유하는 핵산 · 핵단백 · 인지질심 등은 원형질의 구성성분이므로 세포의 생장 · 번식에 필수원소이다.

인산질 비료는 함유되어 있는 인산의 각종 용제에 대한 용해성에 의해서 가용성과 불용성으로 분류되는데 과석 · 중과석은 대부분이 수용성이며 속효성이고, 약용식물에 잘 흡수된다.

3) 칼 리(K)

칼륨(K)은 식물의 생장점 · 형성층 · 측근발생 조직과 생식기관이 형성되는 부분에 많이 있으며, 탄수화물과 일부 질소대사에 관여하는 효소에 붙어 이들 물질의 이동과 저장에 도움을 주는 활성제의 역할을 한다.

황산칼리(K_2SO_4)와 염화칼리(KCl)가 칼리비료의 주된 것이며, 모두 수용성인 칼리를 함유하고 속효성이다. 줄기의 비료라 할 만큼 줄기를 견고하게 하고, 구근이나 근경을 요하는 약용식물인 맥문동의 괴근 · 천궁 · 작약 · 목단 · 감초에 많이 요구된다. 칼리가 결핍되면 잎 가장자리가 황화되면서 마르는데 오래된 잎에서 새로운 잎으로 확대되며 생육이 억제된다.

4) 석 회(Ca)

석회는 약용식물의 세포막을 강건하게 하고, 해로운 물질의 주입을 막아주며, 체내 노폐물의 축적을 제거하는데 체내의 이동은 느리다. 약용식물에 칼슘비료를 많이 주면 생산량을 높이고 품질을 개선할 수가 있다. 인삼, 당삼, 황연, 서양삼 등의 근류식물에 칼슘을 증시하는 경우 효과를 얻을 수 있다.

5) 붕 소(B)

식물체내의 탄수화물의 변화를 촉진하여 촉매 또는 반응조절 물질로 작용한다. 근류균의 근류형성과 질소고정을 증가시켜 주고 뿌리의 발육을 촉진시킨다. 결핍되면 수정 · 결실이 나빠진다.

6) 몰리브덴(Mo)

질소환원효소의 구성성분이며 질소대사에 필요하고 콩과작물 근류균의 질소고정에도 필요하다. 결핍되면 황백화되고 모자이크 병에 가까운 증세가 나타난다.

7) 아 연(Zn)

아연은 촉매 또는 반응조절 물질로 작용하며 단백질과 탄수화물의 대사에 관여하고, 엽록소의 생성에도 관여하는 것 같다고 한다. 결핍되면 황백화 · 괴사 · 조기낙엽 등을 초래한다.

8) 구 리(Cu)

구리 단백으로서 효소작용을 하며 광합성 호흡작용 등에 관여하고, 엽록소의 생성에도 조성한다. 결핍되면 황백화 · 괴사 · 조기낙엽 등을 초래한다.

9) 망 간(Mn)

각종 효소의 활성을 높여서 동화물질의 합성분해 · 호흡작용 · 광합성 등에 관여한다. 식물의 월동 능력을 높이고 도복에 견디는 힘을 재고시킨다. 결핍되면 잎맥에 녹색이 사라지고 반점이 나타난다.

10) 철(Fe)

호흡효소의 구성성분이며 엽록소의 형성에 관여한다. 결핍되면 어린 잎부터 황백화하여 엽맥 사이가 퇴색한다.

2. 비료의 종류와 성질 및 사용방법

비료는 식물에 영향을 주거나 식물의 재배를 돕기 위하여 흙에서 화학적 변화를 가져오게 하는 물질이다.

비료는 크게 유기질비료와 무기질비료로 나눌 수 있다. 유기질 비료는 N. P. K 3요소와 기타 요소 및 미량원소를 함유하고 있어 완전비료라 하나 반드시 토양미생물의 분해를 통하여 식물에 이용될 수 있어서 효능이 늦게 나타나기 때문에 지효성비료(遲效性肥料)라 하기도 한다.

1) 효과(效果)의 발생양식에 따른 분류

① 직접비료(直接肥料) : 비료요소를 함유
-질소질비료(窒素質肥料) : 요소, 황산암모늄, 석회질소, 초안 등
-인산질비료(燐酸質肥料) : 과석, 중과석, 용성인비 등
-가리질비료(加里質肥料) : 염화칼리, 황산칼리 등
-기타 : 규산, 퇴비, 붕산, 황산망간, 황산마그네슘 등
② 간접비료(間接肥料) : 토양의 이화학적 성질의 개선을 통하여 간접효과
-석회질비료(石灰質肥料), 세균성비료(細菌性肥料), 토양개량제 (土壤改良劑), 호르몬제

2) 비효(肥效)가 나타나는 지속성(遲速性)에 따른 분류

① 속효성비료(速效性肥料) : 요소, 유안, 과석, 염화칼리 등
② 완효성비료(緩效性肥料) : 깻묵, METAP 등
③ 지효성비료(遲效性肥料) : 퇴비, 구비 등

3) 생리적 반응에 따른 분류

① 생리적 산성비료(酸性肥料) : 유안, 황산가리, 염화칼리, 염안 등
② 생리적 중성비료(中性肥料) : 초안, 요소, 질안, 과석 등
③ 생리적 염기성비료(鹽基性肥料) : 석회질소, 재, 어비(魚肥), 용성인비 등

〈표4-5〉 화학비료 종류에 따른 토양반응

화학적반응(비료)	비료종류	생리적반응(토양내)
산성	과린산석회(과석)	중성
	중과린산석회(중과석)	중성
중성	황상암모늄(유안)	산성
	염화암모늄(염안)	산성
	질산암모늄(질안)	중성
	질산소다	알칼리성
	황산가리	산성
	염화가리	산성
	황산고토비료	산성
	요소	중성
알칼리성	석회질소	알칼리성
	용성인비	알칼리성

4) 급원(給源)에 따른 분류

① 광물질비료(鑛物質肥料) : 요소, 유안, 과석, 염화칼리 등
② 동물질비료(動物質肥料) : 어분, 골분(骨粉), 계분 등
③ 식물질비료(植物質肥料) : 퇴비, 구비, 깻묵 등

〈표4-6〉 주요 비료의 성분 (단위:%)

종 류	질 소	인 산	칼 리	종 류	질 소	인 산	칼 리
요 소 $(NH_2)_2CO$	46	-	-	구비(牛)	0.34	0.16	0.40
유 안 $(NH_4)_2SO_4$	20~21	-	-	구비(豚)	0.45	0.19	0.60
석회질소 $CaCN_2$	20~21	-	-	계분(生)	1.63	1.55	0.75
과린산석회	-	16~20	-	계분(乾)	3.50	3.0	1.20
중과린산석회	-	44	-	퇴 비	0.50	0.26	0.50
용성인비	-	18~22	-	녹비(생)	0.48	0.18	0.37
염화칼리 KCI	-	-	40~60	면실박	6.0	2.6	1.50
황산칼리 K_2SO_4	-	-	48~50	탈지강	2.08	3.78	1.40
짚 재	-	3.7	9.6	대두박	6.50	1.40	1.8
인분뇨	0.57	0.13	0.27	들깻묵	5.57	2.51	1.02

5) 경제적 견지(見地)에 따른 분류(分類)

① 금비(金肥) 또는 판매비료 : 요소, 과석, 염화칼리 등
② 자급비료(自給肥料) : 퇴비, 구비, 녹비 등

3. 합리적인 시비

합리적인 시비는 식물의 생장발육을 촉진시키고 약재의 생산량과 품질을 높일 수 있다. 시비가 적당하지 못하면 기대했던 시비의 목적에 도달할 수 없을 뿐만 아니라 오히려 약용식물의 정상적 발육과 생장에 해를 준다.

시비는 식물의 발육기가 서로 다르기 때문에 비료의 종류, 수량의 다소에 대한 요구가 다르다는 점에 근거하여 실시하여야 한다. 시비와 객토를 합리적으로 결합시켜서 토양의 지력을 향상시켜야만 생산성을 높일 수 있다.

1) 비료의 흡수

양분의 흡수는 주로 뿌리에 의하여 토양으로부터 흡수한다. 뿌리의 흡수는 비료가 무기염으로 변화되어 물에 용해되어야 하며, 한편 뿌리의 호흡작용에 의하여 이루어진다.

토양이 건조할 경우 관수와 토질을 부드럽게 하여 뿌리의 호흡작용을 왕성하게 한 다음, 시비하면 흡수능력을 높일 수 있다. 뿌리는 염류의 분자 흡수량이 같지 않기 때문에 토양의 산·알칼리도에 영향을 미친다.

2) 시비의 원칙

(1) 유기질비료 위주로 시비한다

유기질비료를 기비로 사용하면 장기간에 걸쳐 약용식물에 양분을 제공할 수 있고, 토양의 조직을 개선할 수 있으며 지력을 향상시킬 수 있다. 기비 용량이 많아질 경우에는 유기질비료 위주로 화학비료와 배합하여 시비한다. 일정한 시기에 양분의 수요를 만족시키기 위하여 추비를 실시하여야 한다.

(2) 질소비료 위주로 인산·칼리를 배합하여 시비한다

식물은 질소의 흡수량이 비교적 많은 편이지만 토양 중에는 질소의 함유량이 부족하다. 그러므로 식물의 전 생장발육기간 중에는 질소비료의 시비에 주의를 기울여야 하며, 식물 생장초기에는 질소비료를 증가·시비하는 것이 중요하다.

콩과식물은 화본식물에 비하여 질소의 수요가 많다. 그러나 근류균이 있어 공기의 질소를 고정할 수 있기 때문에 콩과식물은 질소비료를 적게 사용하거나 아예 사용하지 않기도 한다.

뿌리의 발육과 화본식물의 분열을 촉신시키려면 소량의 속효성 인산비료를 시비하고, 종자로 하여금 다량의 호르몬을 지니게 하여 종자 생산량을 높이려면 꽃피기 전에 인산비료를 추비로 사용하여야 한다.

밀식한 포장에서는 칼리비료와 배합하여 사용하면 줄기를 튼튼하게 하고 도복을 방지할 수 있다.

(3) 토양의 특성에 따라 시비한다

지력이 높은 토양은 유기질 함량이 많은 좋은 토양으로 질소비료를 증시하면 비교적 효과가 크지만 인산비료의 효과는 적으며, 칼리비료는 종종 효과를 나타내지 못한다. 지력이 낮은 토양은 유기질 함량이 적은 토양으로 인산비료를 사용한 기초 위에 질소비료를 사용하여야 효과를 나타낼 수 있다. 점토질의 토양에는 유기질비료를 많이 사용하고 재와 부드러운 흙을 가지고 투수·통기조건을 만들어 주며, 속효성 비료를 가지고 조기에 사용하면 묘목과 과실을 발육을 돕는다. 사질의 토양은 유기질비료를 점토와 함께 사용하면 보수·보비 능력을 높일 수 있다.

산성토양은 치환성 알미늄이온의 해독으로 생장이 불량하므로 재·칼슘·인산비료·석회질소·석회 등과 같은 알칼리성 비료를 사용하여 중화시켜야 한다. 알칼리성 토양에는 유안 등의 산성비료를 사용해야 하며, 질소가 비교적 많이 함유된 염화암모늄 등의 화학비료는 피한다.

(4) 약용식물의 영양특성에 따라 시비한다

약용식물의 종류와 품종이 다르기 때문에 생장·발육단계에 따라 소용되는 양분의 종류·용량·양분흡수의 강도는 다르다.

일반적으로 다년생, 특히 근류와 지하경을 이용하는 약초인 대황·당삼·우슬·목단 등에는 비료의 효과가 비교적 길고, 지하부 생장에 유리한 비료를 사용하는 것이 좋다. 유기질비료를 많이 주고 P·K질비료를 증시하며, 화학비료를 배합하여 사용하면 비료에 대한 수요를 만족시킬 수 있다.

1~2년생의 약초나 꽃·과일의 종자를 이용하는 약초인 자소·형개·홍화·의이인 등은 유기질비료를 적당히 줄이고 화학비료를 알맞게 사용하면 지상부분의 생장을 촉진시키고 과실과 종자를 빨리 성숙시킬 수 있다.

일반적으로 초본의 약용식물은 적당하게 질소비료를 주고, 꽃·과실·종자를 이용하는 약용식물에는 인산비료를 보다 많이 사용해야 한다. 생육초기에 P·K질비료를 많이 사용하면 과실의 조기성숙과 종자의 충실도를 높여줄 수 있다.

3) 시비의 주요방법

(1) 기비(基肥)

일반적으로 삶아엎기를 하기 전, 비료를 지면에 골고루 살포하는 것으로 밀식한 약용식물은 이 방법을 사용한다.

(2) 조구시비와 구덩이시비

약용식물의 파종, 이식 전에 정지작업 또는 이랑작업을 하거나, 생육기에 중경제초와 함께 고랑을 파거나 구덩이를 파서 비료를 넣는데 이를 조시와 일시라 부른다.

그러나 비료에 대한 요구가 비교적 높고 충분하게 부식되어야 하며, 잘게 부수어 사용해야 한다.

(3) 엽면시비

식물의 생장기간에 무기비료·미량원소·생장호르몬 등을 용액에 희석시켜 분무기를 이용하여 식물의 잎과 줄기에 뿌리는 시용 방법이며, 소요되는 비료가 적고 제때에 사용할 수 있어서 효과가 매우 높다. 상용되는 비료로는 요소·황산칼리·황산마그네슘·붕소·황산구리 등이 있다.

시비의 시기는 일조부족으로 저온이 계속될 때, 습해를 받았을 때, 생육단계별 영양이 부족할 때, 수확기가 가까워 올 때, 원소결핍 증상이 나타나기 시작할 때도 연속 살포한다.

살포는 이른 아침이나 초저녁이 적당하며 붕소는 0.1~0.3%, 요소는 0.5%~1%의 농도가 적당하며, 전착제(0.01%~0.02%)를 가용하는 것이 흡수를 조장한다.

(4) 엽면시비한 원소의 흡수 및 이동

작물의 흡수는 주로 기공, 표피세포의 간극 및 표피층을 통해서 흡수가 이루어지고 있으나 그 중 기공은 살포한 물질의 특성에 관계없이 주요 흡수구로서 역할을 하는데 엽면에 살포된 이온이 흡수되는 경로는 확산(요소), 효소적인 가수분해(요소), 이온교환(고토, 칼슘, 칼륨, 나트륨 등), 능동적인 흡수(인산, 황, 염소, 코발트)의 고정을 거쳐서 식물체내에서 이동성이 있는 이온은 황(S), 염소,(Cl) 인(P), 칼륨(K), 나트륨(Na) 등이 있으며, 부분적인 이동성을 가진 이온으로는 아연(Zn), 구리(Cu), 망간(Mn), 철(Fe), 몰리브덴(Mo)이며, 비이동성 이온은 고토, 칼슘(Ca) 등으로, 엽면에서의 이동은 사관부에서 시작되는데 이동시에 당이나 빛에너지가 요구되는 이온은 인(P), 코발트(Co), 염소(Cl) 등이 있다.

작물에 살포된 이온흡수에 있어서 방해되는 요인으로서는 이온경쟁, 산도, 온도, 습도, 광 등이 있으나 에너지도 작용에 영향을 미친다.(이온경쟁과 산도가 대표적인 방해요인임)

i) 이온경쟁 - 이온상호간의 길항작용에 의해 균형흡수가 되지 못하고 어느 한가지 요소가 과다흡수되거나, 또는 흡수가 되지 못하는 경우 등(미량요소와 양이온 사이)

ii) 산도 - 산도의 높낮음에 따라 차이가 나타나는데 통상 산도 pH5.5~6.5 사이에서 흡수가 잘 이루어 지나 인산, 황, 염소, 요오드의 경우는 pH 5~8 범위에서 가장 잘 이루어진다.

iii) 온도 - 모든 작물은 15~30℃에서 흡수가 가장 잘 이루어지고 있으나 콩의 경우 인산의 흡수 및 이동은 10~15℃에서 잘 이루어진다.(특히 낮은 온도에서는 인산의 이동이 지연되었다.)

iv) 습도 - 엽면시비후 습도가 유지될 경우는 흡수가 증대되나 건조한 상태하에서는 흡수율이 감소된다.

그 외 "당"은 이동에 필수적으로 작용하고 질소의 경우는 낮보다 저녁에 흡수가 도 빠르며 특히 칼슘이나 고토의 경우는 뿌리에서 흡수되는 것보다도 엽면을 통한 흡수가 더 빠르게 된다는 것이다.

(4) 혼합비료의 사용에는 배합이 정확해야 한다.

화학비료와 유기비료를 혼합하여 사용하면 효과가 더욱 좋다. 그러나 모든 비료를 마음대로 혼합하여 사용할 수는 없으므로 반드시 비료의 화학 성질에 주의를 기울여야 한다. 산성과 알칼리성의 비료를 혼합하여 쓸 수 없는 것으로 황산암모늄 · 인분뇨에 석회 · 회류 · 토머스 인비 등의 염기성 비료를 혼합하여 사용할 수 없다.

4. 시비량(施肥量)

작물의 생육이 순조롭게 이루어지려면 각 생육 단계에서 요구되는 성분이 끊임없이 시중에서 공급되어야 하는데 그 부족한 것을 비료(肥料)로 공급해 주는 것이 시비(施肥)의 기술이다. 따라서 시비량은 작물의 종류 및 품종, 기후조건, 재배양식 등에 따라 큰 차이가 있다.

1) 시비량 환산법(비료성분량과 실중량의 환산법)

(1) 성분량을 실중량으로 환산하는 방법

$$\text{주고자 하는 성분량} \times \frac{100}{\text{줄려고 하는 비료의 성분함량}} = \text{줄려고 하는 비료실량}$$

예) 성분량으로 질소 20kg을 주고자 할 때 요소(질소 46%)로서 얼마인가?

$$20\text{kg} \times \frac{100}{46} = 43.5\text{kg}$$

(2) 실중량을 성분량으로 환산하는 방법

$$\text{갖고 있는 비료의 무게} \times \frac{\text{갖고 있는 비료 중의 성분함량}}{100} = \text{성분량}$$

예) 요소(질소46%) 10kg 중의 질소성분은?

$$10\text{kg} \times \frac{46}{100} = 4.6\text{kg}$$

(3) 복합비료를 줄 때 계산하는 방법

복합비료 중에 성분량이 가장 많은 성분을 기준으로 단비와 같이 계산하고 모자라는 양은 단비로 보충한다.

예) 10a 당 질소 7kg, 인산 7kg, 칼륨 8kg을 16-11-12 복합비료로 주고자 할 때 몇 kg을 주어야 하나?

· 복합비료 16-11-12에는 질소성분이 가장 많으므로 질소를 기준으로 한다.

$$7\text{kg} \times \frac{100}{16} = 43.75\text{kg}$$

· 인산 : 복합비료 중에 모자라는 인산을 단비로 보충해 줄 경우

$$43.75\text{kg} \times \frac{11}{100} = 4.8\text{kg}$$

(복합비료 중의 인산성분량)

$$7.0 - 4.8\text{kg} = 2.2\text{kg}$$

(복합비료를 주고 모자라는 인산성분량)

$$2.2\text{kg} \times \frac{100}{22} = 11\text{kg}$$

(밑거름으로 용성인비 등 단비로 보충할 양)

· 칼륨 : 복합비료 중에 모자라는 칼슘성분을 케이마그로로 보충할 경우

$$43.75\text{kg} \times \frac{12}{100} = 5.25\text{kg}$$

(복합비료 중의 칼륨 성분량)

$$8 - 5.25\text{kg} = 2.75\text{kg}$$

(복합비료를 주고 모자라는 칼륨성분량)

$$2.75\text{kg} \times \frac{100}{22} = 12.5\text{kg}$$

(밑거름을 케이마그로 보충할 양)

〈표4-7〉 비표 배합가부표

비료명	비료명	질소					인산				칼리		석회			자급				유기질				
	종류 \ 종류	유안	염안	초안	요소	석회질소	과석	중과석	용성인비	용과린	황산칼리	염화칼리	생석회	소석회	탄산석회	인분뇨	닭똥	퇴구비	나뭇재	콩깻묵	쌀겨	식물유박	어비류	뼈가루
질소	유안		△	△	△	×	○	○	△	△	○	○	×	×	△	△	△	△	×	○	○	○	○	△
	염안	△		△	△	×	△	△	△	△	△	△	×	×	△	△	△	△	×	○	○	○	○	△
	초안	△	△		△	×	△	△	△	△	△	△	×	×	△	△	△	×	×	×	△	×	△	×
	요소	△	△	△		△	×	×	△	△	△	△	△	△	△	△	△	△	△	△	△	△	△	○
	석회질소	×	×	×	△		×	×	○	△	○	○	○	○	○	×	×	×	○	○	○	○	○	○
인산	과석	○	△	△	×	×		○	×	△	○	○	×	×	△	○	△	○	×	○	○	○	○	○
	중과석	○	△	△	×	×	○		×	○	○	○	×	×	△	○	△	○	×	○	○	○	○	○
	용성인비	△	△	△	△	○	×	×		○	○	○	△	○	○	×	△	△	○	○	○	○	○	○
	용과린	△	△	△	△	×	○	○	○		○	○	×	×	×	×	○	○	×	○	○	○	○	○
칼리	황산칼리	○	△	△	△	○	○	○	○	○		○	○	○	○	○	○	○	○	○	○	○	○	○
	염화칼리	○	△	△	△	○	○	○	○	○	○		△	△	○	○	○	○	△	○	○	○	○	○
석회	생석회	×	×	×	△	○	×	×	△	×	○	△		○	○	△	△	△	○	△	○	○	△	○
	소석회	×	×	×	△	○	×	×	○	×	○	△	○		○	△	△	△	○	○	○	○	○	○
	탄산석회	△	△	△	△	○	△	△	○	×	○	○	○	○		×	△	△	○	○	○	○	○	○
자급	인분뇨	△	△	△	△	×	○	○	×	×	○	○	×	×	×		○	△	×	○	○	○	○	△
	닭똥	△	△	△	△	×	△	△	△	○	○	○	×	×	△	○		△	×	○	○	○	○	△
	퇴구비	△	△	×	△	×	○	○	△	○	○	○	×	×	△	△	△	△	×	○	○	○	○	△
	나뭇재	×	×	×	△	○	×	×	○	×	○	△	○	○	○	×	×	×		○	○	○	○	○
유기질	콩깻묵	○	○	×	△	○	○	○	○	○	○	○	△	○	○	○	○	○	○		○	○	○	○
	쌀겨	○	○	△	△	○	○	○	○	○	○	○	○	○	○	○	○	○	○	○		○	○	○
	식물유박	○	○	×	△	○	○	○	○	○	○	○	○	○	○	○	○	○	○	○	○		○	○
	어비류	○	○	△	△	○	○	○	○	○	○	○	△	○	○	○	○	○	○	○	○	○		○
	뼈가루	△	△	×	○	○	○	○	○	○	○	○	○	○	○	△	△	△	○	○	○	○	○	

주: ○ : 배합해도 좋음. △ : 배합후 곧 써야함. × : 배합하지 못함.

3 관개와 배수

수분은 약용식물 생존의 중요한 요소의 하나이고, 토양수분의 다소는 식물의 생장 발육에 직접적인 영향을 미친다. 따라서 적기에 알맞은 관개와 배수를 해야 한다.

1. 관 개

1) 관개원칙

관개량 · 횟수 · 시간은 약용식물의 특성 · 생장계절 · 기후 · 토양조건을 고려하여 정한다. 채취 전 1주일은 관개를 정지한다.

① 각종 약용식물에 필요한 물의 습성은 각각 다르다. 예를 들어 감초 · 마황은 별다른 관수를 하지 않아도 되지만, 택사 · 연 등 수생식물은 반드시 물이 필요하다. 일반적으로 일년생 약용식물은 파종부터 개화까지는 수분 요구량이 증가하나 개화 후에는 감소한다.

② 식물 본래의 모습을 근거로 함수상태를 나타낸다. 토양 수분의 다소로 식물 생장의 상태를 알 수 있는데 정상이면 잎은 녹색이 되고, 광택이 있어 토양수분의 충족을 나타낸다. 잎이 황색이면 시드는 현상을 나타내 수분의 부족과 관수의 필요성을 설명하게 된다.

③ 토양성질과 수분상황을 근거로 관수한다. 토양은 지질과 결합정도가 서로 다르므로 흡수와 보수성에 큰 차이가 있으며, 관개량도 일정하지 않다. 사토의 흡수는 빠르고 보수력은 나빠서 적당히 관개하여야 하며, 점토질의 토양은 흡수는 느리나 보수력은 강하다.

④ 기후조건을 고려하여 관수한다. 온도가 높은 가뭄 때에는 소모되는 수분이 많아 물을 많이 대어야 한다. 묘기에는 가뭄을 막기 위해 물을 주는 것이 좋다.

2) 관개방법

① 지표관개

a. 전면관개 : 지표면 전면에 물을 흘려 관수하는 방법이다.

b. 휴간관개 : 포장에 이랑을 세우고 이랑 사이에 물을 주는 방법이다.

② 철수관개

공중으로 물을 뿌려 주는 방법으로 파이프나 스프링쿨러를 이용한다.

③ 지하관개

지하로부터 수분을 공급하는 방법으로 개거법 · 암거법 · 압압법이 있다.

3) 관개종류

관수시기와 관수가 일으키는 작용을 근거로 파종 전 관수 · 성장기 관수 · 동계 관수로 나눈다.

① 파종 전 관수

파종 전 포장에 물이 스며든 후 파종한다. 파종 후에 관수하면 종자가 떠내려가거나 표토가 굳어지며, 토양의 온도가 내려가 발아에 영향을 미친다.

② 최묘(催苗)관수

토양의 습윤을 도와 출아와 이식묘의 활착을 돕는다.

③ 생장기 관수

식물 근계가 발육하기 시작할 때 하며, 횟수는 식물의 종류와 기후에 따라 정하는데 일반적으로 여러 차례 실시한다.

④ 동계 관수

한대지방의 땅이 얼기 전 실시하는 관수로 땅의 온도를 높일 수 있고 토양의 수분을 증가시킬 수 있으며, 이듬해 봄 토양의 한발을 피할 수 있다.

2. 배 수

인위적으로 토양 공극 중의 수분과 지면의 정체수를 제거하여 토양의 통기조건을 개선하고, 토양 중의 미생물의 활동을 도와 유기물의 무기질화를 촉진하며 침수피해를 막는 것이다.

1) 명거배수

밭의 지면에 이랑을 두어 배수한다.

2) 암거배수

배수관을 설치하여 배수한다.

4 제초 및 관리

1. 중경 · 제초 · 배토

약용식물의 성장기에 행하는 관리 방법으로서 잡초를 제거하여 영양분의 손실을 감소시키고, 병충해 발생을 방지할 수 있다.

중경의 심도는 지하부의 성장상황을 보고 정하는데 근군은 토양의 표층에 분포하고 중경은 얕은 것이 좋다. 어떤 약용식물은 중경 · 제초를 결합하여 배토를 한다. 배토는 겨울을 잘 넘기고 도복을 방지하며 근부의 발달을 촉진할 수 있다. 1~2년생 식물은 성장기 후반에, 숙근성 초본이나 목본식물은 입동 전에 하는 것이 좋다.

1) 묘의 솎음

어린 묘일 때 양분 이탈을 방지하기 위해 일정한 간격과 면적을 유지시키는 것을 솎음질이라 한다. 시기는 가능한 한 빠른 것이 좋은데 그래야만 고사(枯死)를 방지할 수 있다.

소립종자를 파종할 때 횟수는 일반적으로 많이 하게 된다. 예를 들어 결명 · 의이 등의 솎음은 1~2차례 하면 정묘할 수 있다. 우슬 등은 점삽하는데 묘가 자라면 2차례 정도 솎음질을 하여 각 구덩이에 한 그루씩 남겨둔다.

2) 추 비

식물의 성장 발육을 만족시키기 위해서는 양분의 수요에 따라 시비를 하여야 하며, 다년생의 약용식물은 발아 전이나 휴면기에 들어가기 전 시비해야 한다. 시비할 때는 종류 · 농도 · 용량을 고려하여 묘의 도장이나 양분의 유실이 되지 않도록 주의한다.

2. 멀칭과 차광

1) 멀 칭(mulching)

나뭇잎 · 짚 · 구비 등을 이용하여 지면을 덮는 것을 멀칭이라 한다. 멀칭을 하게

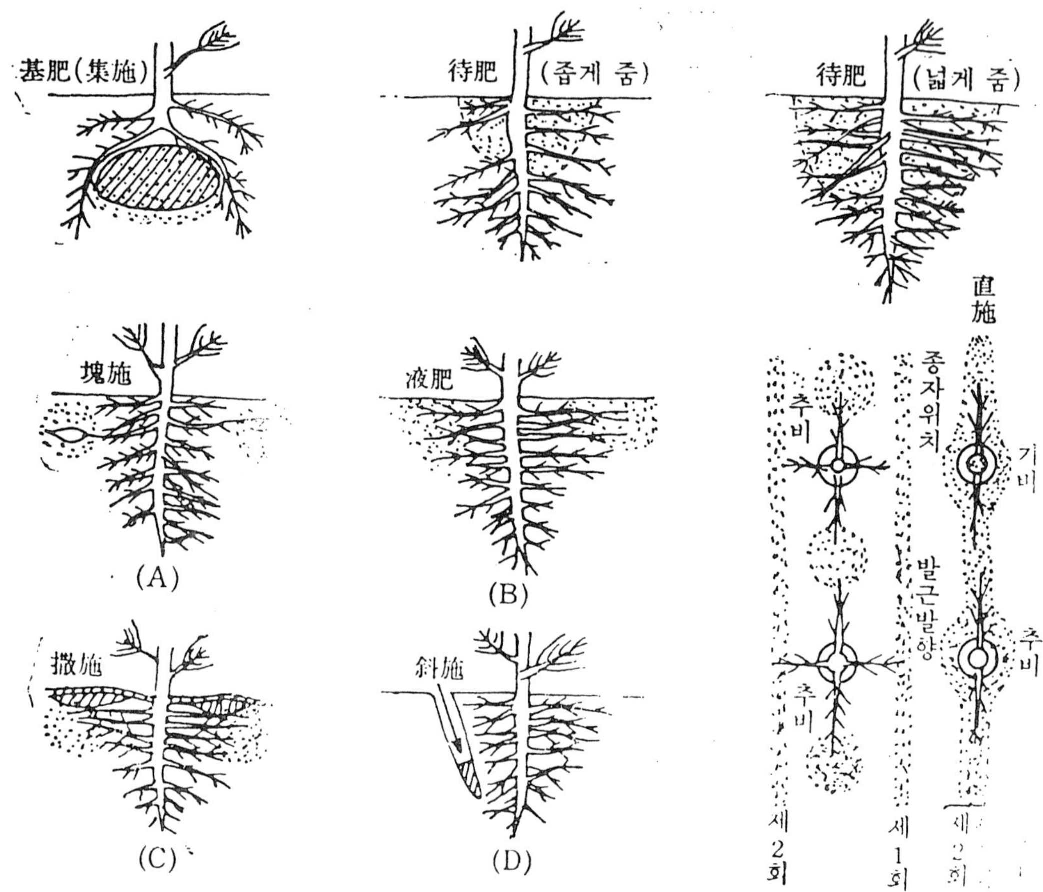

A:한곳에 덩이 거름을 주면 뿌리가 그곳에 뻗는 것이 적다
B:줄기에서 상당한 거리에 물거름으로 주면 뿌리가 많아진다.
C:흙과 섞어서 흩어 뿌리고 흙을 덮어주면 뿌리는 표면으로 뻗음.
D:직근의 신장을 바랄 때 구멍을 뚫어 준다.

그림4-10 시비법과 뿌리의 신장

되면 토양수분의 증발 및 잡초의 발생을 방지하고, 표토가 쉽게 굳어지지 않게 하며 토양의 양분을 증가시킬 수 있다.

(1) 생장기 멀칭

파종 후 발아가 느리고 종자가 미세한 식물은 비교적 얇게 덮기 때문에 지면이 건조되기 쉽다. 이런 경우 멀칭을 하는데 당삼 · 서양삼 · 인삼 · 삼칠 등에 이용된다.

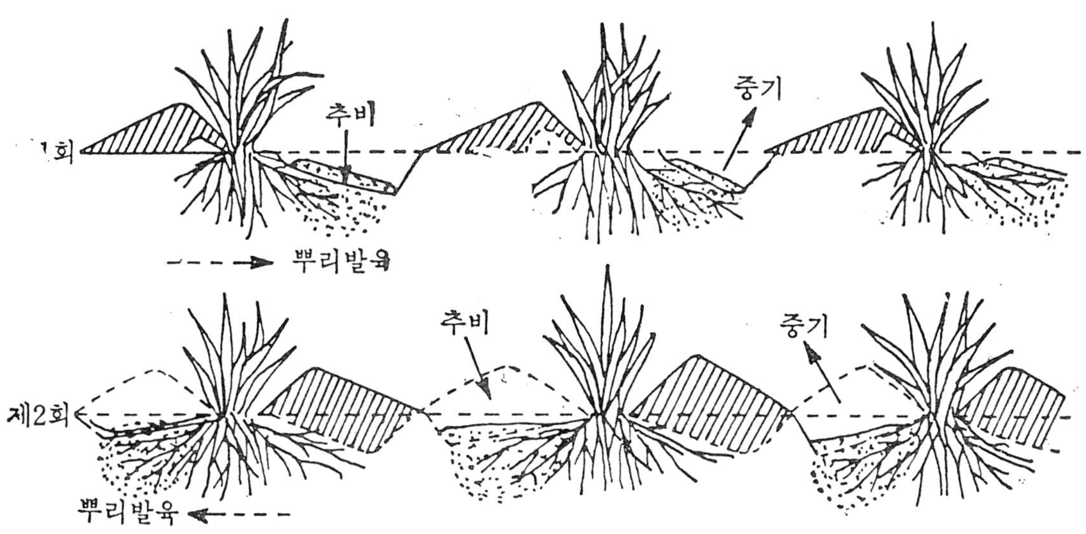

제1회:제1회의 중경으로 한쪽을 잘라서 추비하므로 그곳에서 많은 뿌리가 생긴다.
제2회:제2회는 다른쪽의 중경을 하여 뿌리를 표층에 유도한다.

그림4-11 중경과 추비법

(2) 휴면기 멀칭

겨울철에 동해가 발생하기 쉬운 인삼·서양삼에 습도를 유지시키고 안전하게 월동할 수 있도록 실시한다.

(3) 방상과 방한

약용식물은 비교적 재배기간이 긴 것이 많으며, 상기(霜期)에 이르면 성숙되지 않으므로 방상·방한 조치를 하여야 한다. 특히 열대·아열대 식물을 도입할 경우 완전한 방한시설이 되도록 주의해야 한다. 이에 파종 이식기를 조절하거나 정지 등의 조치를 취할 수 있으며, 성숙을 앞당기게 하여 상동(霜凍) 전에 수확할 수도 있다.

2) 차광과 지주

음지성 식물인 인삼·삼칠·황연 등은 고온과 강한 빛의 피해를 막기 위해 차광시설을 해야 하며, 차광막 내의 투광도도 합리적인 조절을 해야 한다.

또한 줄기가 똑바로 자랄 수 있도록 재배할 때에 지주를 설치하기도 하는데 초본성 덩굴식물은 지주를 설치하기가 간단하고 쉽지만, 목본성 덩굴식물은 생장지가 길기 때문에 견고하게 설치한다.

3. 정 지

정지를 하면 결과지를 배양하여 좋은 결실을 얻을 수 있다. 통풍·채광 조건을 개선하고 동화작용을 향상시킬 수 있으며, 병충의 피해를 감소시키고 양분과 수분의 이동을 좋게 하여 양분의 소모를 줄일 수 있고, 노령수의 생활력을 향상 시킬 수 있다.

전정은 가지와 뿌리를 포함하는데 가지치기는 목본 약용식물에 주로 하나 때로는 초본성 식물에도 가능하다. 예를 들어 활수는 전정을 하면 개화결실이 빠르므로 주만을 제거하고 측만을 남겨둔다.

일반적으로 수피를 이용하는 식물은 직접 줄기를 배양하고 분지를 제거한다. 과실·종자를 이용하는 목본 식물은 주지의 높이를 적당히 조절하고 가지의 종속관계를 조절하여 개화와 결실을 유도한다.

어린나무에 대하여는 가볍게 전정해서 일정한 수형이 잡히도록 한다. 구기 등의 어린나무는 자주 가위질하여 수세회복과 상대적 평형을 유지하여 주고, 결과지를 잘 유도하여 준다. 지중은 이른봄 싹이 트기 전에 하는데 전정된 가지는 잡목에 이용해도 좋다. 뿌리의 전정은 특수한 경우의 다년생 식물에 요구되는데 조두·작약 등은 과다한 곁가지를 제거하여 남겨진 뿌리의 생장이 비대해지게 하여 가공하기 좋게 한다.

4. 제초작업

식물이 생장함에 따라 뿌리의 생장과 활동을 증진시키며, 비효를 증대시키고 잡초를 제거하기 위하여 제초작업을 실시한다.

제초방법을 보면 경운·관개에 의존하거나 윤작, 재식밀도 및 재배양식을 통하여 약용식물의 경합력을 키운다. 또한 피복작물·부초·멀칭작업을 하거나 농기구를 이용하며, 제초제를 사용하기도 한다.

그러나 오늘날 제초작업을 하는데는 주로 화학적인 방제법의 제초제를 사용한다.

1) 제초제의 종류

호르몬의 작용을 이용한 호르몬형 제초제(2·4-D·MCP등)와 비호르몬형 제초제(IPC·PCP·NIP)가 있다. 식물에 처리했을 때 식물체에 접촉만 되고 그 부위에

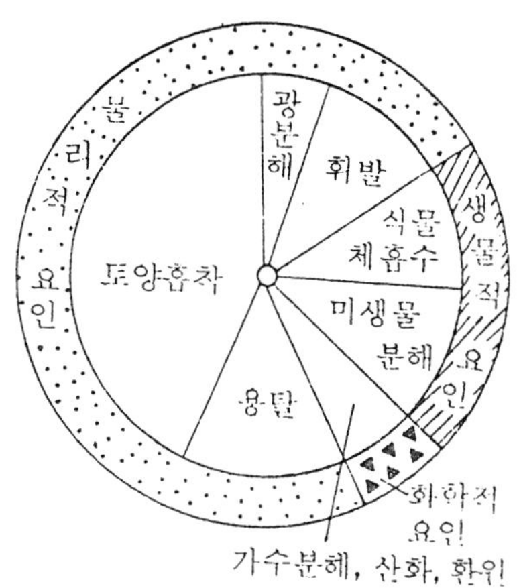

그림4-12 토양에 처리한 제초제의 행방(제초제와 환경에 따라 크게 다름)

서 움직이지 않는 접촉형 제초제, 접촉된 부위에서 다음 식물체에 흡수되어 이행하는 이행형 제초제로 나눌 수 있다. 실용면에서 접촉형 제초제와 이행형 제초제를 분류해 보면 다음과 같다.

① 토양처리
② 경엽처리
③ 경엽 겸 토양처리

그림4-13 화본과 및 광엽식물의 생장점 위치

2) 방제법

잡초방제는 제초 필요성을 검토한 후, 잡초군락의 조사 또는 예찰을 하여 제초방법을 선정, 필요한 제초제를 사용한다. 요즈음은 발아 전 처리를 하여 지표로부터 2cm 깊이까지의 미세한 종자를 사멸시키므로 효과를 보는 경우가 많다.

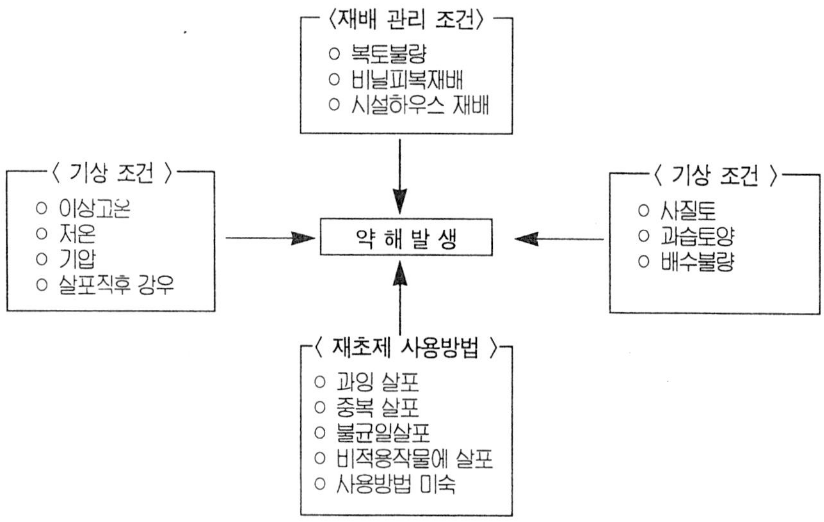

그림4-14 밭 제초제의 약해 발생요인

V. 약·특용작물의 번식

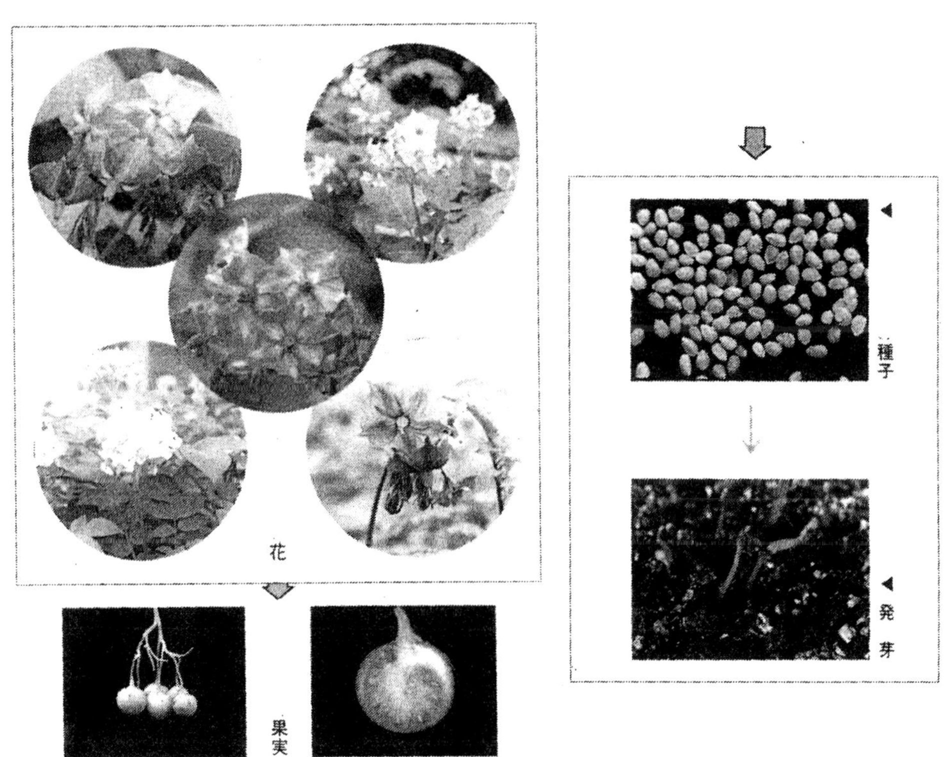

Ⅴ. 약·특용작물의 번식

약·특용식물의 번식은 일반적으로 크게 두 가지로 분류한다. 하나는 종자번식인데 유성번식이라고도 하며, 또 하나는 식물의 뿌리·줄기·잎 등의 영양기관을 이용하여 번식이 되는데 영양번식 또는 무성번식이라고도 부른다.

유성생식은 대량번식 용이하나 변이가 많이 생기므로 주로 종묘회사에서 상업용으로 품종 육성하여, 종자 판매를 하고 있다. 이에 비해 무성생식은 변이가 잘 생기지 않으며 농가에서 자가 번식 가능하나 바이러스 감염이 큰 문제이다.

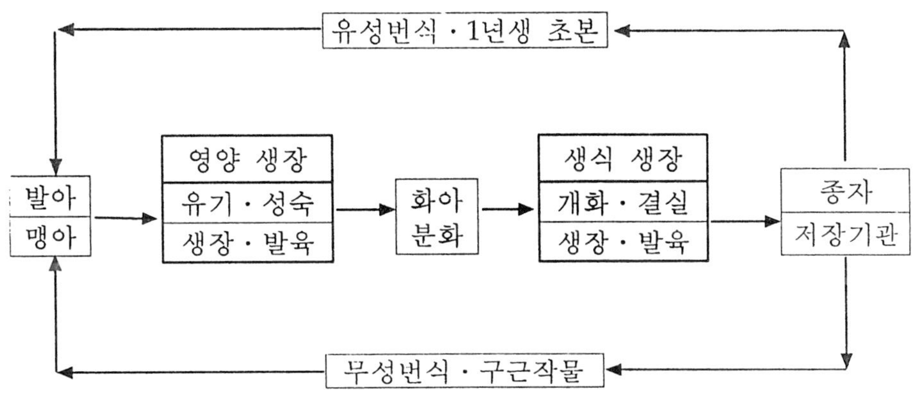

그림5-1 작물의 생활환(life cycle)

1 번식 준비시설

종자·삽목·접목 등으로 작물을 번식시키기 위해서 시설과 재료가 필요하게 된다. 시설에는 가열설비를 갖는 온실이나 온상이 있고 자연의 대양열을 이용하여 육묘하는 냉상이 있다. 일정한 온도를 유지하기 위한 가열방식은 전열과 유류·연탄·양열 등이 이용될 수 있다

1. 번식시설

1) 온실(greenhouse)

약용식물의 월동기간 중의 재배나 번식을 시키는데 필요한 시설이다. 최근에는 약용작물도 공정육묘 방식을 이용하여 대량으로 번식을 시키고 있다. 특히 당귀는 종자번식 뿐 아니라 시설하우스를 이용하여 지상부 잎을 약용채소로 이용하여 소득자원으로 개발하고 있다.

(1) 위 치

온실은 온도·습도·광선 및 통풍 등이 편리한 곳에 위치하도록 하며 남북, 또는 동서로 길게 설치한다.

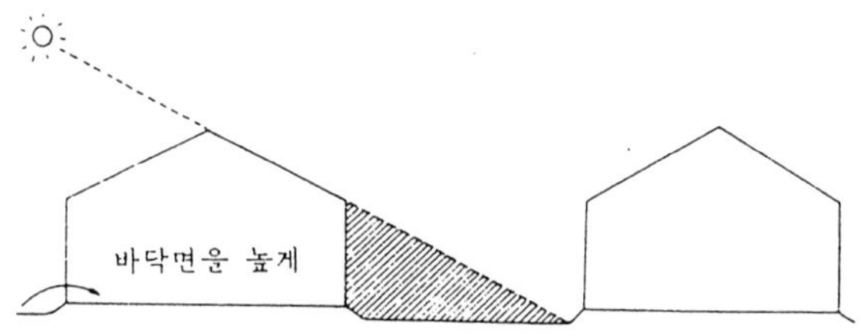

그림5-2 일조를 고려한 시설의 배치

(2) 종 류

① 작물의 종류, 재배목적 및 위치에 따라 다음과 같이 구분한다.

양지붕식 온실 : 채광과 통풍이 잘되고, 보온이 어렵다. 양 지붕의 길이가 같다.

반지붕식 온실 : 가정의 간단한 온실이나 북쪽에 벽이나 건물이 있을 때 이것을 이용하여 가설되는데 시설비가 적게 들며 보온이 잘되나 채광과 통풍이 나쁜 편이다.

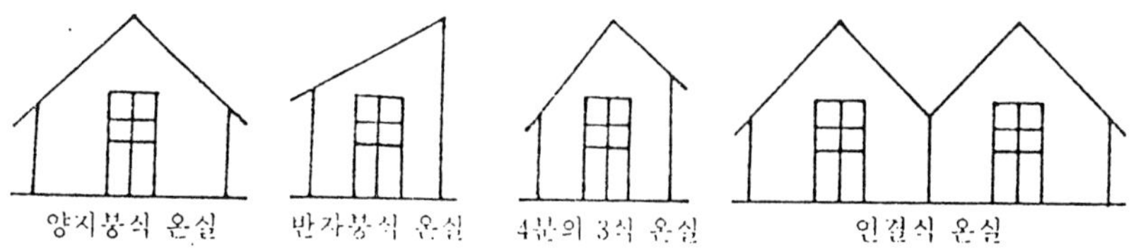

그림5-3 온실의 형태

4분의 3식 온실 : 지붕의 $\frac{3}{4}$이 앞면으로 남쪽을 향하고, $\frac{1}{4}$이 북쪽을 향하게 만든 온실이다.

연결식 온실 : 양지붕식을 여러 채 연결시켜 놓은 온실로 재료비를 절약할 수 있고, 기업적 재배를 하는데 적합하다.

② 플라스틱 온실

플라스틱 재료로 만든 온실은 상업적 온실이나 가정의 작은 온실로 쓰인다. PVC는 유리보다 가볍고 값이 싸다.

③ 폴리에틸렌(polyethlene)

이것은 우리가 흔히 비닐이라고 불리는 것으로 가장 널리 이용되고 값싼 재료이다. 여름에 잘 파괴되며 겨울을 대비하여 가을에 다시 준비하여야 하는데, 두께는 0.04mm~0.06mm가 많이 이용되고 있다.

폴리에털렌은 햇빛의 약 95%를 투과시키며 식물 생장에 필요한 모든 파장의 태양의 빛을 통과시키되 수증기의 통과를 억제하는 대신 O_2와 CO_2를 통과시킨다.

④ 온 상

식물번식에서 온상도 온실처럼 자주 쓰이는데 이른 봄에 양묘를 할 수 있고, 삽목도 할 수 있다. 상토밑에 양열물을 넣거나, 전열선 혹은 파이프를 시설하여 통기나 온수를 공급해서 열원으로 사용한다. 온상도 온실과 같이 통기와 해가림에 의한 일사의 방지에 주의하고 온도와 습도 조절에 힘써야 하며, 온상의 재료는 네 귀에 각목을 세워 틀을 못으로 고정하여 만드는 것이 비교적 경제적이다. 넓이는 1m에 길이는 2m가 적당하다.

선열온상을 만드는 경우 전열선을 고루 펴고 그 위에 10~15cm 두께로 상토를 넣은 다음 파종한다.

⑤ 냉 상

인공적으로 가열할 수 있는 설비를 하지 않을 뿐이지 냉상의 기본구조는 온상과 같다. 냉상의 사용목적은 노지(露地)나 포장에 심기 전에 경화시키기나 거친 환경에 익숙하게 하기 위하여 대기시키는데 있다. 또는 늦봄, 여름, 초가을에는 인공열 없이 종자를 그대로 뿌려 묘를 기르는데 쓸 수 있다.

냉상재배에서 주의할 것은 통기 · 해가림 · 관수 · 동해방지로 이같은 관리를 잘 하는데 승패가 달려 있다. 냉상 안에 식물을 두고 겨울을 지나려면 동해를 입지 않도록 특별히 방비를 해야 한다.

〈표5-1〉 농업용 필름의 종류 및 용도

품 목	용 도	규 격	
		두께(mm)	폭(cm)
삼층필름	하우스 외피, 커텐	0.06~0.1	220~700
슈퍼크린필름	하우스 외피, 내피, 커텐	0.06~0.1	220~700
롱라이프 EVA 필름	하우스 외피, 내피, 커텐	0.06~0.1	220~700
EVA필름	하우스 외피, 내피, 턴넬	0.06~0.1	60~700
특수필름	하우스 외피, 내피, 턴넬	0.06~0.1	60~700
여러해필름	하우스 외피, 축사,	0.12	360~500
방무필름	하우스 외피, 내피, 턴넬	0.06~0.1	60~700
보온필름	하우스 내피, 커텐, 턴넬	0.06~0.1	60~700
PE필름	하우스 외피, 턴넬, 멀칭	0.03~0.1	60~700
일년필름	비가림용 엽채류	0.06~0.1	60~700
썬그린멀칭필름	멀칭	0.03~0.04	40~200
배색멀칭필름	멀칭	0.01~0.02	60~150
흑색멀칭필름	멀칭	0.01~0.02	40~150
차광용필름	국화, 화훼류 차광	0.04~0.1	60~200
투명멀칭필름	멀칭	0.02~0.04	40~200
하우스테이프	하우스 보수용		
LDPE필름	농산물, 공산품, 식품포장	0.02~0.1	25~200
HDPE필름	농산물, 공산품, 식품포장	0.01~0.05	25~130
L-LDPE필름	농산물, 공산품, 식품포장	0.01~0.1	35~200
연포장제	식품포장, 일반공산품포장	0.05~0.15	40~100

(2) 번식상의 배양기

발아나 삽목에 필요한 배양기는 다음과 같은 특성을 갖고 있어야 한다.

첫째, 배양기는 종자나 삽수를 기계적으로 지탱하기 위하여 단단하고 조밀하여야 하며, 건조할 때나 습할 때에 부피의 증감이 없어야 한다.

둘째, 보수력이 강하여 자주 관수하지 않더라도 지장이 없어야 한다.

셋째, 배양기에 공극이 있어 물을 주고 난 뒤에도 공기의 공급이 잘 되어야 한다.

넷째, 잡초의 종자 · 토양선충 · 병균이 없어야 한다.

다섯째, 식물에 알맞는 산도를 가져야 한다.

여섯째, 증기나 토양소독제로 살균한 것이 좋다.

일곱째, 식물이 장시간 자랄 수 있도록 적절한 양분을 갖고 있어야 한다.

① 흙

흙은 고체·액체·기체의 형태로 구성되어 있으며, 식물 생육에서는 이들이 반드시 알맞는 비율로 되어야 한다. 고체부분은 유기물과 무기물로 구성되어 있는데 무기물을 형성하는 부분은 자갈과 점토로 되어 있으며, 토성(土性)은 대소입자의 비율로 되어 있다. 유기물은 식물의 형태·세균 및 토양동물로 형성하고, 분해되면 부식이 남게 되는데 이는 식물의 좋은 영양이 된다.

토양 속의 액체에 각종 무기물이 들어 있고, 산소와 이산화탄소도 용해되어 있다. 토양 내의 기체도 중요한데 배수가 불량해서 물이 고이게 되면 뿌리의 발달에 지장을 준다.

② 모 래

모래는 바위가 깨어져서 된 가는 입자인데 지름이 0.05~2mm로서 시냇가의 깨끗한 모래가 배양재료로 이용되고 있다. 모래는 양분을 함유하지 않고, 완충능을 가지지 못하므로 유기물과 혼합해서 사용해야 한다.

③ 토 탄(peat)

수생식물이나 소택식물이 쌓여서 어느 정도 분해된 것을 토탄 또는 이탄이라 한다. 토탄은 퇴적된 식물의 종류·분해상태·무기물의 함량 및 산모에 따라 그 성질이 달라진다.

토탄은 보수력이 좋고 약 1%의 질소를 포함하고 있으나 인산과 칼륨의 함유량은 매우 적다. 토탄을 다른 배양기 재료와 혼합조제하려면 물을 부어서 부수고 가루로 만들어 사용한다.

④ 물이끼

산성의 습생식물인 물이끼 등이 이끼류이며, 건조시킨 것은 원래 중량의 20배에 달하는 물을 흡수할 수 있는 보수역을 가지고 있다. 이끼를 채집하여 건조시키고 손으로 부벼서 가늘게 해서 번식용으로 사용한다.

⑤ 버미큘라이트(vermiculite)

가열하면 팽창하는 운모질 광물로 마그네슘·알루미늄·철을 포함하는 규산질 비료이다. 대단히 가볍고 반응은 중성이며 물에 녹지 않고 보수력이 매우 높은 성질이 있다.

⑥ 퍼얼라이트(perlite)

화산의 용암지대에서 캐낸 회백색 물질로, 채광한 뒤 분쇄하여 채로 쳐서 고온으로 처리하면 그 안에 들어있는 물이 증발하면서 해면상의 퍼얼라이트가 된다. 거의 중성이며 배양기에 혼합하면 통기성을 좋게 한다.

⑦ 부엽토(humus)

단풍나무 · 참나무류 · 플라타너스 · 느릅나무 등의 나뭇잎을 쌓고 그 위에 질소질비료를 혼합시킨 흙을 한층 덮는다. 이 방법을 여러번 반복하여 쌓아 올린다. 부식시킬 때는 물을 충분히 주고, 썩은 후부터는 빗물에 의해 양분이 유설되지 않도록 주의해야 한다. 대개 1년이나 1년반이 지나면 이용할 수 있는데 잡초의 종자 · 병균 · 해충이 있으므로 사용 전에 가열 · 살균을 하는 것이 좋다.

2 종자번식

약용식물은 보편적으로 종자번식을 이용한다. 예를 들어 인삼 · 서양삼 · 황련 · 당귀 등의 종자는 수송 및 저장이 간편하고 번식률이 높으며, 다른 곳의 우량종을 가져다 심고 길들이면 신품종의 육성이 용이하다. 그러나 종자번식의 후대는 변이가 많고 개화 · 결실이 비교적 느린 단점이 있으며, 특히 목본식물의 종자번식을 하는 데는 시간이 더 많이 소요된다.

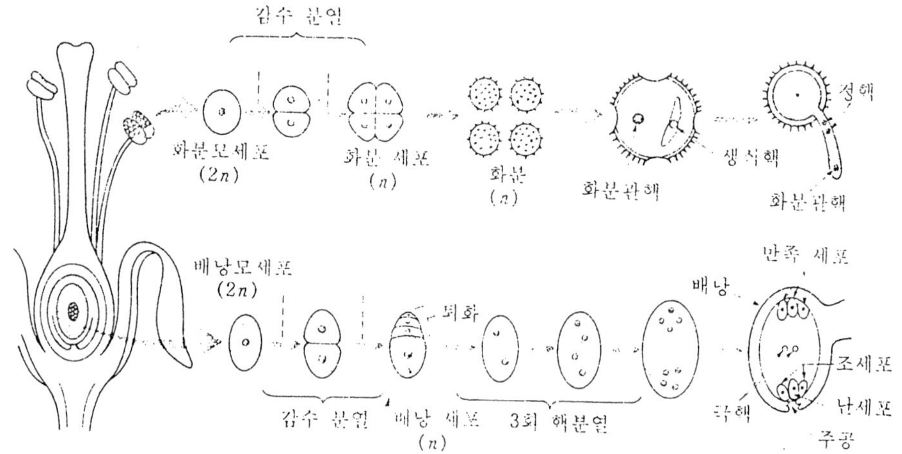

그림5-4 속씨식물의 화분과 배낭형성

1. 종자 특성

1) 종자의 발달과 휴면

배(embryo)는 접합체(zygote, 2n)가 분열 증대한 것으로 수정 후 발육이 급속히 진행된다.

- 배축: 자엽(떡잎)이 분화 생장
  - 상배축 - 유아(plumule)
  - 하배축 - 유근(radicle)

배유(endosperm)는 종자형성 후기에 저장물질이 축적된다.

- 배유종자
- 무배유종자 - 자엽형성

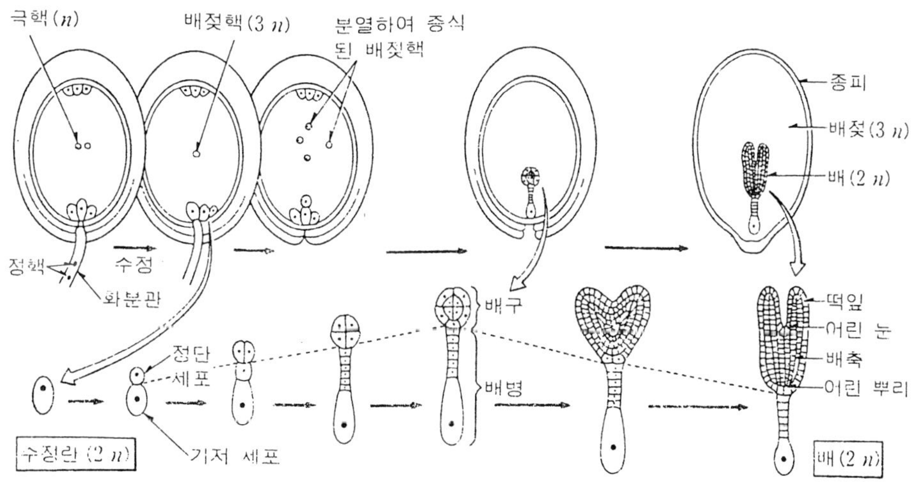

그림5-5 속씨식물의 배의 발생

종자는 일정기간의 휴면을 하지만 생명을 갖고 있는 활동체이다. 종자 휴면은 자발 또는 타발 요인의 제한을 받는다. 일시에 발아할 수 없거나 또는 발아 곤란 현상은 식물이 외계조건에 대하여 장기적으로 적응, 형성된 일종의 특성이다. 종자 수확 후 발아에 적당한 외계 조건하에서 생리적 성숙 단계를 거치지 못해 발아할 수 없는 현상을 자발휴면이라 하며, 또한 종자를 외계조건이 발아할 수 없게 하는 현상을 타발휴면이라 한다.

자발휴면의 원인은 첫째, 배(胚)가 아직 성숙되지 않은 경우, 둘째, 배가 외견상으로 완전하게 발육할지라도 저장된 물질이 배의 성장에 이용할 수 있는 상대로 변하지 못한 경우, 모두 종자 스스로의 후숙작용을 거쳐야만 발아할 수 있다. 이 밖에 또 다른 상황으로 첫째는 과실 · 종피 · 배유 중에 발아억제 물질이 존재하여 발아를 저해하거나 둘째는 종피가 너무 두껍고 단단하거나 밀랍질이 있어 투수 · 투기성이 저해되어 발아에 영향을 주는 경우이다.

휴면은 재배하는데 중요한 의의가 있으나 식물호르몬 또는 물리 · 화학적 방법을 사용해서 발아를 촉진시킬 수 있다. 예를 들어 농도가 100ppm 정도의 지베레린을 사용하여 처리하면 발아력을 높일 수 있다.

2) 종자의 수명(longevity)

종자는 반드시 수명이 있다. 종자의 수명은 종자의 활력을 말하는 것인데 일정한 환경조건하에서 유지할 수 있는 최장연한이다. 약용식물 종자의 수명은 상당한 차이가 있는데 수명이 짧은 것은 단지 몇 일 또는 일 년을 초과하지 못하기도 한다. 예를 들어 산형과 식물인 당귀. 백지. 강활 등의 종자도 대개 보통 저장조건하에서 수명이 일년을 넘지 못한다.

종자의 수명은 우선 충실도의 영향이 있어 개화기 이후의 환경, K와 Ca의 결핍은 수명을 단축시킨다. 둘째 함수량이 적을수록 오래 유지되는데 수분함량 14% 이상이면 저온에서 결빙하여 세포막에 기계적 상처를 줄 수 있다. 또한 저장온도가 낮을수록 연장된다. 따라서 종자의 수명은 저장조건이 적당하면 수명을 연장시킬 수 있다. 가스효과 및 약제의 영향도 있다. 생산을 위해서는 신선한 종자를 이용한다.

2. 종자 발아조건

종자발아는 종자가 지니고 있는 생활력이라는 내재요인 외에 일정한 외부조건을 구비해야 하는데 중요한 것으로는 수분 · 온도 · 산소이다. 따라서 수분을 충분히 흡수해야 화학변화와 생리활동을 진행시킬 수 있다. 약용식물 종자발아 때의 흡수량은 제각기 차이가 있다. 일반적으로 지방류 종자의 흡수량은 적고 단백질 종자는 흡수량이 많으며, 전분질 종자는 흡수량이 중간 정도이다. 예를 들어 콩과 약용식물의 종자는 화본과 약용식물의 종자 보다 흡수량이 큰데 이는 두류 종자의 단백질이 풍부하고 친수성이 큰 때문이다.

파종할 때에 토양은 일정한 습기가 있어야만 종자의 발아를 촉킨시킬 수 있다. 토양의 수분이 부족하거나 과다한 것은 모두 종자의 발아에 영향을 미친다. 또한 발아는 적당한 온도를 필요로 하는데 온도가 지나치게 높거나 낮은 것은 모두 종자의 발아에 이롭지 못하다. 모든 약용식물류는 원산지가 각기 다르기 때문에 발아 때 요구되는 온도범위도 다르다.

열대·아열대를 원산지로 하는 약용식물은 종자발아에 비교적 높은 온도를 필요로 한다. 예를 들어 천심연의 종자발아는 가장 낮은 온도가 10.6℃이고, 가장 적당한 온도는 28~30℃이다. 또한 백화사설초도 발아온도가 높기 때문에 중부지방에서는 6월 초중순에야 발아하므로 다수확을 위해서는 보온시설을 해주는 것이 중요하다.

온대·한온대를 원산으로 하는 약용식물은 종자발아 때 비교적 낮은 온도에도 적응할 수가 있다. 예를 들어 대황종자는 0~1℃에서 곧 발아할 수 있으며 15~20℃면 발아가 가장 빠르지만, 0℃보다 낮거나 35℃를 초과하면 발아는 억제된다. 반드시 약용식물 종자의 발아온도 범위와 산지의 기후조건이 적당한 시기를 택하여 파종해야 한다.

종자발아 때의 호흡작용은 강렬하여 많은 산소를 소모한다. 따라서 토양에 산소가 공급되는 상황은 종자의 발아에 직접적인 영향이 있다. 일반적으로 약용식물의 종자는 O_2농도가 10% 이상될 때 비로소 정상적인 발아를 할 수 있고, 더욱이 지방을 비교적 많이 함유한 종자는 발아할 때 더욱 많은 산소를 필요로 한다.

파종시 지나치게 깊이 심거나 토양수분이 지나치게 많으면 토양이 경화되며, 토양의 공기 유통이 좋지 않거나 공기(산소)가 결핍되면 발아에 영향을 미치므로 주의하여야 한다.

지황, 연초 등의 약용식물은 발아시 짧은 시간의 빛을 필요로 하지만, 대다수의 종자발아는 빛과는 관계가 없다.

3. 종자의 채취와 저장

약용식물은 종류·생태조건·꽃의 착생부위 등이 서로 다르므로 종자의 성숙에는 차이가 많다.

종자의 성숙은 형태상·생리상의 두 가지 성숙을 포함한다. 성숙된 종자는 다음과 같은 몇 가지 특징을 갖고 있다. ① 내부에 저장된 유기물질은 최고조에 달하고, ② 영양분의 이동이 정지되고, ③ 수분함량이 줄어들고 경도는 증가하며 환경에 대하여 저항능력이 증강된다. ④ 종피는 빛깔을 띠고 광택이 있으며, ⑤ 발아능력을 갖추고 있다.

또한 종자의 성숙기간을 주의 관찰하여 성숙하자마자 곧 채취해야 되고 아울러 적당한 처리를 해서 파종, 또는 저장을 하여야 한다. 종자의 생활력 상황을 보면 어떤 종자를 막론하고 모두 적당한 시기에 파종하는 것이 마땅하며, 기후 · 지역 · 운송 · 인력 및 작부체계 등의 조건에 따라 각각의 저장 방법이 요구된다.

저장의 목적은 종자의 생명을 연장시키며 종자로 하여금 발아하지 못하게 하여 발아력을 유지할 수 있게 하는 것이다. 종자의 저장에 영향을 주는 주요 요소들로는 종자의 함수량 · 온도 및 산소가 있으므로 반드시 종자의 특성에 따라 적당한 저장방법을 선택해야 한다.

저장의 방법에는 건조저장과 습윤저장의 두 가지 방법이 있다. 대부분의 약용식물의 종자, 예를 들어 지모 · 결명 · 천심연 · 길경 등은 먼저 그늘에 말리거나 또는 햇빛에 말려서 종자를 발라내어 깨끗하게 한다. 그리고 자루 속에 넣어 통풍이 잘 되는 곳에 걸어두거나, 또는 단지 · 항아리 · 병 속에 넣어 입구를 막고 저온에서 건조시켜 실내에 저장한다. 건조 후의 종자는 반드시 저온 단계를 거쳐야만 비로소 휴면을 통과할 수 있다.

인삼 · 서양삼 · 황련 등의 종자는 습윤한 모래와 1:3으로 섞어서 나무상자 안에 넣고 저온의 음지에 저장하거나, 또는 노천에 땅을 파서 층층이 쌓아 노천매장을 하여 저장한다. 수명이 아주 짧은 육두구, 고가 등은 저장하기에 부적당하므로 채취하면서 즉시 파종해야 한다.

4. 종자의 품질 검사

우량종자를 선발하는 것은 약용식물을 재배함에 있어 중요한 작업이다. 우량종자란 약용식물의 우량종생(비교적 높은 유효성분 함량, 높은 생산량, 병해에 대한 저항성 등), 우량한 파종 품질(종자의 순도, 과입포만도, 천립중, 발아율, 발아세 및 병충해 등)을 마땅히 구비해야 한다.

종자의 질을 감별하기 위하여 감정을 실시하는데 아래 방법으로 한다.

(1) 관능감정법

사람의 감각기관을 이용하는 것으로 종자품질의 우열을 사람의 직관으로 판단하는 것이다. 예를 들면 육안으로 관찰하고, 이로 씹어 보고, 손으로 만져 보고, 코로 냄새 맡고, 입으로 맛보는 것 등인데 장기간의 경험이 축적후에 이용하는 방법이다. 이로 종자를 씹을 때의 누르는 힘의 대소, 이로 부술 때의 소리, 손으로 종자를 펼칠 때의 매끄러운 정도 등으로 종자의 수분상태를 판단해 낼 수 있다.

종자의 청결도 및 병충해의 흔적 등은 육안으로 곧 분별할 수 있다.

(2) 종자 순도 측정

전체 종자를 정립, 이종종자, 이물의 세 부분으로 구분하고 각 부분의 배율은 무게로 정한다. 가능한 종자의 종과 각 이물을 제거한 후 남은 깨끗한 종자가 차지하는 견본품의 총중량을 검사하는 상대 백분률을 순도라 한다.

(3) 천립중의 측정

제시된 견본품을 충분히 균등하게 혼합하여 무작위로 1000입을 취해 천립중을 만든다. 몇 개의 초본생 약용식물의 천립중은 다음과 같다.

종자의 천립중을 근거로 500g 정도의 종자의 입수를 구해낼 수 있다. 예를 들어 인삼 종자의 천립중이 23g이면 1근 종자의 입수는, 식물 종자의 천립중과 단위면적이 요구하는 주수를 근거로 파종량을 구할 수 있다. 인삼의 파종은 그루의 거리

〈표5-2〉 약용식물의 천립중

식 물 명	천립중(g)	식물명	천립중(g)
인 삼	23.00	백 지	3.18
황 연	1.00	자 소	2.08
지 모	8.09	조 연 초	0.39
황 금	1.37	우 슬	2,49
자화만사라	6.89	지 유	3.48
길 경	0.97	선 학 초	11.91
결 명	28.23	대 청 협	8.04
곽 향	0.42	천 심 연	1.28
양 금 화	10.36	세 신	4.89
망 강 남	19.98	자 원	2.20
황 백	16.76	토 목 향	1.07

가 5×5cm가 되고, lm²는 곧 400개의 구멍이 있으며 각 구멍마다 두 입자씩은 곧 1m²당 800입이 된다.

(4) 종자 발아시험

종자발아율의 고저는 파종량과 관계가 있다. 종자는 파종 전에 미리 발아시험을 해야 되는데 더구나 외지로부터 도입된 종자에 대하여는 반드시 실시해야 한다.

〈시험방법〉

사용하는 용기 안에 소독한 굵은 모래를 한 층 깔고 그 위에 여과지나 가제를 깐다. 시험종자를 4개조로 나누어 각 조마다 50~100입씩 일정한 거리로 종자를 놓는다. 종자 본래의 크기보다 작은 것은 병을 지닌 것일 수가 있으며 이는 곰팡이에 감염되어 있는 것일 수도 있다. 이같은 용기는 발아 상자나 온도가 적당한 곳에 놓는다. 이 상자에 종자의 명칭, 실시한 날짜, 종자입수를 기재한 후 정기적으로 관찰하여 발아의 상황도 기재한다. 종자의 발아율은 파종된 총 종자 개체수에 대한 발아종자 개체수의 비율(%)이다. 발아세는 일정한 시일내의 발아율을 말한다.

종자발아율 및 발아세의 계산은 먼저 발아시험한 4개조의 평균치를 산출한다. 예를 들어 백지종자의 발아율 및 발아세의 측정을 4개조로 나누어 시험하며 각 조의 종자는 200립씩이다. <표5-3>에 의하면 제1차 통계 발아종자수는 360립이 되고 총계 발아종자수는 380립이 된다.

〈표5-3〉 발아종자수

	제1차 발아종자수	제2차 발아종자수	총 계
1조	90	6	96
2조	88	6	94
3조	90	4	94
4조	92	4	96
총 계	360	20	380

5. 종자처리

파종전에 종자처리를 하는데 종자에 전염된 병충해를 방지하고, 종자휴면을 타파하여 발아율과 발아세를 높일 수 있기 때문이다.

(1) 일광건조

일광건조를 하면 종자의 성숙을 촉진시킬 수 있고 종자효소의 활성을 증진시킬 수 있으며, 함수량을 내릴 수 있고 발아율과 발아세를 높일 수 있다. 동시에 종자에 전염된 병충해를 줄일 수도 있다.

일광건조를 할 때는 맑은 날을 선택해야 되는데 종자를 자리 위에 나란히 늘어놓아 얇은 층을 이루도록 놓는다. 시간의 장단은 종자 본래의 특성과 온도의 높고 낮음을 근거로 규정하는데 열을 균일하게 받도록 위치와 모양을 바꾸도록 해야 한다.

(2) 열탕침종

종피가 부드러워지고 투수성을 증가시켜 종자발아를 촉진시킨다. 또한 종자 표면에 전염된 병균을 죽일 수 있고 전염도 방지할 수 있다. 침종시간과 수온은 식물에 따라 차이가 있는데, 예를 들면 전가종자는 50℃ 수온에서 12시간 정도 처리해야 발아율을 높일 수 있다.

(3) 종피기계손상

껍질이 두껍고 단단하여 물이나 공기가 투과되지 못하는 종피에는 상처를 내어 발아를 촉진시킬 수 있다. 감초와 두충이 이에 적용되는데 예를 들면 황계, 천심연 등의 껍질에는 밀랍의 물질이 있으므로 모래와 섞어서 마찰시켜 손상을 입게 하고, 35~40℃의 온수에 24시간 종자를 침종하면 발아율이 향상된다.

(4) 층적처리

인삼종자는 7월 하순 채취 후 종자를 모래와 혼합하여 수분을 용수량의 40%로 해서 자연온도 20℃로 하면 배(胚)가 생장하는데, 11월에 파종하면 겨울철의 저온기를 경과하여 다음해 봄에 발아한다. 서양삼 · 황백 · 황연 · 작약 · 모단 등이 이용된다.

(5) 약제처리

화학약품을 사용하여 종자를 처리하려면 반드시 종자의 특성을 고려해야 하며 적당한 약제 · 농도 · 시간을 파악하여야 한다. 예를 들어 자각, 진가는 농황산에 1분간 담갔다가 다시 맑은 물로 깨끗이 씻은 후 파종하면 발아율을 높일 수 있다. 당삼종자는 0 · 1%의 소다와 1%의 브롬화칼륨 용액에 약 30분간 침지한 후 파종하면 10~20일 일찍 발아를 하며, 발아율도 10% 정도 높일 수 있다.

(6) 생장조절제 처리

지베렐린 · 사이토카이닌 · 에틸렌 등이 있다. 가장 많이 이용하는 것이 지베렐린인데 우슬, 백지, 길경 등의 종사에 GA_3 10~20ppm을 처리하면 1~2일 빨리 발아한다. 번홍화의 종자나 줄기를 GA_3 25ppm에 30분간 처리하면 둥근 줄기의 생산량이 3.72%나 증가된다. 금연화 종자를 GA_3 500ppm의 용액에 12시간 침지하면 휴면을 타파할 수 있으며, 빨리 발아하고 발아율을 향상시킬 수 있다.

6. 종자선택상의 주의

약용작물 재배에 있어서 그 성패는 종자의 선택에 있다고 하여도 과언은 아닐 것이다. 지금까지 우리 나라에서는 우량한 약용작물의 종자생산이 극히 적었으며 품종개량 사업이 등한시되어 왔을 뿐만 아니라, 불충실하고 열악한 종자가 많이 유통되고 있다.

따라서 다소간 수익성이 높은 종류의 종자라면 비양심적인 종묘상들이 농민들에게 과장된 선전과 비싼 가격으로 판매하는 경우가 많았으며, 심지어는 발아불능의 묵은 종자를 섞어 파는 경우가 허다하여 재배농가에 많은 손해를 입게 한 사례가 많았다.

그러므로 종자를 구입하고자 할 때에는 사전에 지도기관이나 전문가에게 문의하여 알선을 받아 신용있는 곳에서 구입해야 할 것이다. 종자 구입시 상식적으로 알아두어야 할 요건을 보면 다음과 같다.

① 종자는 내병성, 다수성, 저장성, 향미성 등의 특수조건을 구비할 것.

② 유전적으로 품종고유의 특성을 가진 것.

③ 잡초종자, 기형종자, 모래 등 협잡물이 혼입되지 않은 청결한 종자일 것.

④ 발아력이 좋고 모양과 크기가 고르고 무게가 있는 것.

⑤ 채종 후 여러 해가 경과되지 않은 것.

이상의 요건을 인식할 것이며, 특히 종류에 따라서는 채종할 모주(母株)의 선택과 채종할 적당한 시기가 필요하다. 예컨대 인삼은 보통 4년근에서 채종한 것이 좋고, 당귀, 백지, 강활 등은 2년생 모주에서도 채종하지만 건실하지 못하고 내용물이 충만하지 못하여 대개 3년생에서 채종하는데, 3연생 모주에서 채종한 종자가 비교적 충실하고 발아력도 좋다.

7. 종자의 예조

종자를 파종하기 전에 미리 인위적인 조치를 취하여 발아 또는 발근을 촉진시키는 조치를 예조라 한다.

1) 가을파종 및 매종

당귀, 백지, 강활 등은 가을과 봄에 파종하는데 춘파하는 것보다 추파하는 것이 발아, 생육에 좋다. 추파한 것이 발아가 잘 됨은 겨울동안 충분한 수분을 흡수, 종피의 연화, 미숙배의 성숙, 변온 등의 영향으로 생각된다. 자연상태에서는 파종된 종자가 일정한 온도로 유지되는 것이 아니고 주로 주야에 의한 변온 하에 있게 되는데 변온이 발아에 어떠한 영향을 주는가에 관해서는 많이 연구되어 왔다.

추파한 것은 월동 후 종자가 발아하는데 여러 가지 기상요소가 관계되어 봄에 이르게 되면 발아가 빨라지기 때문에 그만큼 생육기간이 길어서 충분한 발육을 도모할 수 있다. 만약 춘파를 하게 되면 상기한 발아조건이 작용될 때까지는 상당한 기간이 걸리게 되므로 자연히 발아가 늦어져 결국 생육기간이 짧아지고 소기의 성과를 거둘 수 없으므로 춘파하는 것보다 추파하는 것이 유리할 것이다. 만약 추파적기를 형편에 의하여 실기(失期)하여 당귀, 강활 등을 춘파하고자 할 때는 구입한 종자를 그대로 방치해 둘 것이 아니라 추파한 종자의 조건과 비슷하게 처리하는데, 이것은 월동하면서 종자를 주머니 자루에 넣어 하수구옆이나 땅속에 묻어두고 눈, 비를 맞힐 것이며, 너무 건조하게 되면 때때로 관수하여 미리 예조해 두면 발아촉진을 도모하여 추파한 것과 별로 차이가 없을 것이다.

2) 찰 상

작약, 모단, 산수유 등의 경실종자를 발아시키는 데에 쓰이는 방법으로서 종자의 각질이 단단한 그대로는 수분침투가 불가능하여 발아가 거의 안되거나 장시간이 걸리므로 이런 때에는 굵은 모래와 혼합해서 찧거나 농황산을 처리하면 껍질이 얇아져서 수분을 흡수하게 되므로 발아가 촉진된다.

3) 병충해에 대한 예조

작약, 모단, 천궁 등 분근시에 그 자른 곳이 썩는 것을 예방하기 위하여 재, 세레산 석회, 유황분말 등을 발라서 심는 것이 좋다. 또한 작약, 인삼, 천궁 등의 근류선충 피해를 예방하기 위하여 토양 살충제인 카보입제 3%, 텔론(디디크린 훈증제) 등을 살포한 후 심는 것이 좋다.

4) 용액 침적

경실종자를 산 또는 알카리 용액에 침지하는 방법으로 종자를 농황산에 일정시간 침지 교반하여 종피표면을 침식시킨 다음 물에 씻어 파종한다. 처리시간은 약초의 종류에 따라 다르나 I5분~5시간 정도이다.

8. 파 종

1) 종자소독

약용작물 종자는 대부분 소독이 되어 있지 않으므로 소독하여 파종하는 것이 좋다. 베노람수화제(벤레이트-T)나 지오람수화제 등에 1시간 정도 담갔다가 꺼내어 그늘에서 말린 후에 그날 파종한다.

종자소독 또는 토양소독이 안된 산성 토양에서 파종상의 지온이 15~20℃이며 수분이 너무 많을 때 모잘록병(밑둥썩음병)이 잘 생기므로 주의하여야 한다. 발병시에는 피해주를 뽑아내고, 그 자리에 에디졸유제 2000배액을 1m²당 2~3 l 관주한 후 모판 내 상토를 다소 건조하게 관리한다.

2) 파종양식

(1) 산파(散播)

포장의 전면에 뿌리게 되므로 노력은 적게 들지만 파종량이 많이 들고 파종 후에 비배관리가 곤란하다. 따라서 생육이 고르지 않고 품질과 수량에도 좋지 않다. 고가의 종자를 파종시에는 종자대의 비중을 고려해서 이 방법을 취하지 말아야 한다.

(2) 조파(條播)

일정한 간격으로 골을 타고 뿌리기 때문에 파종량이 비교적 적게 들고 파종 후에 비배관리(肥培管理)가 편리하며 약초의 생육이 고르고 강건하게 발육되므로 가장 많이 쓰이는 방법이다.

(3) 점파(點播)

밤, 호도, 은행, 인삼 등과 같이 대입종자나 특별히 육묘에 철저를 기할 종자는 이 방법을 적용한다. 점파는 노력은 많이 드나 파종량이 가장 적게 들고 비배관리가 편리하고 생육상황이 고르고 좋은 것이 보통이다.

3) 파종량

약용식물의 재배법에 관한 각종 책자 내용을 보면 초심자들은 파종량의 차이점을 보고 의아심을 가질 것이다.

그러나 현실적으로는 발아율을 보장할 수 없고 신뢰할 만한 정선된 종자가 없기 때문에 사람에 따라 확연하지 못하여 임의로 표준 파종량보다 많이 쓸 수도 있다. 또한 대개의 종자를 직파하거나 묘상(苗床)에서 육묘이식을 하는데 그 면적의 광협(廣狹)과 파종방식에 따라서 파종후 생육하는데 영향을 미치는 것이다.

파종량이 많아서 밀파를 하게 되면 광, 통풍이 불량하여 생육이 부진하고 성숙이 고르지 못하여 심하면 결실(結實)하지 않거나 품질도 열악해진다. 반면에 파종량이 너무 적으면 토양, 비료 등을 충분히 이용할 수 없을 뿐더러 잡초의 발생이 많고 수량도 적어진다. 그리고 파종량은 다음의 사정에 따라서 일정하지 않다. 즉 추운 지방에서는 따뜻한 지방보다 많이 뿌리기 되고 비옥한 토양에는 척박한 토양보다 적게 뿌리며, 묵은 종자는 새 종자보다 많이 뿌리고 파종기가 늦어지면 적기보다 많이 뿌릴 것이며, 채종을 위한 재배는 보통재배보다 적게 뿌린다.

4) 파종기

종자를 파종하여 유묘(幼苗)를 육성하는 것은 약초재배에 있어서 매우 중요한데 파종할 종자의 대상은 거의 1~2연생 약초이지만 다년생 숙근초, 목본류 및 때로는 구근류 등도 파종할 수 있다.

파종하는 적기는 춘파와 추파로 크게 나눌 수 있다. 파종시의 기온과 습도가 종자발아에 적당하고 또 그 후의 생육기에도 적당한 기온, 습도, 일광 등을 받아서 성숙이 완전하게 될 수 있는 시기라야 한다.

(1) 춘 파(春播)

봄철의 파종은 되도록 일찍 실시하는 것이 생육기간을 연장하여 주는 결과가 되어서 좋으나 발아 후에 지나친 온도의 변화가 발생하거나 늦서리가 내리게 되면 오히려 피해를 받기 쉽다. 따라서 춘파의 적합한 시기는 대체로 그 지방의 마지막 서리가 내리는 1주일 전을 택하는 것이 좋다. 우리 나라의 마지막 서리는 남부지방이 3월 하순, 중부지방이 4월 상순, 북부지방이 4월 하순부터 5월 상순경이 된다.

(2) 추 파(秋播)

가을에 파종하면 발아조건이 자연상태와 흡사하게 되므로 대체로 발아기간이 단축되어 일제히 싹이 터서 묘의 형태가 균일하게 되고 춘파에 비하여 발아 완료기간이 2~3주일 빠르며 유묘의 생장량이 20~30%, 중량이 30~50% 증가하는 것으로 알려져 있다.

우리 나라의 기후조건에서 같은 종류의 약초일지라도 추파를 할 경우에는 중부지방을 기준으로 남부지방은 약 2주일내의 늦게 파종하고, 북부지방은 약 2주일 빨리 파종하면 될 것이다. 그러나 추파는 기상조건에 지배되는 바가 많고 또한 작은 동물(쥐, 조류)의 피해가 적지 않다. 추파에 대한 장단점을 보면 다음과 같다.

① 장 점

- ㅇ당귀, 강활, 토천궁 등과 같이 내한성이 비교적 강한 약초에 적합하며 눈이 봄 늦게까지 녹지 않는 지역에 유리하다.
- ㅇ종자의 저장처리가 필요 없고 노동력을 분배시킬 수 있다.
- ㅇ우량한 유묘의 생산이 가능하다.

ㅇ경실종자나 각두과의 종자는 추파하면 월동중 수분이 침투하고 종피의 연화로 발아력이 춘파에 비해 월등히 좋다.

② 단 점

ㅇ발아 시까지 종자의 매장기간이 길어 상주(서릿발)로 인한 종자노출로 조류, 쥐 등의 피해 가능성이 높다.

ㅇ이른봄 발아하게 되므로 유아가 늦서리 피해를 받을 우려가 있다.

ㅇ눈이 녹을 시기에 과습으로 뿌리 부패의 염려가 있다.

5) 복토(覆土)

일반적으로 복토는 파종한 종자 직경의 2~3배의 흙을 덮어 준다. 그러나 디기탈리스(digitalis), 형개, 백지 등은 거의 흙을 덮지 않아도 발아가 잘 된다. 굵은 종자는 적은 종자보다 깊이 복토하고 점토에서는 사질토양보다 얕게 복토하며 건조할 때는 습할 때보다 깊게 복토한다. 복토의 두께가 얇으면 유근의 발육이 불량하고 반대로 깊으면 저장양분이 유아가 지상으로 생장하기 전에 거의 소모되어 생육이 늦어진다.

9. 육 묘

대부분의 약용식물은 직파방법을 이용하는데 성상기간이 짧은 곳에서는 묘상에서 육묘하고, 2년 후 정식한다.

예를 들어 아심연, 현가 등은 육묘를 하는데 묘상은 냉상 · 온상 · 온실로 나눈다.

1) 냉 상

햇빛이 들고, 배수가 잘되는 곳에 방풍시설을 설치하여 차가운 바람을 막는다. 상면 위에 덮개를 만들어 상내온도를 보호한다. 일반적으로 길이 5~10㎝, 폭 1.5~1.6rn, 상면의 남쪽면 높이는 20~25cm, 북쪽면 높이는 40~50㎝로 한다. 태양열을 이용하는 것이 중요하다.

2) 온 상

온상의 종류는 다양한데 유기물을 이용하여 발효시 생산되는 에너지를 열원으로 이용하는 것이다.

① 축 상(築床)

일반적으로 동서로 향하는 것이 좋다. 상의 깊이는 육묘시 기후조건·식물종류로 정해지는데, 대개 깊이 50cm, 폭1.5m, 길이 4~5m가 좋다.

② 산열재료

저렴하고 쉽게 얻을 수 있는 유기물을 사용하는데 미생물의 유기물 분해에 의하여 열에너지를 발생한다. 양열재료는 주성분에 따라 탄소의 급원이 되는 주재료와 질소의 급원이 되는 보조재료로 나눈다.

주재료는 볏짚·보리짚·건초 등과 축사의 구비 등이 좋으며, 보조재료는 등겨·깻묵가루·계분·요소·유안·뒷거름 등이 이용된다. 열원재료의 두께는 30cm이상은 되어야 하며 4~5일은 경과해야 발열이 시작되고, 30℃ 이상이 되면 상토를 넣는다. 상토의 두께는 6~8㎝ 정도로 하고 1~2일 동안 일정한 상온이 계속되면 파종하게 된다.

3) 상 토

상토는 배양토라고도 하며 비옥하고 배수와 통기가 좋으며, 보비·보수력이 강하고 잡초의 종자 및 병충 등이 없어야 한다. 밭흙, 부엽토는 반드시 체로 쳐서 사용하는데 밭흙·부엽토·모래의 비율을 2 : 2 : 1로 배합한다. 사용하기 전에 배양토를 소독하는 것이 좋다.

4) 묘상파종

전가 동 소립종자는 파종 전에 물을 뿌려 물이 스며드는 것을 기다린 후 파종한다. 조파·산파를 할 수가 있고 대립종자는 점파할 수 있는데 파종 후 세토를 덮는다. 묘상의 관리는 파종상·이식상의 둘로 나누는데 파종상 관리때 유의할 점은 다음과 같다.

① 일정한 온도를 유지하도록 하여, 발아종자의 수요를 증가시킨다.

② 습도를 적당히 조절한다.

③ 낮에 투광·통풍이 좋도록 해야 한다.

이식할 때 유근에 상처를 주지 말아야 하며 흙과 같이 이식하는 것이 좋다. 이식 후 관수와 차광을 진행시킨다.

5) 온실육묘

온실은 태양빛을 받게 하고 유리를 통하여 햇빛을 투과시킬 수 있다. 유형은 외쪽지붕형 · $\frac{3}{4}$식 지붕형 · 양쪽지붕형 · 반원형 · 양쪽지붕식 연동형 등이 있다. 관리방법은 묘상파종법과 같다.

3 영양번식

1. 영양번식의 의의

식물의 생식기관에 의하지 않고 식물체의 영양기관을 이용하는 것을 말한다. 뿌리 · 줄기 · 가지 · 잎 등을 이용하여 번식을 시켜나가는 것으로 지황 · 산약 · 갈근 · 작약 · 사군자 · 패모 등에 이용한다. 이 방법을 이용하면 일찍 개화하고 모체의 우성을 잘 보존하며, 생산에 중요한 의의가 있다. 그러나 번식률이 낮아 장기적으로 무성번식을 하면 퇴화현상을 나타내기 쉽다. 번식재료의 운반 · 저장에도 종자번식 보다는 불편한 점이 있다.

2. 영양번식의 유형

1) 분 주

모주에서 발생하는 인경 · 구경 · 괴근 · 흡지를 뿌리가 달린 채로 분리하여 번식시키는 것을 분주라고 한다. 이른봄 싹이 트기 전에 실시하는 것이 좋다. 작약 · 신이 등에서 이용한다.

2) 취 목

지조(枝條)를 모체에서 분리시키지 않은 채로 흙에 묻거나, 그밖에 적당한 조건(암흑 · 수습 · 공기 등)을 주어서 발근시킨 다음에 절리(切離)해서 독립적으로 번식

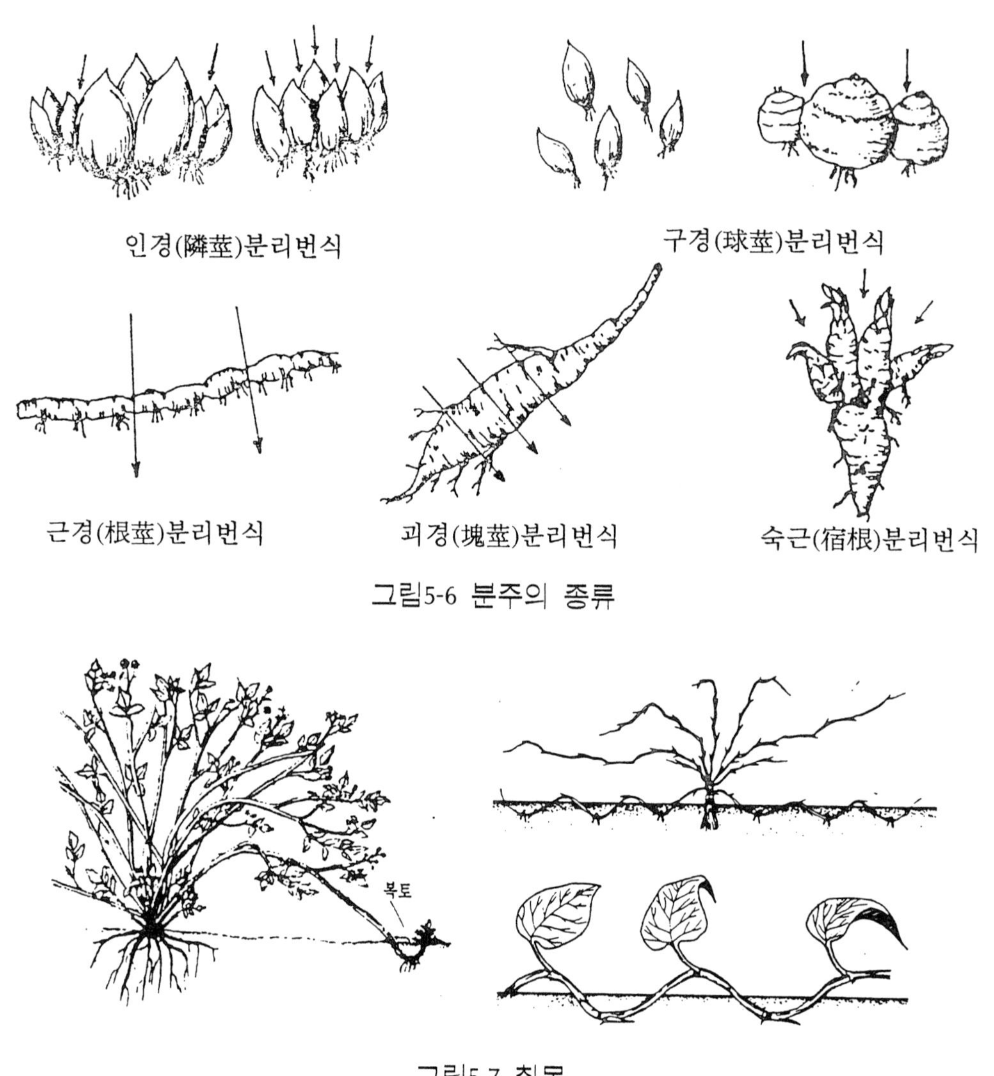

그림5-6 분주의 종류

그림5-7 취목

시키는 방법을 취목 또는 압조라고 한다. 상록식물은 양기에 하는 것이 좋은데 나무껍질이 파손되지 않도록 해야 하며, 수액이 흘러나오는 것을 피하여 식물이 성장하는데 장애가 없도록 주의해야 한다.

3) 삽 목

모체에서 분리한 영양체의 일부를 알맞은 곳에 심어서 발근시켜 독립개체로 번식시키는 것을 삽목(揷木)이라 한다. 어떤 부분을 삽목하느냐에 따라 엽삽 · 근삽 · 지삽 등으로 구분한다. 다년생의 초본녹지를 삽목하는 것을 녹지삽(숙지삽)이라 한다. 일반적으로 상록식물의 발근은 낙엽식물보다 비교적 높은 온도를 요구하므로 6~7월의 우기에 실시하는 것이 좋다.

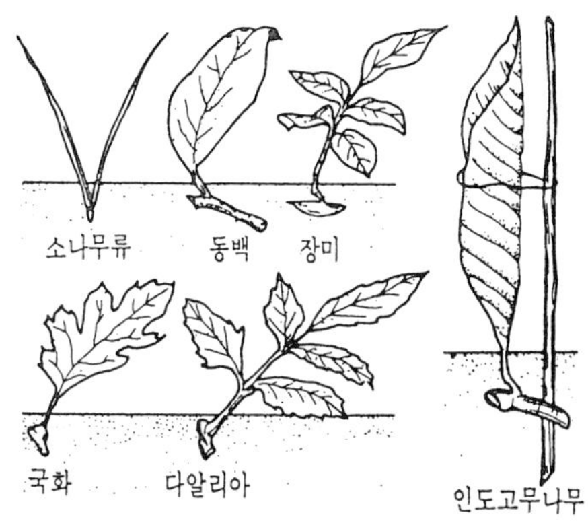

그림5-8 삽목(엽아상)

4) 접 목

두 가지 식물의 영양체를 형성층이 서로 밀착하도록 접하여 서로 응착하여 생리작용이 원활하게 교류되어 독립개체를 형성하도록 하는 것을 접목이라 하는데 정부가 되는 쪽을 대목이라 한다.

접목친화성이란 대목과 접수를 절개 후 접착시켜 생육시킬 때 양 식물 모두 생육이 양호하고 수확때까지 접수의 특성을 발휘할 때 친화성이 있다고 한다. 일반적으로 종간접목은 활착이 쉽고, 속간은 비교적 곤란하며 과간은 대단히 곤란하다.

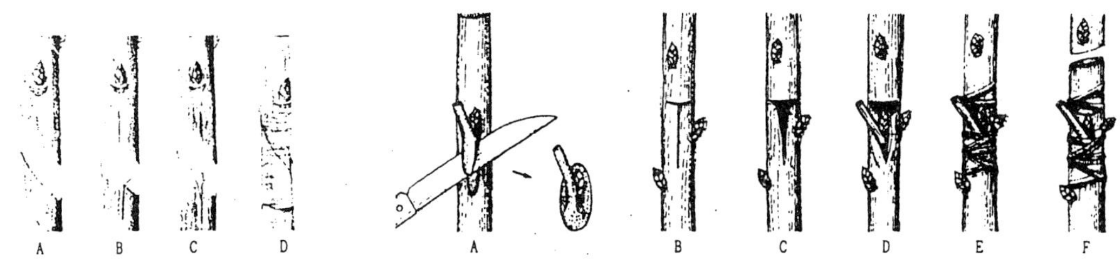

그림5-9 접목의 종류

접목의 방법으로는 접수에 따라 아접(芽接)·지접(枝接)으로 구분하는데 지접은 방법에 따라 피하접·복접·합접·설접·절접으로 구분한다.

5) 조직배양

식물의 일부조직을 무균적으로 배양하여 조직자체의 증식·생장, 그리고 나아가서 각종 조직 및 기관의 분화·발달에 의해서 완전한 개체를 육성하는 방법을 조직배양이라 한다. 현재는 두 가지 조직배양법 즉, 생장점배양과 캘루스배양을 이용하고 있다.

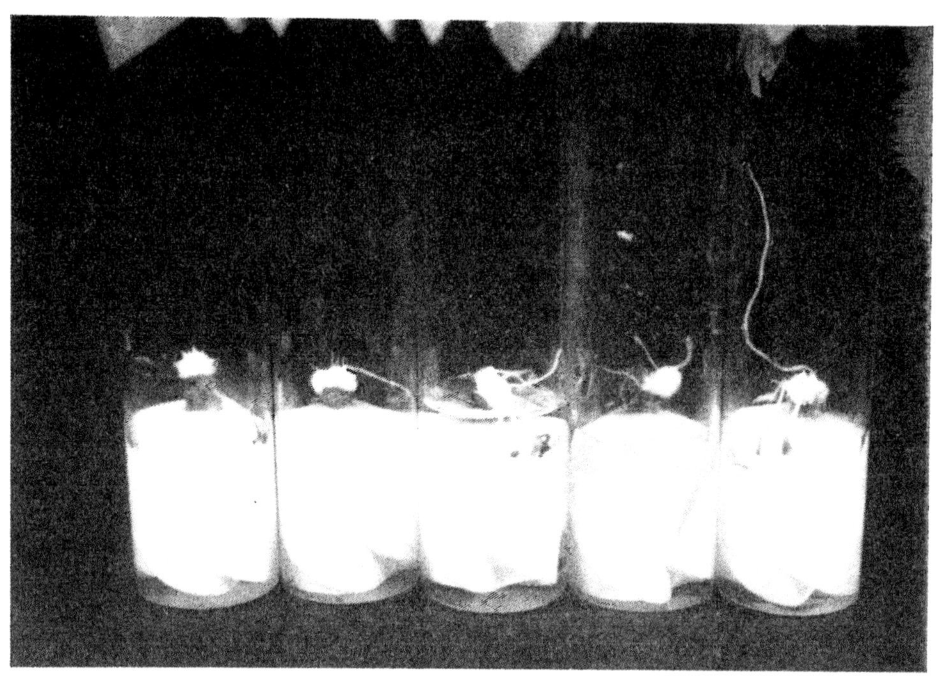

그림5-10 약용작물의 조직배양

① 생장점배양

새로 생겨 자라는 생장점의 분열조직을 잘라 무기염류와 유기물 등의 영양분이 함유되어 있는 각종 인공배지에 접종하여 몇 개월 동안 인공광선하에서 배양한다. 무병주 생산이나 빠른 시간에 많은 개체를 생산할 때 이용되고 있다.

② 캘루스배양

식물의 잎이나 줄기의 상조직부분을 잘라내어 인공배지에서 분화하지 않은 덩어리조직인 캘루스(callus)를 형성하게 하고 잎 · 줄기 · 뿌리가 있는 분화된 개체로 생육시키는 것이다.

③ 조직배양묘의 관리

온실이나 비닐하우스의 자연광선과 배양토가 준비된 외계환경에 방치하여 경화시킨 후 정식한다. 이 때 많은 노력과 식물마다 독특한 방법이 필요하다.

4 추대 및 개화생리

1. 추대생리

추대란 꽃을 맺기 위하여 꽃대가 올라오는 현상이며 개화는 형성된 꽃대 위의 화서에 형성된 소화가 꽃을 피우는 현상이다. 추대 및 개화가 약용작물 재배에서 문제가 되는 것은 주로 뿌리 또는 지하경을 이용하는 작물이다. 추대 또는 개화시 뿌리에 저장된 양분이 꽃대 또는 종자로 이동함으로써 뿌리의 주요 약용성분이 감소하거나 뿌리를 목질화시키기 때문이다. 추대 또는 개화된 근경류의 약용작물은 생약재로 이용될 수 없거나 상품성을 저하시켜 실제 농가소득을 감소시킨다. 특히 산형과의 당귀, 강활, 백지, 천궁 등을 재배할 때 추대 및 개화의 방지 또는

그림5-11 당귀의 추대

경감을 위한 재배기술이 필요하다.

2. 추대유형과 추대기작

자동유기(autonomous induction)는 일정한 크기, 즉 개화가 이루어질 정도의 유년기만 경과하면 외부 환경요인에 관계없이 추대되는 현상이라 할 수 있다. 최소한 몇 매의 잎이 전개되어야만 영양생장에서 생식생장으로 전환되는가를 나타내는 '최소엽수의 개념'과 유사한 것으로 볼 수 있다.

그러나 외부환경조건에 따른 추대(ripeness to flower)는 추대가 될 수 있는 일정한 크기에 도달하였더라도 외부 환경조건이 추대에 부적절하면 추대가 되지 않는 유형으로서 주로 온도와 일장 또는 광질과 광도가 단순 또는 복합적으로 관여한다.

1) 추대기작

추대는 식물체가 온도와 일장의 변화를 먼저 인지한 후 변환을 거쳐 정아에서 꽃대가 올라오는 일련의 과정으로 진행된다. 온도는 눈(bud)에서 인지하고 꽃대도 눈에서 올라옴으로써 인지부위와 반응부위가 동일하다. 온도는 종자의 흡수과정에서부터 발아 후 영양생장기까지 비교적 장기간에 걸쳐 추대를 야기시키는 것으로 알려져 있다. 반면 일장은 잎에 존재하는 파이토크롬(phytochrome)이 이를 인지하여 추대가 일어나는 정아로 반응을 전달하는 형태로써 일장에 있어서 추대·개화는 인지부위와 반응부위가 다르다고 할 수 있다. 인지부위에서 반응부위로 이들 환경의 변화를 전달하는 물질로써 온도는 오옥신과 같은 호르몬(hormone), 일장은 플로리겐(florigen)으로 추정하고 있으나 아직까지 명확히 밝혀진 것은 아니다.

2) 약용작물의 추대에 관여하는 요인

식물체 자체가 가지고 있는 내적 요인과 외부 환경요인으로 구분되는데, 유전적 소질, 영양상태, 병의 감염 등이 내적요인에 속하며, 온도(저온), 일장(장일 또는 단일, 광질, 광도), 한발 등 환경요인이 외적요인에 속한다.

① 유전적 소질

당귀는 3년째 추대·결실되는 것을 채종하여 재배하면 1년째는 추대가 거의 일어나지 않는데, 이러한 결과는 종자의 유전적 형질이 추대 및 개화에 영향을 미친다고 볼 수 있다.

② 영양상태

종근의 영양상태가 좋고 묘가 큰 것이 추대율이 높다(표5-4). 육묘 이식재배에서는 중·소묘를 이용하여야 하며, 중·소묘의 생산을 위하여는 당귀종자의 파종은 적어도 50g/㎡이상이 바람직하나 적절한 크기의 유묘를 생산하기 위한 파종밀도는 종에 따라 다르다. 한편 당귀는 정식시기가 빠르거나 밑거름 량이 많으면 초기 영양생장이 왕성하여 추대율이 증가됨으로 뿌리의 비대가 왕성한 9월부터 양분을 적절히 공급할 수 있는 추비 중점의 재배가 이루어져야 하며 다른 약용작물도 이러한 범주에서 시비가 이루어져야 할 것이다.

〈표5-4〉 묘의 크기에 따른 강활 및 당귀의 추대율(%)

구 분	묘의 직경(㎝)			비 고
	0.5미만	0.5~0.8	0.9이상	
강 활	30	52	79	'88 강원
당 귀	7.6	29.2	52	'92 작시

③ 온도

당귀와 같이 일반 약용작물도 전개엽수가 많고 온도가 내려가거나 저온에서의 경과일수가 많을수록 추대율은 증가한다. 따라서 상품성있는 생약새를 생산하기 위하여 가온하여 육묘하거나 정식 전년에 육묘를 할 경우 저온에 감응되지 않도록 유묘 또는 종근 관리에 각별한 주의를 기울여야 한다. 그리고 당귀 등과 같이 약용작물의 재배시 유묘 및 종근관리가 부실하였다면 추대율을 줄이기 위해서는 강원도 지역에서 실시하는 것처럼 저온 감응묘의 눈을 오려내고 정식하는 것도 하나의 방법이라 할 수 있다.

대부분의 약용작물은 평지보다는 기후가 서늘한 산간지역에서 많이 재배되고 있다. 특히 산형과 약용작물은 표고가 높은 산간지역은 평지보다 온도가 낮아 재

〈표5-5〉 표고별 당귀 추대율

표 고 (m)	300미만	300~600	600 이상	비 고
추 대 율(%)	13	46	41	'93 강원

배적지라 할 수 있으나 <표5-5>에서 보는 바와 같이 서늘한 기후에 잘 자라는 당귀도 비교적 온도가 낮은 300m 이상보다는 300m미만인 지대에서 추대율이 오히려 낮아 재배기술만 보완한다면 농가 소득작물로써의 가능성은 크다고 할 수 있다.

④ 일장 및 광도

동계 일년생 또는 영년생 약용작물은 월동 중에 부딪히는 저온으로 인한 온도와 일장의 영향을 모두 받으나 하계 일년생 약용작물은 일장의 영향만 주로 받는다고 할 수 있다. 일장에 따른 추대 및 개화습성으로 장일, 단일, 중성식물로 크게 구분되고 있으나 일장에 따른 추대 및 개화 반응은 종마다 다른 것으로 알려져 있다.

3. 인위적인 추대 및 개화 억제

1) 생장억제제 처리

산형과 약용작물의 추대로 인한 경제적 손실이 크기 때문에 생장억제제를 처리하여 유년기(jubenility), 즉 영양생장기간을 연장함으로서 추대를 감소시키고자 하는 시도가 이루어지고 있다. 특히 당귀는 MH 400ppm 처리로 추대를 억제할 수 있는 연구결과가 있는데, 이는 생장억제제를 처리함으로써 당귀의 영양생장을 감소시켜 추대감응기를 지연시킨 결과라 할 수 있다. 이러한 결과를 농가에 적용시키기 위해서는 약제투입, 상품성 등 경제성 분석이 있어야 할 것으로 보인다.

2) 온도 조절

온도조절을 통하여 다년생 약용작물의 추대 및 개화를 조절하는 것은 시설투자비, 관리비 등 경제성이 최우선적으로 고려되어야 하나 앞에서 설명한 것처럼 재배과정을 통하여는 일년생 작물은 만상 이후로 파종기를 조절하는 방법, 영년 또는 일년생 동계 약용작물을 육묘기간중 저온감응이 일어나지 않도록 월동기에 가온하는 방법을 이용할 수 있다. 그러나 이러한 방법으로 약용작물을 재배할 시 당귀와 같은 숙근초는 추대 및 개화 억제로 수량을 높일 수 있다.

3) 일장조절

일장에 따른 작물의 개화반응은 빛이 있는 낮의 길이에 따라 일어나는 것이 아니라 빛이 없는 밤의 길이에 따라 일어난다는 연구결과가 있다. 밤의 길이를 조절하는 암기중단(night-break)이 일장을 단축하거나 연장하여 일장을 조절하는 것보다는 편리함과 경제성 때문에 효과적인 것으로 알려져 있다. 그러나 단일식물은 대개 30분 이하의 암기중단 처리로 추대 및 개화를 조절할 수 있는 반면, 장일식물은 단일식물에 비하여 상대적으로 긴 2시간 이상을 요한다.

Ⅵ. 약·특용식물의 병충해 및 방제법

Ⅵ. 약·특용식물의 병충해 및 방제법

1 병 해

재배·저장과정에서 유해생물의 침투 및 불량한 환경조건으로 말미암아 신진대사에 영향을 받아 생리기능으로부터 조직에 이르기까지 변화와 파괴가 발생하는데 이에 따라 고사·위축·부패·반점·곰팡이 등의 병변현상(病變現象)이 나타난다. 식물의 발병 원인을 병원(病原)이라 하는데 생물요소와 비생물요소인 생리적 장애가 있다.

생물요소에서 진균·세균 등은 식물체에 들어가 병해(病害)를 일으키며 전염성이 있어 기생성병해(寄生性病害)라 한다. 생리적 장애 즉 가뭄·침수·추위·영양 불균형 등은 생리기능에 영향을 끼치거나 손상을 준다. 기생성 병해는 병원균의 작용에 의해서 뿐만 아니라 기주(寄主)의 생리상태 및 외부조건에도 밀접한 관계가 있으며, 이는 병원균·기주식물·환경조건의 상호작용에 의해 결정된다.

1. 약·특용식물 병해의 증상

발병후 약용식물의 외부형태상으로 병의 형태변화가 나타나는데 이를 증상(症狀)이라 한다. 병해의 증상은 병상(病狀)과 병증(病症) 두 가지 부분을 포함한다.

병상은 식물의 감염된 후 발생하는 병의 변화를 가리키고, 병증은 병원물이 식물에서 병변 부위를 발생시켜 형성되는 부분을 가리킨다. 각종 병해는 모두 일정한 병상이 있고 그 유형은 다음과 같다.

1) 병 상(病狀)

변 색(變色)

식물의 지상부분에 전체 또는 부분적으로 녹색이 변하거나 황변·자변 등을 나타낸다. 영양분의 공급이 부족하거나 병원물의 침입으로 발생한다.

반 점(斗點)

잎·줄기·과실·종자 등의 기관에 발생하여 세포를 죽게 한다. 병반은 대부분

갈색인데 원형, 다각형 혹은 불규칙형이고 어떤 것은 교차무늬 · 그물모양의 꽃무늬 등이 있다. 이러한 특징적인 것을 분별하여 흑색 · 갈색 · 회색 · 각반 · 윤문반점으로 부른다.

위 축(萎縮)

생리적 원인 외에 진균, 세균, 녹충에 의하여 야기된다. 전형적인 위축은 식물의 줄기 또는 뿌리부분의 유관속에 병원균의 침입을 받아 균체가 도관수분의 운반을 방해하고 파괴하여 발생되며, 이러한 위축현상은 회복될 수 없다. 홍화 · 지황에서 잘 나타난다.

부 패(腐敗)

세균 · 진균에 의하여 발생되는데 습부 · 건부 · 경부 · 근부 등으로 나눈다. 습부의 병상은 특수한 산미가 있고 건부는 무취미이며, 유묘는 경기부분에 부분적으로 건부되어 입고현상을 나타낸다.

기 형(奇形)

식물이 바이러스 · 녹충 · 진균 · 새균 등의 병원물의 자극으로 인하여 성장이 지나치거나 발육이 억제받는 상태로 기형이 나타난다.

종양 · 천연두는 증생되는 기형이고, 분열감소 등은 억제되는 기형이다. 이밖에 비뚤어져 구부러지거나 주름지고 수축되는 권엽 · 축엽 등의 형상이 나타난다. 디기탈리스는 바이러스에 의해 잎이 수축되며 나무그루가 작아진다.

2) 병 증(病症)

병원이 서로 같지 않기 때문에 병증도 다양하게 나타난다. 바이러스는 생리적 장애와 병증이 없는 반면, 진균병해는 각양의 병증이 나타나는데 곰팡이 같은 물질(회색 · 검은색 등), 분상물(백분 · 흑분 등), 소흑점 등이 있다. 세균병해는 병 부위에 균의 고름을 생기게 하고, 건조 후에는 부스럼 딱지를 형성한다.

이러한 증상을 기초로 병해에 대한 초보적 진단을 할 수 있다. 그러나 병해의 증상은 불변하는 것은 아니며 동일한 병원물이 다른 식물, 다른 환경 조건에서 서로 다른 증상을 발생할 수 있다. 그러므로 병원물의 감정이 될 때 정확한 진단을 할 수 있다.

2. 병원물(病原物)

기생성 병해의 주요한 병원물은 진균, 세균, 바이러스, 선충과 기생성 종자식물 등이 있다. 이중 진균으로 야기되는 병해가 가장 많고 세균·바이러스가 다음이며, 선충·기생성 종자식물은 소수이다.

1) 세 균(細菌)

대단히 작은 단세포의 하등식물이고 기생·부생 생활을 한다. 적당한 온도는 27~30℃이고 치사온도는 50℃ 정도로 건조상태에서는 저항력이 있으며, 종자에서는 상당기간 생활력을 유지한다. 세균병해는 급성 회사병이 많고, 부식·반점·고사 등의 증상을 나타낸다.

대개 눅눅한 상황에서 병 부위로부터 세균의 점액이 흘러나오는데 세균성 부패 냄새를 발산하며 인삼의 붉은 군부병, 패모의 연부병 등이 있다.

2) 진 균(眞菌)

종류가 많고 분포가 넓은 하등식물로 인삼 수부병, 서양삼 반점병, 삼친·구기·홍화 탄저병 등이 있다. 병해의 증상은 고사·반점·부식·기형·농과 종양 등이 많다.

진균은 엽록소가 없으며, 자영생활을 할 수 없으므로 기행·부생으로 영양분을 흡수한다. 순기생균·순부좌균의 대다수는 겸성기생하면서 생활한다. 진균의 개체

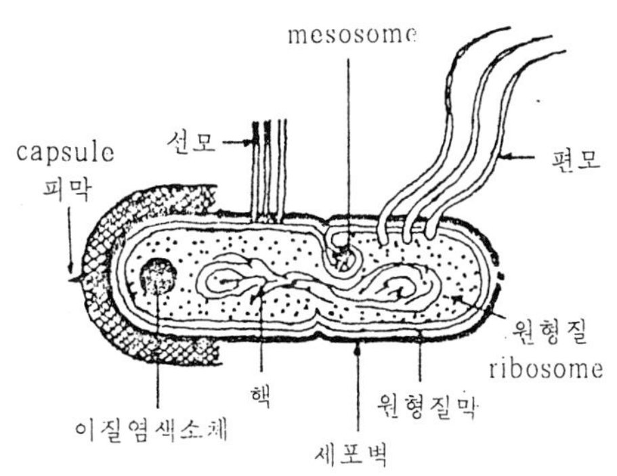

그림6-1 세균의 균체 구조 모식도(武谷)

발육은 포자발아로 시작되어 영양체가 생겨나며, 일정 단계까지 발육한 후 번식체를 형성하여 번식을 한다.

3) 바이러스

일반 현미경으로는 볼 수 없는 극미소의 비세포 형태의 생물이다. 구상·한상·선상의 3가지가 있으며, 소수의 복잡한 대형 바이러스는 폭탄형이다.

바이러스는 살아가는 기주세포 내에서 생활할 수 있으며, 외계환경의 영향에서는 활동하지 않거나 생명이 없는 결정체를 이룰 수 있다. 또한 기주의 대사경로를 바꿀 수 있으며, 기주 내에 합성된 핵단백질을 바이러스의 핵단백질로 변하게 한다.

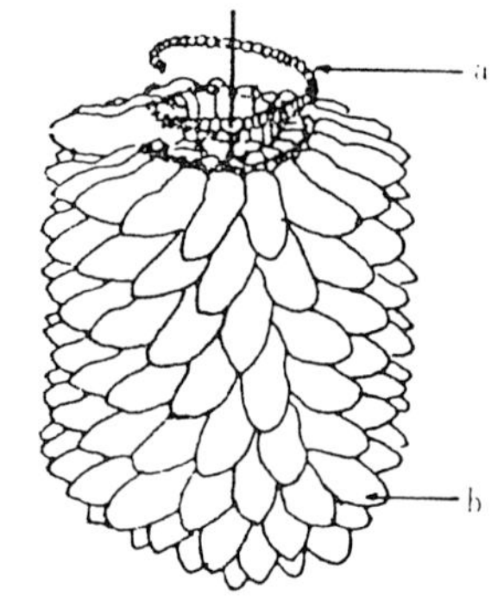

a:사슬모양의 핵산
b:단백질로 된 외피의 소단위

그림6-2 TMV의 구조

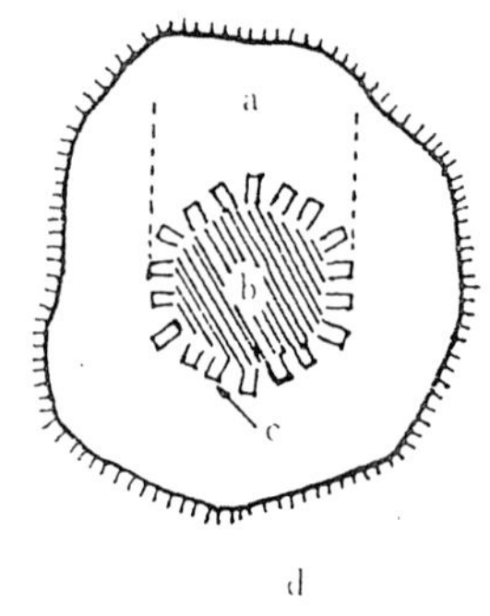

a:단백질의 각(capsid) b:중핵(core)
c:capsomere d:피막(envelope)

그림6-3 구형 바이러스의 일반적 구조

바이러스의 병은 일반적으로 전신성이고 주요한 유형은 꽃잎에 나타나며 황화현상을 가져오는데 때로는 권엽·축정·총기·위화·기형 등이 발생하며 진가·반하·지황 등에서 볼 수 있다.

4) 선 충(線蟲)

자연계에 넓게 분포된 하등동물로서 현미경으로 부리·위·장·항문·생식기를 볼 수 있으며 벌레가 꿈틀거리는 형상을 하고 있다. 자웅이체의 다수는 동형이지만 다만 암컷이 조금 크고 뚱뚱하다. 알은 토양에 낳으며 식물의 조직 내표피에 기생한다. 부화된 알은 유충이 된 후 적당한 기주를 만나 침입하여 해를 준다. 유충은 몇 차례 껍질을 벗으며 발육하여 성충이 된다. 교배한 후 암컷은 알을 낳지만 수컷은 죽는다. 유충은 토양 속에서 겨울을 보내며 식물의 뿌리 · 줄기 · 종자 안에 기생하여 월동하기도 한다.

습기있는 산성토양에서 활동이 강하며, 이병식물은 성장이 쇠약하고 왜소해지고 줄기나 잎의 말림, 색택상실, 심지어는 조기에 위축 고사하게 된다. 뿌리에는 혹이 커지거나 사마귀 형상의 돌기가 나타난다. 서양삼 · 패모 · 국화에서 많이 나타난다.

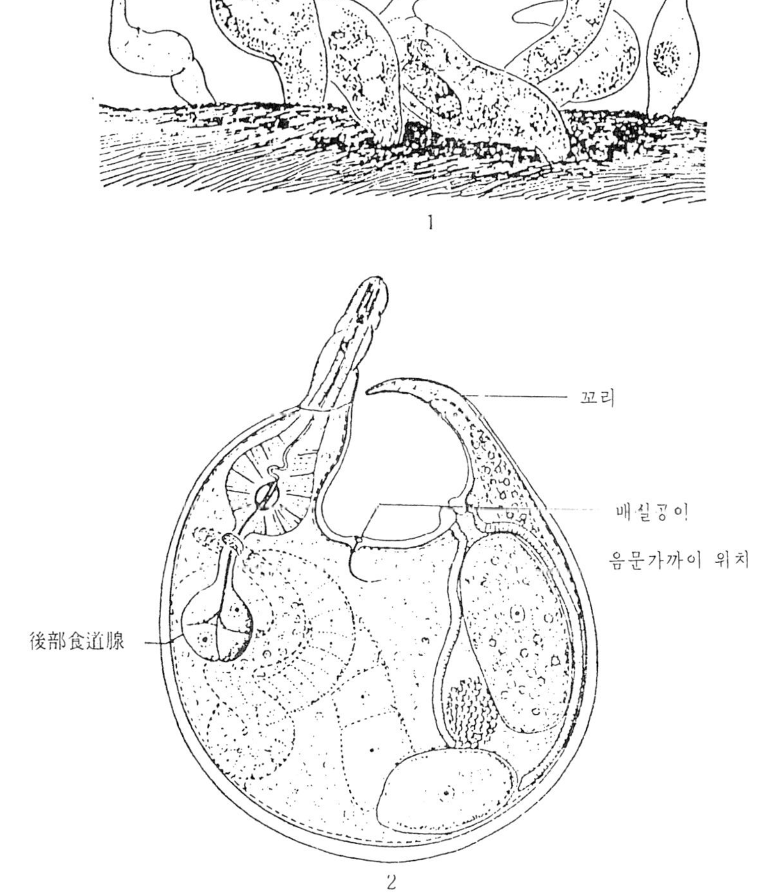

1. 뿌리에 기생하는 모양 2. 암컷선충

그림6-4 선충의 형태적 특징

5) 기생성 종자식물

엽록소의 결핍, 영양기관의 퇴화로 다른 식물에 기생해야만 생존할 수 있다. 쌍자엽식물로 겨우살이과·새삼과·열당과·현삼과 등에 속한다.

기생부위는 줄기기생과 뿌리기생으로 나누는데 실새삼은 줄기기생, 열당은 뿌리기생이다. 기생정도를 통해 전기생과 반기생으로 나누는데 반기생의 종자식물은 줄기와 잎을 갖추고 있으며, 엽록소가 있어 광합성을 한다. 단지 뿌리부분만이 특수한 기생근을 갖고 있어 기주체에서 수분과 무기염류를 흡수하는데 겨우살이·새삼·수정초 등이 이에 속한다.

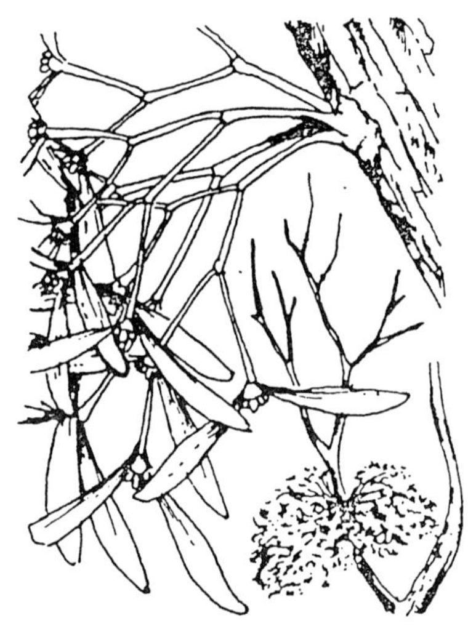

그림6-5 겨우살이

그림6-6 콩에 기생하는 실새삼

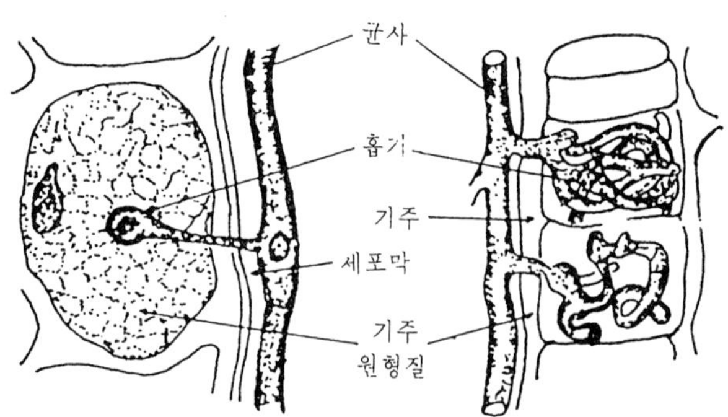

그림6-7 흡기(alexopoulos)

기생성 종자식물의 해는 비교적 느리다. 기주의 성장이 저하되고 식물 그루가 작으며, 개화량도 감소하여 과실이 떨어지거나 맺지 못하는데 인삼, 단삼, 국화, 백출 등이 있다.

3. 기생성 병해의 발생과 발전

1) 병해 기생 과정

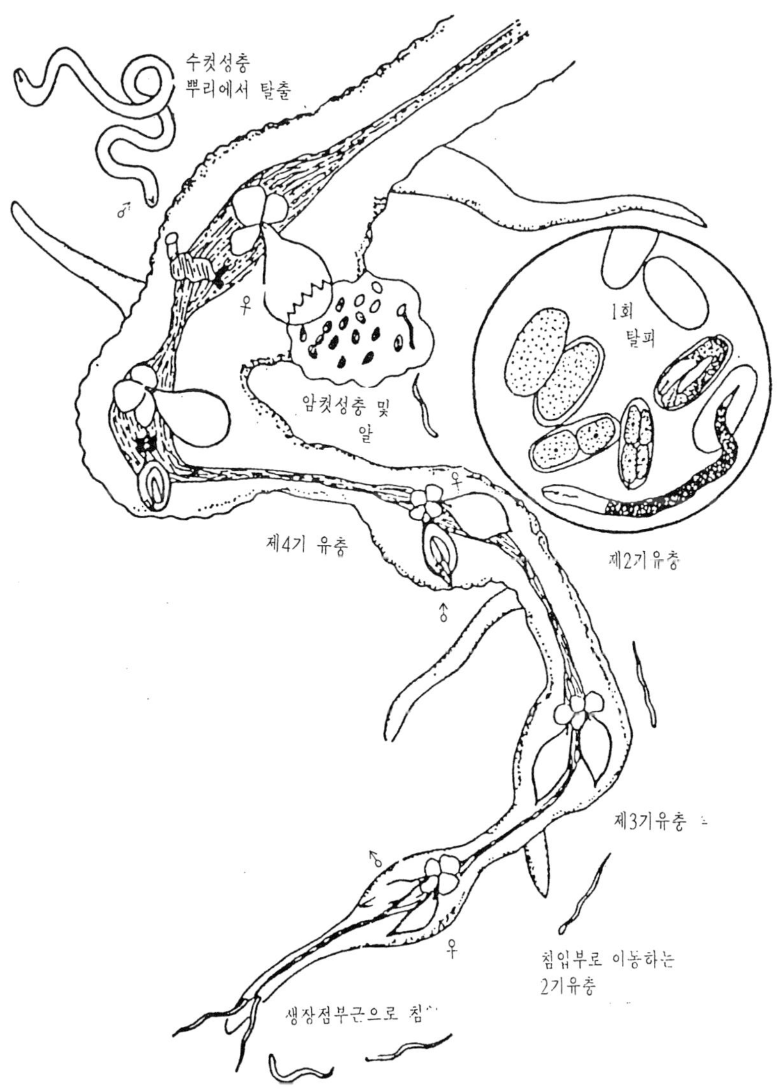

그림6-8 뿌리혹 선형의 생활사

침입기

침입에는 일정한 온도와 습도가 필요한데 습도가 더 중요하다. 물방울이 있어야만 내부에 침입하여 발아할 수 있는 포자도 있듯이 각종 병원물은 침입하는 경로와 방식이 같지 않다.

a. 직접침입(각질층 침입) : 세균과 바이러스는 직접 침입할 수 없고, 진균은 어떤 한 부분에서 기주표피 각질층을 통과할 수 있다.

b. 자연구멍침입 : 식물체의 겉에는 많은 자연구멍이 있는데 기공 · 수공 · 피공 · 밀선 등이다. 기공을 통하는 것이 비교적 많으며 수병 · 역병균 등이 있다.

c. 상구침입 : 토상 · 기계상은 바이러스 · 세균 · 진균의 중요한 침입경로이다.

잠육기

병원물이 기루에 침입하는 것으로부터 명확한 증상이 나타나는 시기를 잠육기라 한다. 이 시기에는 식물체내에 만연하여 해를 끼치지만 증상이 나타나지는 않는다. 일반적으로 기온이 높으면 잠육기가 짧고, 기온이 낮으면 잠육기가 길다.

발병기

일정한 잠육기를 거쳐 각종 증상을 나타내는 발병기에 도달한다.

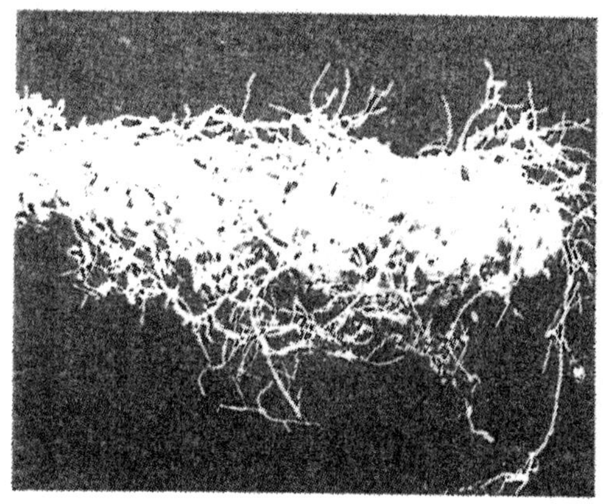

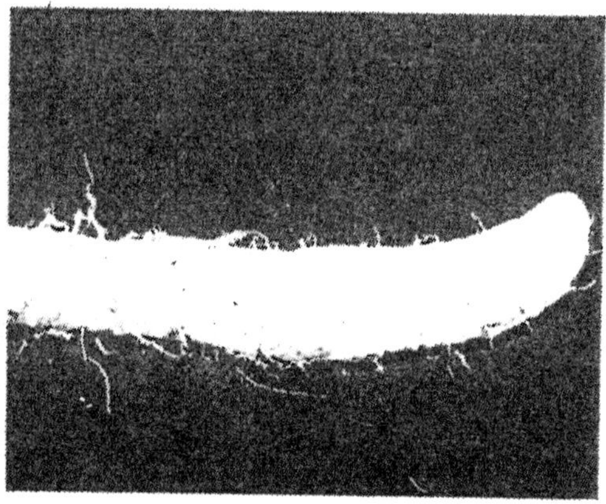

그림6-9 뿌리혹 선충의 피해(산약)

2) 기생 순환

병원물의 월동(월하)

기구식물이 수확된 후 또는 휴면기로 진입되어 좋지 않은 환경을 거쳐 식물의 병해가 발생하는 생태를 이루는데 이를 월동(월하)이라 한다.

a. 종자(묘목 및 기타 번식재료) : 기주 식물이 수확되거나 휴면 후에 종자 또는 줄기 등의 번식기관에 잠복하는데 이런 번식재료는 곧 병해를 발생하거나 전파시킬 수 있다. 파종 전에 번식재료에 적당한 검사와 처리를 하여야 한다.

b. 토양 : 병원물과 병주 잔체는 쉽게 땅에 떨어진다. 이는 토양에서 병원물이 월동·월하하는데 중요한 장소를 제공, 장기 잠복할 수 있으며 살아갈 수도 있다.

c. 병주 잔체 : 진균과 세균은 기주가 죽은 후 모두 명주 잔체 또는 고지 낙엽 중에서 월동·월하하며 살아간다.

d. 분비 : 병원물은 병든 그루에 따라 분비 속으로 간다. 이병주로 만든 퇴비가 충분한 발효와 부숙을 거치지 않으면 분비 속에서 월동하며, 어떤 것은 가축의 소화기를 통해 그 생활력을 유지한다. 이로 인해 사료나 분비는 균을 수반할 수 있다.

병원물의 전파

a. 풍역전파 : 진균이 풍력을 빌려 전파된 것이며, 진균 자체의 포자체는 작고 가벼우며 바람에 날려 흩어지기 쉽다.

b. 우수전파 : 병원세균과 포자는 우수로 전파된다. 토양 속의 병균도 흐르는 물에 실려 전파될 수 있다.

c. 곤충전파 : 식물체에 생긴 상처는 항상 세균이 침입할 수 있는 문이다. 바이러스도 곤충을 주요한 전파매체로 삼는데, 잔딧물·멸구 등을 방제하는 것이 중요하다.

d. 인위전파 : 병을 지닌 종자·세균 및 기타 번식재료가 파종·이식·시비·정지·적심·접목 등의 과정으로 밭에서 직접 인위전파를 할 수 있다.

최초기생과 재차기생

겨울을 보내는 병원물은 기주식물의 성장기에 최초의 발명을 야기시키는데 이를 최초기생이라 한다. 동일성장의 계절 내에 이미 발생된 식물로부터 병원포자 등은 끊임없이 발병을 야기시켜 전파해 가는데 이를 재차기생이라 한다. 단지 최초의 기생만 있고 재차기생은 없는 것과, 최초의 기생 후 여러 차례 재차기생이 있는 것의 차이이다. 최초기생의 병해는 1년이 지나야만 한 차례 발생하는데 의이의 흑분병이 바로 그것이다. 그러나 대다수가 재차기생이다.

4. 기생성 병해의 유행 및 환경과의 관계

병해의 발생·발전·유행은 기주·병원물·환경조건 등의 상호작용의 결과이다. 심한 병해 유행을 조성하는 것은 다음 요소에 달려 있다.

1) 병원균의 대량누적

병원물의 다소는 병의 심한 정도와 관련된다. 일종의 병해가 방제되지 않는다면 해마다 가중되어 그 면적은 끊임없이 확대된다.

2) 대면적 나병식물의 존재

품종간에 저항하는 성질은 큰 차이가 있는데, 예를 들면 유자홍화는 무자홍화보다 탄저병에 대한 저항성이 강하고, 당삼은 수병의 저항력이 품종간에 차이가 있다는 것 등이다. 병해의 유행은 넓은 면적의 이병품종과 관계가 있기 때문에 넓은 지역에 만연하는 중요한 요인이 된다.

3) 환경조건과 병해발생의 관계

병원물과 이병품종의 조건을 갖춘 것의 병해 발생 정도는 환경조건에 의해 결정된다.

온 도

각종 병원물은 그에 따른 알맞은 온도가 있는데 세균은 18~28℃, 진균은 10~24℃의 범위 내에서 잘 생장 발육할 수 있다.

습 도

대부분의 병원물은 축축한 상태의 환경올 좋아하는데 많은 병해가 다우다무의 조건에서 많이 발생한다.

토양인자

토양의 온·습도, 지질, pH 및 미생물의 활동 등은 병해의 토양 전염을 용이하게 한다. 즉 종자가 발아되어 토양조건이 저온고습하면 저항력이 떨어져 병균의 침입이 유리하며 뿌리의 성장이 불리하다.

재배방법

대량으로 질소질 비료를 주고 밀식하면 기주의 저항성이 떨어지고 병해를 입기 쉬우므로 주의한다.

2 충 해(蟲害)

약·특용식물을 해치는 동물로 주요한 것은 곤충이며 그밖에 진딧물·달팽이·서류 등이 있다. 또한 곤충 중에서 해충에 속해 있을지라도 이로운 벌레는 보호하고 번식시켜 이용하여야 한다.

각종 곤충들은 미생과 취식방식이 같지 않으므로 구기도 서로 다르며 주요한 것으로 저작구형과 척흡구형이 있다. 저작구형 해충은 메뚜기류나 나비목 유충의 구기형으로 각종 식물이나 작물의 잎·줄기·과일·뿌리 등에 가해하는 해충이다. 척흡구형 해충은 진딧물·깍지벌레·매미충 등이 있으며 인간과 관계가 있는 모기·빈대·이·벼룩 등과 같이 윗입술·큰턱·작은턱들이 가늘고 길게, 하나의 정

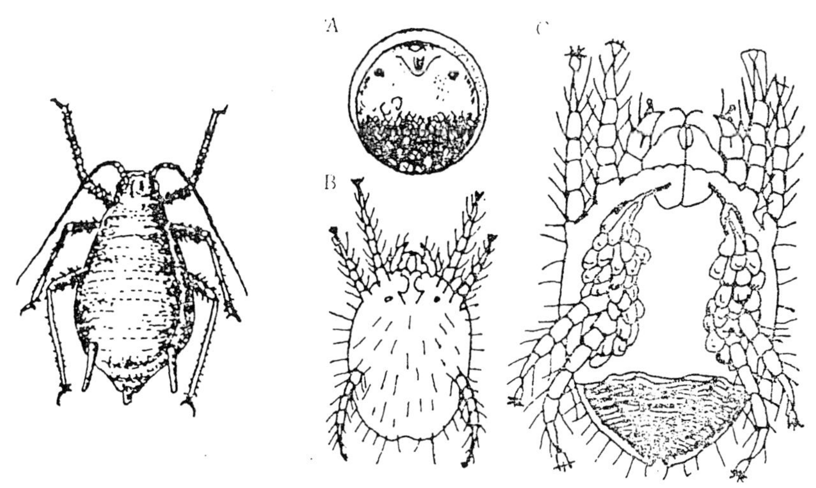

그림6-10 진딧물과 응애

교한 바늘 모양으로 변형된 구기형이다. 그 외에 여과구형 · 절단흡취구형 · 흡취구형 · 흡관구형 등이 있다.

해충의 구기를 이해하려면 해로운 상황으로부터 해충의 종류를 식별하고 약제를 방제하여 살 수 있는 곳을 제공해야 한다. 저초구형 해충에 대하여는 소화중독제나 접촉제를 사용할 수 있으며, 척흡구형 해충에 대하여는 접촉제 또는 침투성 살충제를 사용할 수 있다.

곤충의 체벽은 크게 표피층 · 진피층 · 기저막의 3층으로 구성되어 있다. 감각기관과 연결되어 자극에 민감하고 색소를 포함하고 있으며, 또 체내의 수분증발 및 약제의 진입을 방지하는 데에 중요한 작용을 한다. 곤충의 체백은 수명의 연장에 따라 약제에 대한 저항력이 끊임없이 증강한다. 이로 인해 살충약제 속에 지방과 밀랍질에 대해 용해할 수 있는 용제를 넣기도 한다. 예로 유제는 용해성이 강한 유류를 포함하고 있고, 습성분제의 독효보다 높다고 할 수 있다.

약제가 해충의 몸으로 들어가는 주요 경로 3가지에는 구기 · 표피 · 기공이 있다. 곤충의 체벽구조를 찌르기 위해서는 적당한 약제를 택하여 방제효과를 높이는 것이 중요하다.

3 약 · 특용작물의 병해발생 실태

최근 국내 약용작물 재배시, 병발생을 조사한 결과, 총 145종류의 약용작물병 중에서 진균에 의한 병이 130종으로 나타났다. 그 외에 세균에 의한 병이 10종류, 바이러스에 의한 것으로 추정되는 병이 3종류, 마이토프라스마 유사체에 의한 병이 2종류 정도이다. 진균에 의한 약용작물병이 약 90%정도 되는 것을 알 수 있다.

약용작물에서의 발병부위를 보면 잎, 잎자루, 꽃, 열매, 줄기, 가지 등의 지상부위와 지하경, 뿌리 등의 지하부위로 나뉘어진다. 지상부위 병해는 잎과 줄기에서 가장 많이 발생한다. 지하부위 병해는 토양전염성 진균 및 세균 등에 의해서 발생하며, 바이러스와 마이크프라스마 유사체는 주로 식물체내에 침입, 전신병을 일으킨다.

약용작물은 거의 시설재배를 하지 않고, 대부분 노지재배를 하고 있는데, 병해발생은 주로 6월 초순이나 중순경부터 시작되어, 7~8월의 장마기에 발생이 심해진다.

9월 이후에 발생하는 병해는 대부분 여러 가지 병원균이 복합적으로 관여하여 발생하는 수가 많다. 6월과 9월에는 입고병, 잿빛곰팡이병, 녹병, 일부 흰가루병 등의 저온성균에 의한 병이 주로 발생하고, 7월과 8월에는 검은무늬병 등이 발생하는데, 이 시기에 발생하는 병들은 대부분 고온성균에 의한 것들이다.

1. 약 · 특용작물 초본류 병해발생

〈표7-1〉 초본류의 주요 병해 발생명 및 지역

기 주 명	병 명	발병부위	발생정도	발 생 지 역
갯기름나물	검은무늬병	잎, 잎자루	+ +	봉화, 영월
(방 풍)	점무늬병	잎, 잎자루	+	봉화, 영월
	잎썩음병	잎	+ + +	안동
구릿대	검은무늬병	잎	+	인제
땃두릅	검은무늬병	잎, 잎자루	+ +	청양, 영월
	점무늬병	잎	+	청양
토당귀	점무늬병	잎	+ + +	태안,횡성,인제,울진
	갈색점무늬병	잎	+	평창
	줄기썩음병	줄기	+ +	횡성, 평창
더 덕	세균성마름병	잎, 줄기	+	재천, 무주
	녹병	잎	+ + +	연천,예산,상수,신안 횡성, 봉화, 울릉도
	탄지병	잎, 줄기	+ +	예산, 연천
	점무늬병	잎	+ +	예산, 울릉도
	갈색점무늬병	잎	+	홍천
	줄기썩음병	줄기	+ +	연천, 구례
	시들음병	줄기	+	금산
도라지	순마름병	잎	+	청양, 무주
	꽃썩음병	꽃	+ +	정선
	점무늬병	잎	+ +	장수, 정선
	줄기마름병	잎, 줄기	+	진안
	탄저병	잎, 줄기	+	의성, 진안
	균핵병	줄기, 뿌리	+	대전
	줄기썩음병	잎, 줄기	+ + +	청양,진안,횡성,영월

기 주 명	병 명	발병부위	발생정도	발 생 지 역
	시들음병	줄기, 뿌리	+	원주, 진안
산약(마)	점무늬병	잎	+ +	이리
	탄저병	잎,잎자루,줄기	+ +	수원, 안동, 연천
	흰무늬병	잎,잎자루,덩굴	+	수원, 장수, 인제
	갈색무늬병	잎	+	안동
삽 주	탄 저 병	잎	+ +	영월
	흰비단병	줄기, 뿌리	+	태안
(참)시호	탄저병	잎,줄기,꽃	+ +	인제,평창,정선,울릉
	갈색점무늬병	잎, 줄기	+	수원, 평창
인 삼	잿빛곰팡이병	잎,줄기,뿌리	+ + +	괴산,금산,부여,홍천
	점무늬병	잎,잎자루,줄기 뿌리	+ +	금산, 부여, 증평
	탄저병	잎, 줄기	+ +	금산, 부여
	모잘록병	줄기	+ +	괴산
	무 름 병	줄기, 뿌리	+	괴산
	뿌리썩음병	뿌리, 지하경	+ +	괴산, 금산, 부여
작 약	겹무늬병	전신	+	제천
	흰가루병	잎,잎자루,줄기	+ + +	괴산,제천,의성,울진
	녹 병	잎	+ +	횡성,인제,영월,의성
	잿빛곰팡이병	잎,줄기,가지	+ + +	괴산,부여,홍성,태안
	검은무늬병	잎	+ + +	청양,부여,홍성,태안
	점무늬병	잎	+ +	괴산,화성,대구,울진
	탄저병	잎,잎자루, 줄기	+	태안
	갈색점무늬병	잎	+ +	예산
	줄기썩음병	줄기	+ +	대전,청양,태안,괴산
	검은뿌리 썩음병	줄기,뿌리	+ +	태안,괴산,제천,금산
지 황	점무늬병	잎	+ +	금산, 부여, 울진
	뿌리썩음병	뿌리	+ +	안동
	시들음병	뿌리	+	부여
	흰비단병	줄기	+ +	진도

기 주 명	병 명	발병부위	발생정도	발 생 지 역
천 궁	마이크프라스마병	전신	+	봉화, 울릉도
	세균성 줄기썩음병	줄기,뿌리	+ +	울릉도
	흰가루병	잎, 줄기	+ +	횡성, 연천,울릉도
	탄저병	잎, 줄기	+ +	횡성, 평창
	갈색무늬병	잎, 줄기	+ +	장수
	잎마름병	잎, 줄기	+ + +	태안,평창,울진,울릉
(적)하수오	녹 병	잎	+	수원
	갈색무늬병	잎, 줄기, 열매	+ +	태안, 인제, 영월
	탄저병	잎, 줄기	+ +	영월

2. 약·특용작물 병해 방제 요점

병해를 방제하는데 가장 중요한 것은 인간의 건강에 안전성을 고려한 방제법이 우선 되어야 한다. 이와 같은 면에서 볼 때 합리적인 방제법은 저항성 품종을 재배하는 것이 좋으나 이에 대한 저항성 품종 연구가 전혀 이루어져 있지 않으므로 농민들은 농약살포에 의한 방제법에 의존하고 있는 실정이다.

그러나 항상 강조하고 있지만 농약은 최후의 방제수단이 될 수 있도록 재배법 개선, 발병환경 조절에 더욱 신경을 써야한다.

1) 포장 위생관리에 힘써야 한다.

농민들이 흔히 잘 알고 있으면서도 지켜지지 않고 있는 것이 바로 위생관리이다. 병의 발생이 어디선가 근원이 없이 우연히 생긴다고 믿고 있는 농민도 있을 줄 모르나 병원균의 서식처가 되는, 병들어 떨어진 낙엽, 썩은 가지, 병원균 감염 토양 등 근본적으로 문제가 될 수 있는 전염원을 제거하는 방법으로서 포장의 청결을 유지하고, 병든 식물을 소각 또는 매몰시키는 것은 매우 중요한 일이며, 가능한 주위 농가들도 함께 노력한다면 더 좋은 예방효과를 올릴 수 있을 것이다.

(줄기의 병징) (병 징)

(부속사, 자낭각 및 자낭) (분생포자)

그림6-11 천궁의 탄저병

2) 비료의 균형시비가 되도록 한다.

무엇보다도 식물체를 키울 때 중요한 것은 병으로부터 예방을 위하여 튼튼한

식물체로 자랄 수 있도록 3요소의 균형시비가 이루어져야 한다. 그러나 질소질비료의 과용으로 식물체가 약화되어 병이 걸리기 쉬운 경우를 흔히 볼 수 있다.

작물에 따라서는 미량원소 결핍증이 쉽게 일어나는 작물도 있겠으나 대부분의 토양은 아주 적으므로 질소, 인산, 가리의 균형시비에 특히 신경을 쓰고 만일 미량원소 결핍증이 발생하면 농촌지도소에 부탁하여 토양분석을 토대로 올바른 시비처방이 되도록 하여야 한다.

3) 기상 및 토양환경 조절이 중요하다.

병이 발생되려면 기주, 병원균 그리고 환경이 복합되어야 한다. 특히 병원균은 항시 존재한다고 본다면 어떻게 병의 발생환경을 불리한 조건이 되게 조절하여 병발생을 억제할 수 있는가 하는 일이다.

여기에서 우리가 한가지 생각해 보아야 할 점은 병원균의 발병 환경이 일률적으로 같은 환경을 요구하는 것이 아니라 크게 구별하여 보면 저온다습 조건을 좋아하는 저온성 병원균과 고온다습을 좋아하는 고온성 병원균 및 고온 반건조한 상태를 선호하는 병원균, 또한 아주 습한 상태를 좋아하는 병 등 병원균의 종류에 따라 발병 조건이 다르다.

그러므로 노지재배 시는 인위적으로 습생성균의 병을 예방하기 위하여 이랑 높이를 높인다던가 고랑을 깊이 파서 물빠짐을 좋게 하는 것도 하나의 예방책이 될 수 있다.

4) 경제성 · 안전성을 고려한 농약살포를 해야 한다

약용작물의 병과 같이 방제체계가 확립되지 못한 경우 여러 가지 농약의 혼용가부, 적정 살포농도, 방제적기 등의 문제점이 있다. 그러므로 작목별 주요병 방제요령에서 지적한 내용을 잘 읽어보고 적합한 약제를 선택하여 사용하여야 한다. 약해와 안전성에 대한 문제를 꼭 유의하여 농약살포가 되도록 해야할 것으로 생각된다.

3. 약 · 특용작물 작목 공통병 그룹별 방제요령

〈표7-2〉 작목 공통병의 주요 방제요령

구 분	대 상 병	방 제 법
곰팡이병	점무늬병 탄저병 검은무늬병 갈색무늬병	*병든 식물체는 일찍 제거 소각한다. *종자전염을 하므로 종자소독을 한다. *질소의 편용을 삼가고 도장되지않도록 주위한다. *타작목은 다이센엠-45, 타로닐수화제, 홀펫수화제, 프로피수화제, 지오판수화제, 이프로수화제 등을 많이 사용하는데 약초에 고시된 농약은 없다.
	흰가루병	*질소의 과용을 피하고 밀식하지 않도록 한다. *병든잎은 제거하여 전염원을 없앤다. *타작목은 흰가루병 약제는 사프롤유제, 파라졸유제, 훼나리유제, 리프졸수화제 등 이 있으나 약초류에 고시된 농약은 없다.
	녹병 및 붉은별 무늬병	*이병물은 신속히 제거, 수확후 이병잔재물 제거. *절비가 되지 않도록 주의한다. *강우 직후 관리를 철저히 한다. *약초작물에 고시된 농약은 없으며 채소나 과수류 녹병에서는 티디폰수화제, 훼나리수화제, 누리아몰유제 등이 있다.
	균핵병	*상습발생지는 윤작, 토양소독을 한다. *이병식물을 제거 소각한다. *통풍을 유의하고 과습을 피한다. *채소, 과수, 약초류에 고시된 농약은 없으나 지오판수화제, 디크론수화제, 빈졸수화제 등을 사용한다.
	잿빛곰팡이병	*과습이 되지 않도록 주의한다. *이병물은 제거 소각한다. *과비하여 식물체가 연약, 도장하지 않도록 한다. *채소류에 사용하는 약제로는 푸로파수화제, 디크론수화제, 디크론수화제, 빈졸수화제 등이 있다.
	흰가루병	*질소비료의 과용을 피하고 너무 밀식하지 않도록 한다. *병든잎은 제거하여 전염원을 없앤다. *채소 및 과수에 고시된 흰가루병 약제는 사프롤 유제, 파라졸유제, 훼나리유제, 리프졸수화제 등이 있으나

구 분	대 상 병	방 제 법
곰팡이병		약초류에 고시된 농약은 없다.
	줄기마름성병	*이병물은 신속하게 제거 소각한다. *습도가 높으면 포자가 비산 전염된다. *상처부위나 동해 피해지에 많이 감염되므로 상처나 동해가 발생하지 않게 한다. *수목 약초류에는 이병지는 제거 소각하고 주간과 주지는 이병부위를 칼로 삭제한 다음 도포제를 바른다. *특별한 약제가 없으며 다른병의 약제 살포시 약액이 충분히 묻도록 살포한다.
	자주날개 무늬병	*토양전염을 하므로 토양소독을 한다. *이병주와 그주위의 흙은 한데모아 땅속 깊이 묻는다. *영년생 작물의 경우 뿌리와 뿌리가 닿지 않도록 식물체는 제거하고 잔재물은 도랑을 파서 격리시킨다. *자문우병에 고시된 농약은 아직 없다.
	깜부기병	*종자전염되므로 종자소독을 철저히 한다. *이병식물은 발견 즉시 제거 소각한다. *건전 종자에서 채종하여 사용한다. *질소질 비료가 과비되지 않도록 한다. *약초류 깜부기병에 고시된 농약은 없다.
	Rhizoctonic에 의한 줄기, 뿌리썩음병	*연직을 피하고 윤작을 해야한디. *이병물을 일찍 제거한다. *석회나 퇴비를 많이 사용한다. *토양 훈증소독을 실시한다.
	Fusarium에 의한 줄기, 뿌리 썩음병	*연작을 피하고 3~5년간 윤작한다. *이병물은 신속히 제거 소각한다. *종자 및 종구전염을 하므로 소독을 철저히 한다. *질소질 비료의 과용을 피하고 퇴비를 많이 주어 토양 유용미생물을 증가시킨다. *외국에서는 베노밀수화제를 많이 사용.
	Pythium에 의한 잘록병	*연작을 피하고 2~3년간 윤작한다. *배수가 잘 되도록하고 퇴비를 많이 사용하여 유용미생물의 밀도를 높여준다. *상토는 소독하여 사용한다.

구 분	대 상 병	방 제 법
세균병	세균성 점무늬병 및 무름병	*건전한 종자를 사용한다. *이병물은 일찍 제거하고 과습되지 않도록 주의. *식물체에 상처가 나지 않도록 한다. *질소질 비료의 편용을 피한다.
Virus병	모자이크병	*발병주위의 잡초를 제거한다. *이병주는 신속하게 제거 소각한다. *종자전염을 하는 바이러스가 있으므로 건전종자에서 채종하고 영양번식 작물은 무병지나 무병구를 사용한다. *진딧물 전염하는 바이러스가 많으므로 약제살포를 철저히 하여 진딧물을 구제한다.

4 약·특용작물의 해충발생

1. 해충의 피해량의 조사와 예찰

해충문제는 해충의 존재 유무, 밀도, 해충밀도와 피해의 상호관계가 명확해야만 해결할 수 있다. 따라서 해충의 밀도 및 피해량을 정확하게 추정하는 것이 중요하며, 이를 근거로 효과적인 발생예찰이 가능하다.

포장내의 해충분포는 종에 따라 다르며, 대개 임의분포보다는 집중분포하는 경우가 많으므로 조사표본의 크기나 표본수를 고려해야 한다. 일반적으로 절대밀도의 조사가 어려울 경우, 덫을 이용한 밀도추정 방법을 사용한다. 가장 흔히 쓰이는 것이 양성주광성을 지닌 해충에 대해 사용되는 유아등이며, 그 외에 성유인물질(페로몬), 화학유인물질, 먹이덫, 색트랩, 포충망 등이 이용된다. 해충밀도는 엽당 또는 주당, 순당 마리수로 표시하고 피해량은 피해엽율 또는 피해주율로 나타낸다. 해충피해는 해에 따라 반복적으로 나타나므로 밀도를 미리 예상할 수 있다면 방제 또는 관리에 큰 도움이 된다. 이를 위해 일반작물에서는 해충의 발생시기, 발생량, 피해량의 예찰 등이 실시되지만 약초의 경우에는 이에 관한 자료가 없으므로 금후 많은 연구가 이루어져야 할 것이다.

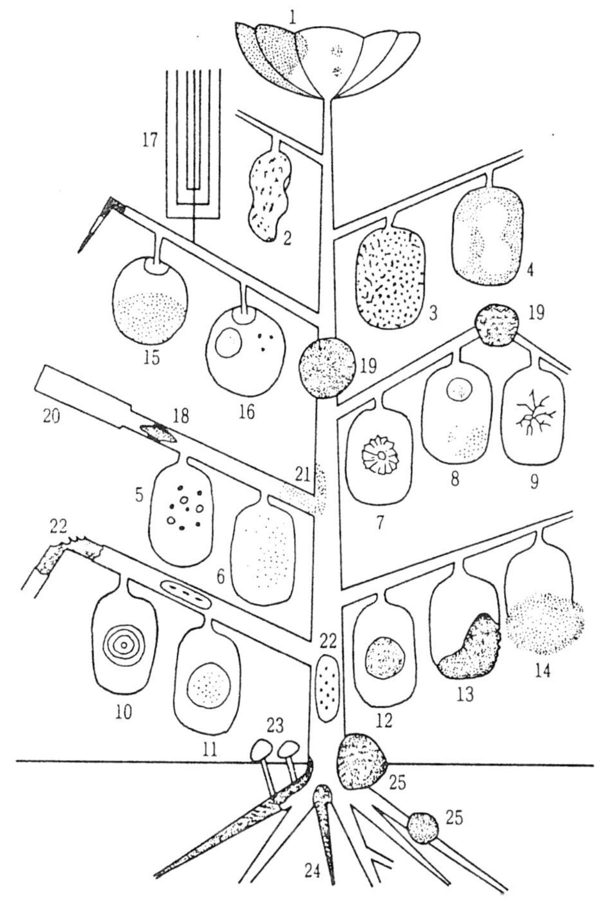

1. 꽃썩음균핵병, 잿빛곰팡이병 2. 모자이크병 3. 그을음병 4. 흰가루병 5. 구멍병
6. 세균성점무늬병 7. 백조병(白藻病) 8. 녹병(赤星病)의 여름포자, 녹병자기
9. 녹병의 녹포자기 10. 점무늬병(겹무늬) 11. 점무늬병(小粒黑點) 12. 점무늬병(점무늬)
13. 점무늬병(부정형무늬) 14. 떡병 15. 열매썩음병(곰팡이) 16. 열매썩음병(小粒黑點)
17. 빗자루병 18. 가지마름병(枝枯病) 19. 혹병 20. 대화병(帶化病) 21. 고약병
22. 줄기마름병(胴枯病) 23. 뿌리썩음병(버섯) 24. 날개무늬병 25. 근두암종병

그림6-12 여러 병징의 특징

2. 해충관리의 기본 개념

1) 해충관리

해충관리는 해충을 둘러싸고 있는 생물환경과 무생물환경에 대한 정보 수집 및

분석에서 시작된다. 즉 해충의 발생도태에 영향을 미치는 여러 가지 요인 중 가장 중요한 요인을 파악하여 이의 해결에 필요한 수단을 도입하는 것이다. 해충의 관리는 단순한 방제기술의 적용이라기 보다는 각 해충의 생태학적 특징에 대응하는 적절한 방제법을 선택적으로 적용하는 것이다. 해충관리를 위해서는 우선 경제적 관점에서 어떤 해충이 피해를 주며, 그 피해가 어느 정도인지, 방제수단을 도입할 경우 방제로 얻는 이득이 방치했을 때의 피해로 인한 손실보다 많은지 분석되어야 한다. 경제적 피해수준의 결정에는 복잡한 여러 가지 요인이 관여되어 어려운 점이 많지만, 작물의 수량감소가 일차적으로 문제되므로 피해사정이란 측면에서 경제적 피해수준 밀도를 산출하고 실제로 방제해야 할 밀도, 즉 경제적 피해허용수준 밀도를 마련해야 이를 기준으로 방제여부를 결정할 수 있다.

2) 해충평가

해충의 작물에 대한 피해사정, 즉 생산량에 미치는 영향 평가는 각 작물에 대한 피해량을 조사하거나 처리구간의 수량 비교조사 결과를 이용하여 얻을 수 있는데, 해충밀도, 약제 살포시기, 살포농도를 달리하여 시험한 다음 그 결과를 가지고 분석한다. 그러나 이는 해충 종류에 따른 가해의식과 보상작용, 포장간, 개체간의 수량특성을 고려하여 서로 다른 환경에서 몇 년간 실험하여 얻어진 결과를 활용해야 한다. 해충 피해는 작물의 경제적 중요성, 가해부위, 가해량과 작물의 생육단계 등에 따라서 달라지며, 영년생 작물이나 수년간 재배후 수확되는 작물은 피해가 나타나는데 시간이 걸리므로 피해 추정이 쉽지 않다.

해충의 방제여부나 방제시기의 결정은 해충의 실제 발생 상황을 토대로 판단해야 하므로 해충 밀도는 정확히 조사되어야 하고 이를 기반으로 경제적 손실을 막을 수 있고 효과가 잘 나타날 수 있는 시기에 방제를 실시해야 한다.

3) 방제결정

방제결정은 해충을 방치할 경우 밀도가 경제적 피해수준 이상이 될 것이라는 가정하에, 실질적인 피해가 나타나기 전에 가장 효과적인 시기를 선택하여 방제수단을 도입한다. 정확한 해충정보를 얻기 위한 조사방법은 작물의 종류, 해충의 종류, 발육 단계 및 조사 목적에 따라 달라질 수 있다.

해충의 발생동태는 기상, 작물의 종류, 생육상황, 천적의 활동에 따라 변동하며,

방제는 해충밀도를 감소시키는 수단의 사용뿐만 아니라 환경문제와 경영상의 문제와도 깊이 관련되어 있다. 방제수단을 선택할 때에는 이런 문제가 총체적으로 고려되어야 하며, 한가지 방제수단만으로는 경제적, 생태적, 사회적 측면을 모두 만족시킬 만한 해결책을 얻을 수 없다. 한편, 작물의 생육기를 통해 해충종류와 피해가 달라지기 때문에 대응수단도 바뀌어야 한다. 즉, 방제수단은 대응적이어야 하고 천적이나 재배적, 물리적, 기계적 수단을 이용하여 해충에 불리한 여건을 만들고 필요에 따라 살충제를 최소로 사용하는 방향이 연구되어야 한다.

3. 약·특용작물 해충방제의 문제점

〈표7-3〉 연구가 필요한 주요약초의 문제해충

작 목	과 명	해 충 명	피해가 심한 지역
약초공통	응 애 과	점박이 응애	전국
	응 애 과	차 응 애	전국
	초채벌레과	총채벌레류	수원,강원 산간지
천 궁	바 구 미 과	표주박바구미	울릉도
	매 미 충 과	오대산매미충	강원 산간지
	잎말이나방과	당귀애기잎말이나방	강원 산간지
당 귀	바 구 미 과	가시길쭉바구미	강원 및 경북 산간지
	잎말이나방과	당귀애기잎말이나방	강원 및 경북 산간지
	장님노린재과	당귀장님노린재	강원 및 경북 산간지
황 기	흑 파 리 과	흑파리일종	강원 산간지, 제천
오 미 자	깍시벌레과	식나무까지벌레	전북, 전남 산간지
구 기 자	혹 응 애 과	구기자 혹응애	전국
	뿔 나 방 과	구기자 뿔나방	전국
	잎 벌 레 과	열점박이잎벌레	전국
범 부 채	굴 파 리 과	굴파리일종	춘천, 평창
창 포	그림날개나방과	창포그림날개나방	수원, 춘천
산 수 유	심식나방과	산수유심식나방	이천,여주,춘천,제천
율 무	명 나 방 과	조 명 나 방	전국
자 소	명 나 방 과	들깨잎말이명나방	전국
대 황	잎 벌 레 과	딸기잎벌레	전국
소리쟁이	잎 벌 레 과	소리쟁이잎벌레	전국
우 엉	뭉뚝날개나방과	우엉뭉뚝날개나방	남부지방,경기 남양주

약용작물에 대한 해충 피해의 인식에는 여러 가지 어려움이 있다. 첫째는 경작규모의 영세성이다. 약초류는 채취에 의존하는 종류가 많고 재배규모가 영세하여 해충에 대한 방제수단을 동원할 필요성을 느끼지 못하였으나, 앞으로 재배면적이 확대될 경우 해충 문제가 심각해질 가능성이 있는 작목에 대해 방제법을 마련해야 할 것인지의 문제가 있다. 둘째, 대부분의 약초류는 재배기간이 길어 2~3년간 재배된 뒤 수확된다. 따라서 선충류처럼 한번 발생한 해충이 재배기간 동안 계속 밀도가 증가하면서 가해하거나, 한번 정착한 해충이 해마다 계속 가해하여 질적, 양적으로 피해가 커진다는 점이다. 셋째, 약초 해충의 종류 및 피해수준이 연구되어 있지 않으므로 어떤 해충이 어느 정도가 되면 경제적인 피해가 나타나는지에 대해 모르고 있는 점이다. 넷째, 억제방제를 실시하려 해도 약용작물은 생약재로 이용되며, 등록고시된 약제도 없는 실정이어서 약제를 이용한 방제는 실질적으로 어려운 형편이다. 많은 작목에 대해 해충별 방제법을 마련해야 할 경우에는 농약이 잔류하지 않도록 안전사용법을 마련해야 한다. 만약 사용된 농약이 생약재에서 검출된다면 국민보건상 사회문제가 될 수 있기 때문이다.

이런 배경에서 여러 작물과 주요해충의 우선 순위 결정 등 많은 연구가 뒤따라야 할 것으로 보인다. 그러나 약용작물의 약제방제가 환영받지 못하는 현실이므로 약리적, 경종적, 생물적 방제법을 동원한 종합방제법을 수립하는 것이 바람직하다.

이미 일부 농가에서는 몇몇 약초에 종에 대해 상습적으로 약제방제를 실시하고 있으므로 약제의 잔류 또는 부적합한 약제 사용에 의한 피해 등이 우려되고 있다.

줄기 피해

약충(若蟲) 및 성충(成蟲)

그림6-13 대황, 토대황의 진딧물 피해

따라서 피해가 심한 몇 가지 해충에 대해서는 약제방제를 양성화시켜 올바른 방제법을 사용하도록 유도하는 방안도 검토해 볼 필요가 있다.

현재 재배되는 약용작물 중에서 방제 및 관리에 대한 연구가 필요한 해충은 <표7-3>과 같다.

4. 해충관리 요령

농업생태계는 작물의 선택을 비롯하여 재배시기, 재배방법, 기타 관리수단 등 인위적 요소가 많이 개입되므로 자연생태계에 비해 외적 조건에 대한 저항성이 약하다. 따라서 외부에서 해충이 유입되었을 경우, 억제인자가 없으므로 짧은 시간내에 많이 발생할 소지가 크다. 일반적으로 약초에 대해 특별한 관리를 하지 않는 경우가 많고, 산간부에서 주로 재배하기 때문에 주변에서 많은 해충들이 끊임없이 경작지로 침입한다. 따라서 계속 관찰하여 발생이 급격히 증가하는 해충에 대해서는 대책을 수립해야 한다.

해충관리는 포장과 작물관리를 통해 이루어질 수 있다. 포장 관리로서 작물 재배 환경의 정비, 즉 잡초관리와 주변 식생의 정비, 수확후 잔재물의 처리를 들 수 있으며, 이를 통해 해충의 발생원을 제거할 수 있어 발생억제에 큰 도움이 된다. 작물관리는 어린묘 시기부터 철저히 이루어져야 하며, 특히 묘 시기에 응애나 진딧물 등의 해충이 부착하지 않도록 해야 한다. 어린묘에 해충이 부착하면 생육이 부진해지고 식물이 성장함에 따라 해충밀도가 급격히 증가할 수 있기 때문이다.

약용식물은 특정 이용부위가 중요하며, 이 부위가 해충의 직접적인 피해를 받으면 상품이 될 수 없거나 가치가 하락한다. 따라서 방제법도 해충종류에 따라 적절하게 적용되어야 하며, 가능한한 살충제를 사용하지 않고 해충밀도를 관리할 수 있는 방법을 강구해야 한다.

1) 재배방법의 이용

여러 가지 재배수단을 이용하여 해충의 정착이나 번식생장에 불리한 환경조건을 조성하여 피해를 감소시킬 수 있다. 따라서 특별한 경비가 들지 않으며 예방적으로 큰 효과를 거둘 수 있고 저항성해충이 출현할 우려가 없다는 장점이 있으나, 포장환경, 재배시기, 재배조건, 수확방법, 수확후의 정장가공 과정을 해충의 생식이나 생장, 생존에 불리하도록 만들어야 하므로 해충의 습성과 작물에 대한 깊은 지식이 필요하다.

재배적 수단은 해충이 발생하기 전부터 예방적으로 적용해야 하고 해충이 문제됐을 때는 이미 늦은 경우가 많다는 점과 어디까지나 보조적인 수단이지 해충문제를 완전히 해결할 수 있는 방법이 되지는 못한다는 점을 고려해야 한다.

가) 서식환경의 변경

해충의 서식환경을 변화시켜 해충 발생을 억제시킬 수 있는데, 이 방법에는 포장위생, 경운, 포장갱신, 재배방법의 변경 등이 있다. 해충의 월동처인 그루터기나 잠복처인 잔주 등을 깊이 묻거나 태워 포장위생을 깨끗이 하면 해충 종류에 따라서는 발생을 줄일 수 있다. 경운(耕耘)은 토양 내에 잠복하는 해충을 고온 또는 저온에 노출시켜 죽게 하거나 천적류에 발견되기 쉽게 만드는데, 토양의 구조와 수분분량을 변화시키고 지표면의 지피물, 그루터기와 함께 해충을 땅에 묻어 해충밀도를 줄일 수 있다. 또한 약용작물을 한 번 재배했던 밭은 가급적 피하고 새로운 밭을 이용하는 포장갱신을 통해 토양중에 발생하는 녹충이나 기타해충의 피해를 회피한다. 토양표면의 다습은 민달팽이등 다습을 좋아하는 해충의 발생에 좋은 조건이며, 반대로 건조는 응애와 먼지응애류 발생에 좋은 조건이 된다. 따라서 토양의 습도를 조절하거나 경식거리를 조절하여 통풍을 개선하거나, 건조방지를 위해 차광을 하는 등의 환경개선을 함으로써 해충발생을 억제할 수 있다.

나) 윤작과 혼작

윤작이나 혼작은 기주범위가 좁고 생활사가 길며, 이동력이 작은 해충의 밀도억제에 효과가 좋다. 일반적으로 같은 작물을 연작하면 토양해충의 발생이 심해지는 것을 볼 수 있다. 이를 피하기 위해 윤작할 경우에는 가능하면 유녹관계가 먼 작물을 선택하는 것이 좋으며, 혼작의 경우 주요 해충이 기피하는 성분을 지닌 작물을 선택한다면 큰 효과를 볼 수 있다.

다) 피해의 회피

해충이 출현했을 때 적합한 먹이가 없거나 작물의 생육단계가 해충 생육에 불리하다면 피해를 막을 수 있다. 이를 위해 재배시기를 조절하거나 조생종, 만생종 같은 품종의 특성을 이용할 수 있다.

2) 기계적 방제법

해충을 죽이거나(捕殺), 유인하여 죽이는 방법(誘殺)으로서 소규모의 포장에서는 포살이 가능하지만 경작규모가 커지면 사용에 한계가 있으므로 해충이 잘 끌리는 식물, 유인물질 등을 이용한다.

가) 포 살

매우 원시적인 방법이지만 해충방제의 기본으로서 해충의 종류에 따라서는 약제방제보다 확실하다. 포살을 통해 해충 밀도를 감소시킴으로써 약제방제회수를 줄이는 것이 가능하며, 특히 소규모 재배포장에서는 상당히 효과적이다. 포살효과를 높이기 위해 해충의 발생경과와 습성을 잘 알아야 한다. 난괴(卵塊)로 산란하는 해충은 난괴를 없앰으로써 큰 효과를 얻을 수 있으며, 유충이 군서생활하는 습성을 지닌 해충은 군집하 유충을 없앰으로써 한번에 다수를 감소시킬 수 있다.

나) 유 살

해충이 잘 끌리는 유인물질을 이용하거나 유살 등을 이용하여 죽인다. 이 방법은 광선이용, 유인물질, 페로몬 이용의 방법이 있다.

3) 물리적 방제법

물리적인 에너지를 이용하여 해충을 죽이거나 행동, 생리작용을 제어함으로써 해충빌생을 예방히거나 억제하는 방법이다. 일반적으로 고온, 저온, 습도, 광선, 방사선, 음파를 이용하는 방법과 해충을 차단하는 방법이 있다.

가) 차단

금속망이나 한냉사를 이용하여 외부와 격리시켜 해충 침입을 예방하는 방법이다. 바이러스에 약한 식물은 차단법을 이용하여 매개자인 진딧물 침입을 방지하여 병을 예방할 수 있다. 육묘중에 한냉사를 피복하는 것도 차단법의 하나이다.

나) 온도처리

온도에 민감한 해충이 고온 또는 저온에 접하게 되면 효소의 기능이나 세포막의 침투성에 변화가 생겨 치사하거나 생리기능에 이상이 생긴다. 고온을 이용한

방법으로는 재배 전에 토양 표면에 비닐을 씌워 태양열로 토양온도를 높여 토양해충을 방제하거나, 묘상에 이용할 상토를 열처리하여 사용하는 방법을 생각할 수 있다. 또한 저장 중에 발생한 해충에 대해서도 햇빛에 해충을 노출시켜 죽이거나 쫓아낼 수 있으며, 고주파를 이용하여 죽일 수도 있다.

다) 담수처리

물을 댈 수 있는 밭에 약용작물을 재배하려 할 때, 재배 전에 밭에 물을 담아 토양중의 해충을 죽이는 방법이다. 잡초방제에도 효과가 좋아 예로부터 행해 온 기술로서, 녹충이나 민달팽이 같은 토양해충 방제에 효과가 높다.

라) 광선이용

광선에 끌리거나 기피하는 해충의 주광성을 이용하는 방법이다. 광선에 끌리는 성질을 이용하는 방법으로 야간에 광원에 유인되는 해충을 죽이거나 낮에 활동하는 곤충류가 반응하는 가시광선을 이용하여 유인하는 방법이 있다. 곤충이 잘 끌리는 광선을 비교적 짧은 가시광선에서 근자외선 범위인 3,000~4,000Å의 파장을 가진다. 대부분의 주광성 곤충은 야간에 흑광등(black light)이나 형광등에 가장 많이 유인되고 백광등, 청색 원자외선(살균등), 녹색등, 황색등, 적색 등의 순으로 적어진다. 낮에 활동하는 공충중 일부는 리본에 끈끈이를 발라 유살하여 예찰할 수 있는데 진딧물, 가루이 멸구, 굴파리, 총채벌레는 황색에 잘 끌리며, 총채벌레는 연한 청색, 백색에도 잘 끌린다.

또한 해충은 특정 파장의 빛을 기피하는 성질이 있으므로 이를 이용하여 해충 발생을 억제할 수도 있다. 진딧물 등은 반사광선을 기피하는 성질이 있으므로 은색 폴리비닐 제품을 이용하여 진딧물 발생을 감소시킬 수 있으며, 바이러스 감염 방지에도 유효하다. 과실 흡아류, 노린재류, 나무좀류는 장파장인 황색을 기피하는 성질이 있으므로 이를 이용할 수도 있다.

해충에 순간적으로 광선을 쪼여서 휴면을 저해하여 방제하는 방법도 연구되고 있다. 이 방법은 주로 온대지역에 분포하는 해충이 단일조건에서 휴면이 유기 되므로 적당한 시기(일출전 또는 일몰후)에 조명탄 등을 이용하여 섬광을 주어 정상적인 휴면에 들어가지 못하게 만들어 월동중 저온으로 치사하게 하는 것이다.

4) 화학적 방제법

농약은 수답, 과수, 채소와 화훼작물의 해충방제에 많은 공헌을 해 왔으나, 동시에 많은 문제점도 야기하였다. 특히 과다한 농약사용으로 인한 각종 공해와 약제저항성 해충의 출현 및 농업 생태계 파괴에 의한 천적감소 등으로 새로운 문제가 대두되고 있는 실정이다. 따라서 최근의 해충방제는 농약사용을 최소화하는 방향으로 연구가 진행되어 많은 성과를 거두고 있다.

5) 유인물질의 이용

해충에 따라 특정한 물질에 끌리는 성질을 이용하여 방제하는 방법이 있다. 도둑나방과 멸강나방 등은 당밀에 유인되는 성질이 있으므로 이를 이용한 포살용기를 사용하여 성충을 유살할 수 있다. 이 방법은 방제에 이용될 뿐만 아니라 발생예찰에 이용가치가 높아 방제시기를 결정하는데 유용하다. 민달팽이는 메타알데히드에 잘 유인되므로 이것을 이용한 약제가 시판되고 있으며, 또한 이 성분을 함유한 비닐의 이용도 효과가 높아 실용화되고 있다.

곤충은 성페로몬을 분비하므로써 배우자를 유인하여 교미, 산란하므로 페로몬의 화학구조를 연구한 뒤 인위적으로 합성하여 예찰 및 방제에 응용하는 사례가 많다. 담배거세미나방, 파밤나방, 애모무늬잎말이나방의 경우, 합성페로몬이 개발되어 있으므로 집단산지에서 대량유살법 등을 사용할 수 있다. 곤충의 생리활성 물질은 미래의 해충발생을 조절하는데 이용 가능성이 상당히 높을 뿐만 아니라 이러한 생리생활물질은 특정 해충에만 작용하고 다른 곤충에는 전혀 반응을 보이지 않으므로 생태계를 파괴하는 일반 농약에 비해 천적과 생태계를 보호하는 기능을 한다.

6) 생물적 방제법

국내에 분포하는 천적을 보호하고 활동을 조장하거나 방제효과가 높은 천적을 외국에서 도입하여 방사하는 방법이다. 현재 약초재배지의 천적 종류 및 문제해충에 대해 효과적인 천적이 조사되지 않은 상황이므로 이의 해결이 우선되어야 할 것이다.

천적류를 이용한 자원으로 잠지리목, 딱정벌레목, 사마귀목, 노린재목에서 성공사례가 많다. 사마귀, 풀잠자리를 풀어 놓아 해충을 방제할 수 있다.

응애류, 깍지벌레, 총채벌레 등에 대해 재래의 천적류를 평가한 뒤 유망한 천적은 적극적인 보호대책이 필요하다. 천적에 의한 해충 억제는 완벽하지는 않지만 몇몇 해충에는 상당한 효과가 있을 것으로 기대되고 있다. 최근 시판되고 있는 미생물농약인 BT제는 나비목 해충에 효과가 높은 것으로 평가되고 있다.

7) 해충종합관리를 위한 방향

약초에서는 해충방제를 위해 적극적으로 농약살포를 할 수 없다는 사회적 배경이 있으므로 화학적 방제보다는 경종적, 재배적, 물리적, 생물적 방제법을 적절히 조합한 종합적 방제법을 마련해야 한다. 그러나 아직까지 약용작물해충 대부분의 생활사 또는 발생 장소가 밝혀지지 않았고, 경제적인 피해수준도 모르는 실정이어서 앞으로 많은 연구가 필요하다. 또한 자연적인 해충 억제인자인 천적을 보호하기 위해서는 효과가 있는 천적의 종류를 조사하고, 유력 천적에 영향이 적게 미치는 약제선발과 방제법이 확립되어야 할 것이다.

Ⅶ. 약·특용식물의 수확과 제조

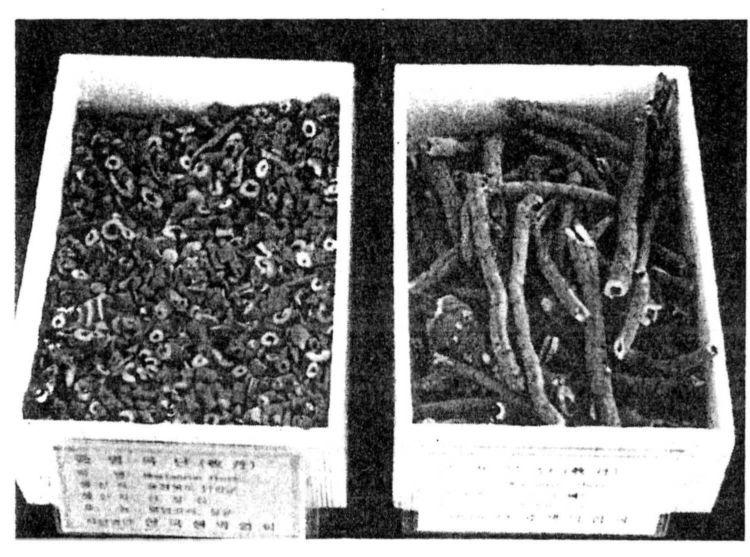

Ⅶ. 약·특용식물의 수확과 제조

약·특용식물의 종류는 대단히 많으며 생장발육의 상황 및 성분과 약효도 각각 다르다. 약용식물의 유효성분의 누적 동태를 파악하여 알맞은 시기에 수확하고 합리적으로 가공·저장하는 것이 중요하다.

1 수 확

약·특용식물의 유효성분으로는 알칼로이드·배당체·정유·테르펜유 등 여러 가지가 있다. 유효성분의 다소는 토양·비료·수분·생장발육 상황과 밀접한 관계가 있으며, 더욱이 적당한 시기에 수확해야만 유효성분의 함량이 높은 약재를 얻을 수 있다.

예를 들면 칡은 개화초기에 알칼로이드 함량이 높고, 흰독말풀은 개화성기에 함량이 높다. 봄에 균진, 여름에 쑥을, 지모와 황금은 계절에 관계없이, 가을에 도라지를 캐는 등 적시에 캐내야 품질이 좋다. 이는 채집 계절의 여하가 품질을 보장하는데 중요성이 있음을 설명한다.

또한 다년생 식물에 있어서 채집계절 뿐만 아니라 채집 연한도 중요하다. 황련(黃蓮)은「2, 3년에 뼈가 자라고 4, 5년에 살이 오른다」하여 재식한 5년 뒤 10월 상순~11월 상순에 수확하는 것이 좋다. 세신의 실생묘는 3~4년 뒤에 수확한다. 이외에 약용식물도 품종과 약용 부위, 생장발육 단계에 따라서 유효성분의 누적도 다르다. 동시에 산지의 토양, 기후 등의 영향도 받기에 채집할 때 단위면적의 생산량만을 고려할 것이 아니라 유효성분은 함량도 고려하여 고품질이 좋은 약재를 얻도록 해야 한다.

감초(甘草, *Glycyrrhiza uralensis* Fisch.)의 생장발육의 각 단계에 있어서 감초의 유효성분 Glycyrrhizin의 함량은 <표1-1>에 열거한 바와 같다.

<표1-1>에서 감초 개화 전기에 Glycyrrhizin 함량이 최고치를 보여 주기에 이 시기를 채수의 최적기로 확정할 수 있다.

〈표1-1〉 감초의 생장발육 각기 Glycyrrhizin 함량 비교

생장발육기	Glycyrrhizin의 함량(%)
생장초기	6.5
개화전기	10.0
개화성기	4.5
생장말기	3.5

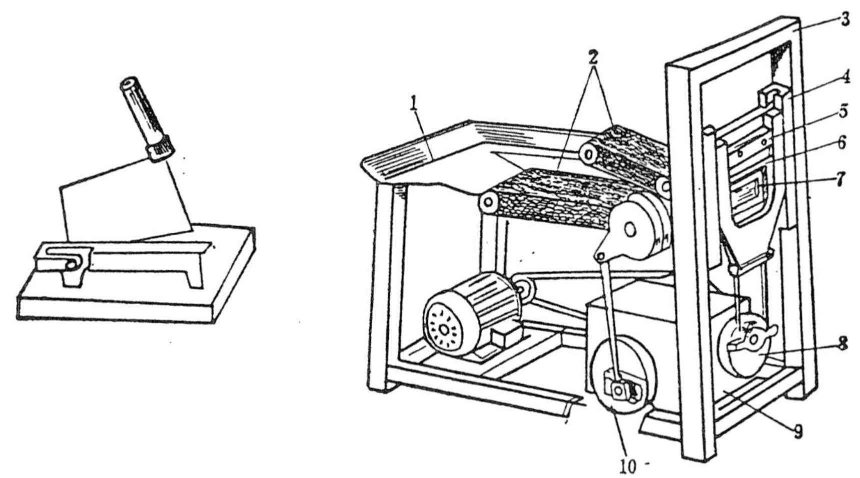

그림7-1 약재 절단기의 종류

1. 약용부위와 채취방법

1) 뿌리 및 근경류

뿌리는 식물의 저장기관으로서 지상부분이 생장할 때는 뿌리에 저장되었던 양분이 소모되므로 뿌리 및 근경류 약재는 대부분 휴면기 즉, 가을이 끝날 무렵 땅윗 부분이 마른 이후에 수확하거나 이른봄 발아하기 전에 채취하기도 한다. 예를들면 황기 · 백출 · 사삼 · 당귀 등은 가을의 끝 무렵에 거둬들이는 것이 적당하다.

그러나 예외도 있어 방풍, 당삼은 봄에 채수하며 태자삼은 여름에 채수하는 것이 좋고 연고색(延胡索)은 조춘식물로서 입하뒤 식물 지상부가 마르기 전에 캐어야 한다.

근과 지하경을 이용하는 것은 외형을 보존하는데 유의해야 한다. 인삼 · 황련의

주근과 발근은 손상없이 보존해야 하고, 우슬·당삼 등의 주근은 비교적 길지만 절단할 수 없으며 이는 약재의 우열을 평가하는 데 중요한 요인이다.

이 때 채취하는 대표적인 약재로는 갈근(葛根), 강활(羌活), 감초(甘草), 고본(藁本), 고삼(苦參), 길경(桔梗), 반하(半夏), 천남성(天南星), 황련(黃連), 백두옹(白頭翁), 당귀(當歸), 대황(大黃), 대극(大戟), 여로(黎蘆), 노근(蘆根), 용담(龍膽), 만삼(蔓蔘), 적작약(赤芍藥), 황기(黃芪), 자초(紫草), 전호(前胡), 백부근(白部根), 하수오(何首烏) 등이 있다.

2) 엽류 및 전초류

전초 및 엽을 이용하는 것으로 대청잎·박하·동향 등은 항상 꽃이 피기 직전에 채취하는 것이 좋은데, 이 시기가 잎이 비대하고 광합성이 왕성하며 유효성분의 함량이 높다. 꽃과 과실이 되면 영양물질이 전이되어 약재의 질이 저하되기 때문이다. 그러나 뽕나무잎은 서리가 내리는 계절에 수확해야 하는데 이때에 알칼로이드 성분을 함유한다. 또한, 전초류의 청고, 안심연, 칠죽엽은 모두 경엽이 무성할 때 채수하며 익모초, 황계, 향유는 개화기 채수함이 좋다. 전초류는 일반적으로 지상부분만 채취하나 세신, 포공용 등은 뿌리채로 캐어 전체를 약용으로 이용한다. 삼지구엽초(三枝九葉草), 어성초(魚腥草), 자주쓴풀 등도 이에 속한다.

3) 수피와 근피류

두충·후박·황백·진피 등이 있으며, 4~5월 늦은 봄부터 초여름 사이를 적기로 본다. 이 시기의 식물은 생장이 왕성하며 피층 내의 영양분이 많고 수액이 이동을 시작하여 형성층의 세포분열이 활발하여 피층과 목질부가 쉽게 벗겨지고 자른 후에도 상처가 쉽게 치유된다. 육계, 천련피 등의 소수 피류 약재는 추동 두 계절에 채집해야 유효성분이 높다.

채약 도구로는 철로 만든 것을 사용해야 탄닌(tannin)성분의 피해를 줄일 수 있다.

4) 화 류

꽃을 약으로 이용하는 것으로 금은화, 정향, 홍화, 양금화 등이 있다. 일반적으로 꽃 봉오리가 필려고 할 때 수확하며 꽃이 다 핀 다음에 채수하지 않으며 꽃이

지는 시기에는 더욱 채수하지 말아야 한다. 약재성상, 색, 향기가 나빠질 뿐만 아니라 약효성분이 현저히 감소된다. 그러나 선복화·백국화 등은 개화된 후 채취하는 것이 좋고 국화, 향홍화 등은 꽃의 만개 시기에 채수한다. 화기가 길어 꽃이 계속 피는 것들은 시기를 나누어 따서 약재 질량을 보증해야 한다. 송화분, 포황은 화분의 채집시간을 어기면 자연탈락으로 산량이 낮아진다. 채화시간은 날씨 맑은날 새벽 안개가 걷힌 후 꽃봉오리에 향기가 있을 때가 좋다. 채취 후 햇볕에 말리거나 불어서 건조시켜 양호한 질을 유지시키야 한다.

5) 과실 및 종자류

대부분이 성숙초기나 성숙기에 채취한다. 구기·의이·치자 등으로 과실이 떨어지는 것을 방지하여 수확량을 증대시킨다. 또 서리가 내리는 것을 기다려 채취하기도 하는데, 산수유는 서리를 맞으면 붉게 되며, 천간자는 가을 서늘한 기온에서 누런색으로 변할 수 있어 질이 좋다. 모과 등은 과실 성숙기가 일치하지 않기에 성숙한 것을 골라 따야 하며 이를 너무 일찍 따면 과육이 얇고, 너무 늦으면 과육이 성기어 품질과 산량이 떨어진다. 견우자, 결명자, 백계자 등 종자류 약재는 반드시 과실이 완숙할 때 채수해야 한다.

2 건조 및 가공

약용식물의 가공은 생약의 발견에 따라서 탄생하였다. 조상들은 생존과 번영을 위하여 대자연의 동식물을 대상으로 먹을 것을 탐색하여 장기간의 생활실천과 몇백대 사람들의 인식, 경험이 쌓이고 이것이 처음에는 구전되다가 문자로 기록되었다. 식물의 식용 편리를 위한 식용 부분의 세척, 분쇄, 쪼개고 끓이는 등의 조작이 가공의 시작이다.

역사의 발전에 따라 사람들은 불을 발견하였으며, 점차 불로서 식물을 처리하였다. 이는 약재의 이용에 편리할 뿐만 아니라 건조저장, 교류에도 편리하였다. 이렇게 초기의 약재 가공이 형성되어 현재의 약재가공 기술과 방법이 형성되었다.

1. 건조방법

약재채집 후 적은 양은 그대로 이용되며, 대부분이 건조·가공하여야 한다. 건조와 가공의 목적은 수분을 제거하고 변질을 방지하여 저장과 투약에 유리하게 하기 위한 것이다. 건조의 방법은 양건·음건·화건 등 3가지가 있으며, 이것을 교대로 응용하기도 한다.

대개의 뿌리식물이나 나무 껍질, 가지, 종자, 그리고 과육이 많은 열매는 햇볕에 건조시켜야 광합성에 의해 약효를 증대시킬 수 있고, 수분의 함량이 최소화되어 부패와 변질을 방지할 수 있다. 그러나 방향성(芳香性) 정유(精油)가 많이 함유되어 있고, 실질(實質)이 가벼운 약물은 25~30°C 이하의 통풍이 잘 되는 서늘한 곳에서 서서히 건조시켜야 약효 성분의 휘발을 방지할 수 있다. 그러나 종류에 따라 변질이 잘 되고 충해가 심한 약재는 짓찧어서 햇볕에 건조시키거나 바람이 잘 통하는 곳에서 오랫동안 건조시키기도 한다.

1) 양건법

햇빛과 공기를 이용하여 건조시키는 방법이다. 이 방법은 본래의 색을 유지하고 정유를 함유하지 않은 약재에 적용된다. 의이·결명자·목단피·두충 등이 있으며, 햇빛을 받으면 고유한 색이 상실되기 쉬우므로 자주 뒤집어 주어 빨리 건조시키는 것도 좋다. 대개 뿌리껍질류, 종지류, 과실류 등을 이와 같은 방법으로 건조시킨다.

2) 음건법

통풍이 잘되는 실내나 천막에서 수분을 자연 증발시키는 방법이다. 이곳에 기둥을 세울 수도 있고 선풍기를 설치할 수도 있다. 형개·홍화·곽향·계피·국화 등 향기가 있는 약재에 좋다. 즉 수분의 자연 방산을 유도하기 위하여 매달거나 잘 펼쳐서 말려 방향성 성분이 휘발되는 것을 최소화하는 방법이다.

3) 화건법

열건조법으로 인공가열을 하여 건조시킨다. 습기와 수분이 많은 약재는 일시에 건조시키기가 어려우므로 종이나 헝겊에 싸서 불속에 넣어 건조시키기도 한다.

황련 · 패모 · 백출 · 지황 · 부자 등에 좋다.

3) 증건법

쪄서 건조시키는 방법으로 약물의 약성을 변화시키거나 충해의 예방, 그리고 장기 보관을 위해 쪄서 건조시키는 약재가 있는데, 숙지황(熟地黃), 황정(黃精), 천마(天麻), 현호색(玄胡索) 등을 들 수 있다.

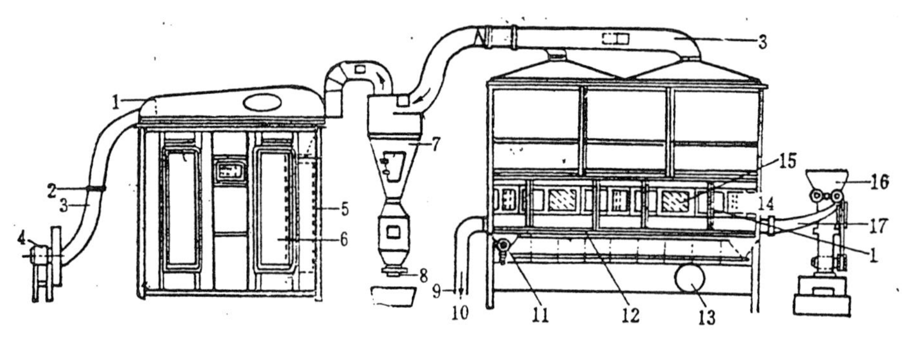

그림7-2 건조기의 예

2. 건조 중 주의하여야 할 문제

1) 뿌리와 지하경을 이용할 때는 흙을 제거하고 수염뿌리를 제거한다. 특히 백작 · 길경 · 북사삼 등은 껍질을 벗겨낸다.
2) 수분이 비교적 많은 약재는 뜨거운 물 속에 잠깐 담갔다가 그늘에서 말린다. 세포 내의 단백질을 응고시키고 전분을 녹게 하여 수분증발을 촉진시키며 약재의 투명도를 증가시킬 수 있다. 옥죽 · 천마 · 하수오 등에 응용되며 깨끗이 씻은 후 한 차례 끓여 다시 햇볕에 말린다. 질을 손상시킬 수도 있으므로 온도와 시간을 잘 파악해야 한다.
3) 단단하고 뿌리가 큰 대황 · 갈근 등은 직접 그늘에 말렸다가 얇게 자르고 건조시킨다.
4) 잎 · 꽃 및 전초는 20~40℃에 두었다가 그늘에서 말린다. 휘발유가 함유된 약재는 20~30℃를 초과하면 좋지 않으며 비교적 낮은 온도의 그늘에 말리는 것이 좋다.

3 저 장

1. 저장 방법

약재는 상쾌한 곳에서 건조시키고 공기유통이 잘되는 곳에 저장한다. 성상이 서로 다르므로 저장·보관의 방법이 일정치 않다.

1) 주요 약재의 저장

약재를 채취하여 건조시켜 보관하면 병충해를 방지함은 물론 균(菌)류의 침습을 예방할 수 있으므로 대부분의 약재는 건조시켜 저장한다. 5°C이하의 저온 저장법도 역시 충해를 방지하고 색상의 변화를 더디게 하는데, 구기자(枸杞子), 인삼(人蔘), 육종용(肉腫蓉) 등이 이 방법을 이용하여 막을 수 있는데, 이 때 독성이 있는 것을 사용하지 않도록 한다.

충해가 심한 것, 예를 들면 백지(白芷), 방풍(防風), 만삼(蔓蔘), 등은 방향성(芳香性)이 높고 단맛이 있어서 충해가 심하므로 각각 보과하는 것이 좋고, 곰팡이가 잘 생기는 숙지황(熟地黃), 목향(木香), 육종용(肉腫蓉)류는 저장을 잘 해야 오래 보관할 수 있다. 당귀(當歸), 길경(桔梗), 사삼(沙蔘), 독활(獨活) 등의 뿌리줄기류 약재와 종자류의 구기자(枸杞子), 도인(桃仁), 행인(杏仁) 등은 따로 저장하고, 방향성이 높은 익지인(益智仁), 사인(砂仁), 등은 성분의 상쇠 작용을 막기 위하여 각각 분리해서 저장한다. 독극성 약물도 일반 치료제와 구별하고, 독성의 파급을 피하기 위하여 각각 따로 저장한다.

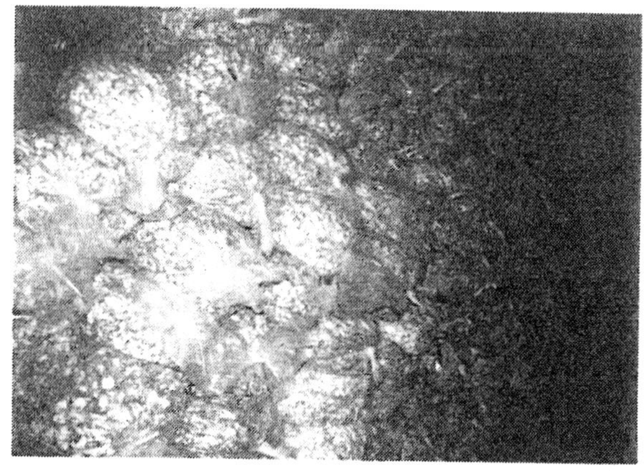

그림7-3 산약의 저장

2) 근류 약재의 저장

서늘한 장소에 저장한다. 우기가 되기 전에 한 차례 끓인 후 그늘에서 말리고 용기에 담아 건조상태를 유지시킨다.

3) 종자 · 과실류 약재의 저장

쥐나 벌레의 접근을 막는다. 우기에는 습도와 온도가 높아 곰팡이가 생겨 기름이 흘러나오기도 하므로 주의한다.

4) 껍질 · 잎류 약재의 저장

건조 가공한 다음 묶어 놓기나 광주리에 담아서 통풍이 좋은 곳에 저장한다. 특히 계피 등에 대해서는 마땅히 나무상자에 담아놓고 나무상자 안에는 실리카겔 따위의 방습제를 넣어 밀폐시킨 후 저장한다.

5) 화류 약재의 저장

색깔과 맛을 유지하는 것을 원칙으로 하며 나무상자에 포장해서 저장하는 것이 좋다. 예를 들면 금은화는 상자마다 25kg씩 포장하고 밀봉하여 외부공기를 차단시킨다.

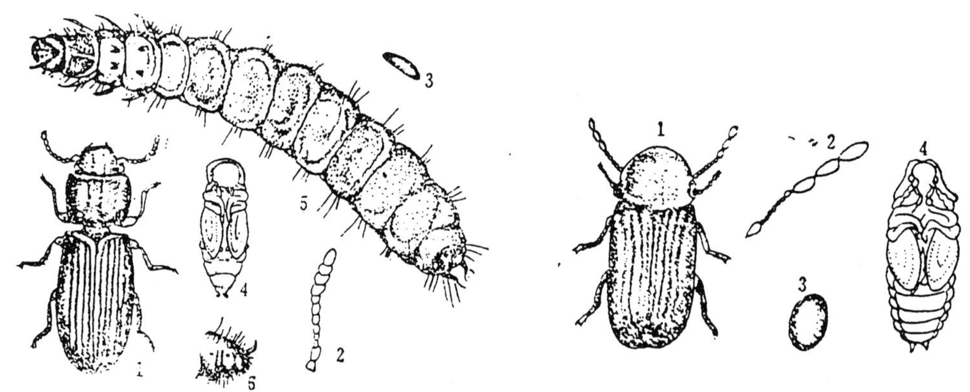

1. 성충 2. 성충촉각 3. ? 4. 용 5. 유충 6. 유충복말측면

그림7-4 저장 중 발생하는 해충

여름에는 냉장 창고에 두면 효과가 좋다. 또한 동일한 종류는 동일한 방법으로 저장해야 하는데, 건조상태를 보존하고 곰팡이를 방지하며 곤충이나 쥐의 피해를 없애야 한다. 최근에는 에어컨 시설이 보급되고 화학건조제의 사용이 확산되어 건조·가공과 저장 방법이 개선되고 있다.

Ⅷ. 약 · 특용작물 경영

Ⅷ. 약·특용작물 경영

1 농업경영과 경영자

1. 특용작물 생산과 의의

경영자가 일정한 목적을 가지고 토지, 자본, 노동을 이용하여 작물재배, 가축 사양 및 농산물가공 등을 행하여 농산물을 생산하고, 판매?이용 또는 처분하는 조직적인 경제행위를 농업경영이라 한다.

1) 경영자의 기능

기술적 기능+경제적 기능

(1) 작목의 선택 (무엇을)
(2) 각 작목의 생산순서와 생산규모 결정 어떤 순서로 얼마만큼)
(3) 각 생산부문의 경영집약도 결정(노동,재료,토지 등의 크기)
(4) 각 생산부문의 경영수단 조달(자금, 농자재, 노동 등)
(5) 생산기술 결정 - 기술적 기능
(6) 생산과정 관리 - 기술적 기능
(7) 경영성과인 생산물 처리 (어떻게 처리)
(8) 경영성과 정리 및 나음 계획 수립(다음 생산은 어떻게)

2) 경영자의 자질

1인 3역 수행(경영자, 자본가, 노동자)

(1) 경영내용의 계수적 파악 능력: 따져보는 습관
(2) 경영계획과경였진단능력: 경영설계, 경영기록, 경영성과분석, 경영진단
(3) 자금 및 자산관리, 경영능률 향상 능력: 신용과 지식의 습득
(4) 정보의 수집과 처리능력: 새기술정보, 시장정보, 가격정보, 산지유통정보 등
(5) 불확실성에 대응능력: 농산물 시장대응과 예견된 안목을 갖춤

(6) 경영개선과 기술혁신의 과감한 정열

2. 농업경영개선

현재경영의 합리적 개선
(소득 ↑ = 조수입 ↑ (생산량×단가) - 경영비 ↓ (투입량×단가)

1) 농업소득 증대방안

(1) 조수입 증대
① 고품질, 다수확생산: 건강, 소비자가 원하는 것
② 다품목 소량생산: 지역특성에 맞는 것
③ 선별, 등급화, 포장개선: 상품차별화
④ 저장, 가공으로 출하조절: 부가가치 창출
⑤ 품질인증과 자가 상품관리: 신용도 제고

(2) 농업경영비 절감
① 생산자재의 공동구입: 낮은 단가
② 시설, 농자재의 공동이용: 투입비용 절감
③ 농작업의 공동화: 작업능률 향상
④ 공동출하와 산지판매: 시장 교섭력 제고
⑤ 경영규모 확대 : 자본, 노동 등의 최대활용
⑥ 지역 특성에 맞는 작목: 유류 등 생산비절감
⑦ 생력화: 기계화, 자동화
⑧ 경영조직화: 협업경영의 유리성
⑨ 작목결합의 최적화: 노동력 분배

2 약 · 특용작물 경영설계

1. 농업경영설계의 목적과 방법

1) 경영설계

농업경영 목표를 달성(농업소득의 최대화, 농업 순수익의 최대화 등)하기 위하여 경영전체가 합리적으로 조직, 운영되도록 일정한 순서에 따라 계획하는 것. 즉 어느 정도로 경영을 확대 또는 축소, 생산방법의 변경시 수량화 하는 것

(1) 농업경영 설계방법

① 표준비교법
② 직접비교법
③ 예산법 : 종합예산법, 부문예산법
④ 선형계획법
※ 농업경영설계 장단기계획 : 10년 계획, 당해년도 계획

2) 약 · 특용작물 경영설계

경영의 목적인 순수익의 최대화 또는 가족노동에 대한 소득증대를 위해서는 경영 전체가 합리적으로 조직되고 운영되어야 하는데 이를 위해서는 치밀하게 짜여진 일정한 순서와 방법에 따라 계획이 작성되고 실천되어야 그 효과가 있게 된다.

약초 경영설계를 위해서는 작부체계나 수지계산노 계획되어야 하는데 다음과 같은 내용을 설계함이 바람직하다.

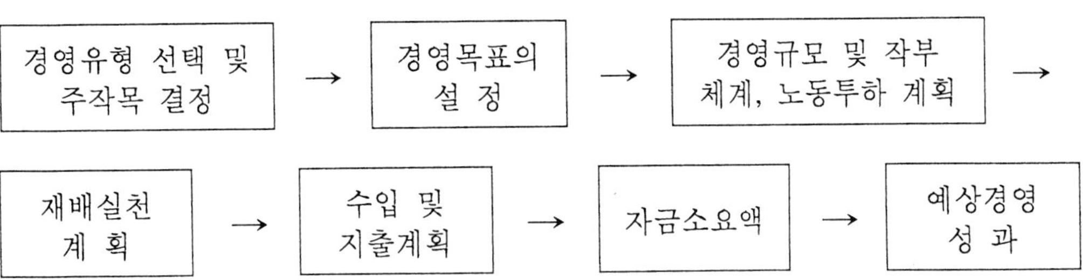

그림8-1 경영설계의 작성순서

(1) 경영유형 선택 및 주작목 결정

경영유형의 선택은 농가가 당면하고 있는 주어진 조건 아래서 약초별로 유리성을 비교하여 2개 부문 이상의 복합경영형태를 취하는 것이 유리하다. 주작목은 경영의 중심이 되는 작목으로서 농가의 토지, 노동력, 자본재를 가장 유효적절하게 이용하여 생산성을 높이는 동시에 농업소득을 많이 가져올 수 있는 유리한 작목을 선택하여야 한다. 또는 충분한 자료수집과 분석의 자금능력 등을 고려하여야 하며 적은 자본으로 시작할 때는 단기성인 약초 중 수익성과 안정성을 고려한다.

① 단기성 약용작물

ㅇ 1년1작 약용작물

소득의 위험성을 분산시키기 위하여 2~3작목에 대해 작부유형을 선택하여 경지를 최대한 이용토록 계획한다.

- 천궁, 지황, 택사, 맥문동, 백지, 부자, 패모, 결명자, 율무, 강활, 자소, 향부자 등

ㅇ 2년1작 약용작물

2년1작인 약용작물의 대부분이 1년째 묘판에서 육묘하여 본밭에 재배할 수 있으므로 경지가 적은 농가는 육묘재배가 유리하나 노동력을 많이 요구한다.

반면 경지가 큰 농가는 직파재배로 생력재배를 통한 노동력을 절감하는 작부형태가 유리하다.

- 당귀, 사삼, 길경, 시호, 황기, 반하, 만삼, 산약, 지모, 하수오 등

② 장기성 약용작물

ㅇ 3~5년 1작 약용작물

재배기간이 길므로 자본금이 확보되어야 한다. 또한 수확예정시기의 가격 예측을 하여 재배시기를 결정한다.

- 목단, 작약, 천마 등

ㅇ 다년생 약용작물

다년생 약초는 수확기간까지 오랜시간이 걸리므로 토지를 활용하기 위해 1년생 약초를 간작 할 수 있도록 작부유형을 설계한다.

- 두충, 구기자, 오미자 등

〈표8-1〉 가격이 폭락할 우려가 적은 수익성 높은 작목

소득수준(10a)	작목수	약 초 명
하	15	감국, 강활, 길경, 일당귀, 독활, 시호, 연교, 익모초, 결명자, 백지, 향부자, 황금, 형개, 자초
중	23	사삼, 백하수오, 소염, 고본, 대황, 토당귀, 만삼, 목단, 반하, 방풍, 우슬, 율무, 구기자, 두충, 지황, 택사, 지모, 치자, 토천궁, 어성초, 패 모, 황정
상	6	산약, 맥문동, 작약, 산수유, 오미자, 일천궁, 천마

③ 수요량이 많고 판매가 용이한 작목

- o 100 M/T미만: 강활, 만삼, 방풍, 패모, 하수오
- o 550 M/T이상: 목단, 산수유, 시호, 택사, 향부자, 반하
- o 1,000 M/T이상: 산약, 구기자, 당귀, 율무, 작약, 지황, 천궁, 황기, 결명자

※ 수요가 계속 증가될 것으로 예상되어 재배면적 확대 작목: 구기자, 당귀, 목단, 산수유, 시호, 율무, 작약, 지 황, 천궁, 황기, 결명자

④ 재배가 용이하고 재배기술이 축적된 작목

- o 당귀, 강활, 백지: 서늘한 지역
- o 산수유, 일천궁: 남부지방
- o 토천궁: 중북부 산간지

(2) 경영목표의 설정

경영목표를 정확하게 설정하는 것은 경영합리화를 추구함에 있어서 매우 중요하다. 따라서 경영설계에서는 지역의 생산조건이나 판매여건, 개인의 자본과 경영능력에 따라 알맞는 목표를 설정하여야 한다.

〈표8-2〉 경영목표 예시 (구기자)

◆경영규모 : 0.5ha
◆생 산 량 : 1,500kg
◆소득목표 : 20,000천원

(3) 경영규모 및 작부체계, 노동투하계획

경영규모란 일반적으로 토지, 자본재, 노동 등으로 조직된 경영체의 크기를 말하는데 보롱 경지면적을 기준으로 하는 경우가 많다.

경영규모를 결정할 때에는 농업생산 요소의 합리적 결합으로 농업생산성을 향상시키기 위하여 생산자원의 생산성 향상, 생산비절감, 투입 산출의 효율적 운영 등을 고려하여야 한다.

또한 경영유형에 따라 경영규모가 달라질 수 있으나 경험이 적은 경우에는 우선 복합경영을 하다가 단일경영으로 바꾸어 가는 것이 바람직하다. 복합경영의 경우에는 기간작목이 되는 주작목을 60~70%, 보완작목이 되는 부작목을 30~40% 비율로 구성하는 것이 바람직하다.

〈표8-3〉 경영규모 및 작부체계, 노동투하계획 예시(구기자)

<table>
<tr><td rowspan="2">작목
(규모)</td><td rowspan="2" colspan="2">구 분</td><td></td><td></td><td></td><td></td><td></td><td></td><td></td><td></td><td></td><td></td><td></td><td></td><td></td></tr>
<tr><td>1</td><td>2</td><td>3</td><td>4</td><td>5</td><td>6</td><td>7</td><td>8</td><td>9</td><td>10</td><td>11</td><td>12</td><td>계</td></tr>
<tr><td rowspan="5">구기자
(0.5ha)</td><td rowspan="2" colspan="2">작부체계</td><td></td><td></td><td></td><td></td><td></td><td></td><td></td><td></td><td></td><td></td><td></td><td></td><td></td></tr>
<tr><td></td><td></td><td></td><td></td><td></td><td></td><td></td><td></td><td></td><td></td><td></td><td></td><td></td></tr>
<tr><td rowspan="3">노 동
투하량
(시간)</td><td>가족</td><td></td><td></td><td></td><td></td><td></td><td></td><td></td><td></td><td></td><td></td><td></td><td></td><td></td></tr>
<tr><td>고용</td><td></td><td></td><td></td><td></td><td></td><td></td><td></td><td></td><td></td><td></td><td></td><td></td><td></td></tr>
<tr><td>계</td><td></td><td></td><td></td><td></td><td></td><td></td><td></td><td></td><td></td><td></td><td></td><td></td><td></td></tr>
</table>

(4) 재배실천계획

최신기술을 입수 분석하여 품종선택, 종자 및 종묘구입, 노동투하량 잊 파종기, 농약사용량 및 시기, 수확시기, 가공방법 및 시기, 재배시 사용할농약자재구입, 판매계획을 세부적으로 계획한다.

① 품종선택

ㅇ 품종에 따라 수량 및 품질, 가격의 차이가 크다

- 일천궁이 토천궁에 비해 수량 2배 많다
- 백작약은 수량이 많으나 적작약은 수량이 적다
- 백하수오는 적하수오에 비해 2배의 가격에 거래된다
- 구기자는 대립종이 소립종에 비해 수량이 적다

② 종자 및 종묘구입

o 종자

품종 고유의 특성을 갖춘 정선이 잘된 것으로 모양과 크기가 고르고 무거운 햇종자

o구근(球根)

약초의 특성과 크기가 표준에 달한 것으로 겉껍질은 신선한 광택이 있고 무거운 것

o숙근초(宿根草)

원뿌리나 곁뿌리가 잘 발달된 것

o목본류(木本類)

원뿌리나 곁뿌리가 잘 퍼지고 큰 것

③ 판매방법 개선

o 경영자가 스스로 판매처를 개척

o 가격변동이 심하므로 수시로 파악하고 수출입 현황도 면밀히 검토

o 계약재배를 통한 협동출하

- 생산자 - (계약) - 생산조합 - (계약) - 제약회사
- 생산자 - 중개인 - (계약) - 제약회사
- 생산자 - (계약) - 농협 - (계약) - 제약회사

④ 토지이용율 제고

o 사이짓기 또는 2모작으로 토지이용 극대화

- 두충나무 재식후 2~3년간 길경 등 재배

2. 약·특용식물 재배에 있어 유의할 점

약초는 재배 종류의 수가 90여종에 달하며 종류에 따라서 그의 형태, 기후, 토질, 재배관리, 수확, 조제, 저장 및 판매방법 등이 각각 다르고 또 그의 재배기술이 일반 농민에게 보급되어 있지 않아서 잘못 알고 그릇된 재배를 하기도 하므로 미리 예비지식을 갖추어 두는 것이 좋다.

1) 그 지방 기후에 알맞는 종류를 선택할 것

따뜻한 기후에 적합한 맥문동, 회향, 오수유, 제장국, 디기탈리스, 일황련, 치자

등은 남부지방에 재배하는 것이 좋고, 서늘한 기후에 적합한 토당귀, 강활, 만삼, 토천궁, 원감초, 대황, 음양곽, 산사자 등은 산간 서늘한 지방에 재배하여 그 지방 기후에 맞는 것을 선택하여야 한다.

2) 토질에 맞는 종류를 선택할 것

사질토에는 향부자, 토방풍, 천문동, 만형자(낭형자) 등을, 사질양토에는 종자, 경섭, 과실을 수확하는 약초가 비교적 적당하며 양토, 점질양토에는 뿌리를 수확하는 약초가 적합하다. 또한 비옥한 토양에는 생강, 택석, 박하, 작약, 지황 등 다비성 약초와 당년에 수확하고자 하는 일당귀, 백지, 식방풍 등을 심고, 메마른 토양에는 형개, 구기자, 백편두, 황파, 황금, 결명자, 소회향 등 비교적 척박한 토양에서도 잘 되는 종류를 심으며, 배수가 덜되는 토양에는 습기에 비교적 강한 백지, 현삼, 자완, 소섭, 작약, 강활, 토당귀, 박하, 우슬, 향부자 등을 심고, 습기에 약한 황파, 지황, 감초, 모단, 형개, 소회향 등은 배수가 잘 되는 토양을 골라서 심는 등 토양에 알맞는 종류를 심는 것이 좋다.

3) 시세가 좋은 것만을 택하지 말 것

약재의 시세는 항상 유동적인 것이어서 작년에 비싸서 수지가 맞았던 것은 금년에는 심는 사람이 많아서 생산과잉으로 인한 가격의 하락이 오게 되며, 작년에 시세가 싸서 수지가 맞지 않았던 것은 금년에는 재배자가 적어 생산량 감소로 의외로 가격이 상승되는 수가 많다.

그러므로 수출의 전망, 국내의 수요량, 수확에 소요되는 연수, 재배의 곤란도, 종묘생산의 수량 및 번식력 등을 충분히 검토하여 작년에 비쌌다 할지라도 국내수요가 적고 수출이 적게 되는 것은 재배를 피하는 것이 좋으며 작년에 가격이 저렴했더라도 국내의 소비가 많은 것을 택하는 등 현재의 시세만을 가지고 결정하지 않도록 한다.

4) 적어도 4~5종류 이상을 재배토록 할 것

약초는 비교적 가격변동이 많으므로 1~2종류를 재배하여 그 종류의 가격이 좋으면 다행이지만 폭락되면 경제파탄이 올 염려도 있으므로 적어도 4~5종류 이상을 재배하도록 한다. 따라서 의외로 가격이 떨어진 것이 있는가 하면 반대로 의외로 가격이 올라간 것이 있어서 전체적으로 수지타산이 맞을 수 있도록 건실한 재배경영방식을 취하는 것이 좋다.

5) 약초 종묘선택을 잘 할것

작약에는 꽃이 겹으로 피고 결실이 잘 되지 않는 것, 홑으로 피고 결실이 잘 되는것, 키가 큰것, 비교적 작은 것, 뿌리가 쭉쭉 뻗는 것, 잘 뻗지 않는 것, 뿌리가 비교적 흰 것, 붉은 것 등 여러 품종이 있으며, 지황은 뿌리가 굵게 되는 것, 가늘고 길게 되는 것, 비교적 빛깔이 붉은 것, 흰 것, 잎이 넓은 것, 좁은 것, 주름이 많은 것, 적은 것 등 품종이 다양하다.

감초는 만주, 몽고원산의 원감초와 이탈리아 또는 최근에 이란에서 수입한 것 등 구라파 계통의 감초, 즉 미감초가 있다.

또한 소엽에는 자소엽, 청소엽이 있으며, 당귀, 천궁에는 각기 일본산과 토종이 있고, 의이인에는 외피가 두꺼운 것, 얇은 것이 있으며, 대황에는 토대황이라는 좋지 못한 대황이 있다.

또한 택사에는 뿌리가 둥글고 크며 꽃대가 적게 올라가는 속택이 있는가 하면, 뿌리의 굴곡이 많이 생기므로 안택(鞍澤)이라고 하는 꽃대가 많이 올라오는 품종이 있다.

목단은 포기를 나누어서 심는 분주법에 의하여 번식하는 것이 보통이나, 작약뿌리에 목단을 접목한 것 또는 목단 뿌리에 목단을 접목한 것 등의 접목 묘목이 있는 등 종묘 선택에 각별히 유의하여야 한다.

6) 파종기를 잘 알아서 심을 것

목단, 작약은 특이한 성질이 있어서 10월이 되면 새 뿌리가 내린다. 이때에 심어야 잘 사는 것인데 봄에 심어서 죽이는 수가 많으며, 가을에 심어야 발아가 잘 되는 토당귀, 강활, 토방풍, 작약 등의 종자를 봄에 심는다든가 봄에 심어야 되는 황파를 가을에 심는다든가 하는 심는 시기의 잘못이 없어야 하며, 가을에 파종하는 것이 발아가 더 잘 되는 일당귀, 백지, 목단, 사삼, 현삼, 소회향, 소섭, 산사, 황금, 토목향, 디기탈리스, 자원 등은 될 수 있으면 가을에 심도록 하는 등 파종기의 적절을 기하여야 한다.

7) 수확 · 조제의 적절을 기할 것

수출용은 그의 조제방법이 다를 수가 있다. 모단피는 심(心部)을 빼지 않기도 하며 황파는 껍질을 벗기지 않아도 되고, 백지, 일당귀는 미(잔뿌리)가 적고 쭉쭉 뻗은 몸뿌리를 요구하며 천마는 굵고 통통한 것을, 의이인은 의피가 얇은 것을, 시호는 잔털뿌리를 뗀 것을 수출하는데 그 용도에 맞도록 조제할 것이다. 또 국내용으로서도 토목향은 묘두를 종근으로 쓰고 남은 것은 잔뿌리를 붙여서 쪼개야 상품가치가 있으므로 대황같이 썰어 말리면 안되며, 형개는 개화가 되어 반 결실되있을 때가 수확 적기이고 토당귀, 강활 등은 1년간 생육을 억제하는 방법에 의한 육묘를 하여 본포에 정식하여 그해 가을인 2년생을 수확하고 일당귀, 백지, 식방풍 등은 충분한 비배관리에 의하여 당년에 수확하는데, 다 같이 꽃대가 올라오면 뿌리가 목질화되어 약용으로 쓰지 못하게 되므로 목질화된 뿌리는버려야 하는 등 수확 조제의 적절을 기할 것이다.

8) 건재의 판로와 판매요령

우리 나라에 있어서의 건재를 팔고 사는 유통과정을 살펴 보면 다음과 같다.

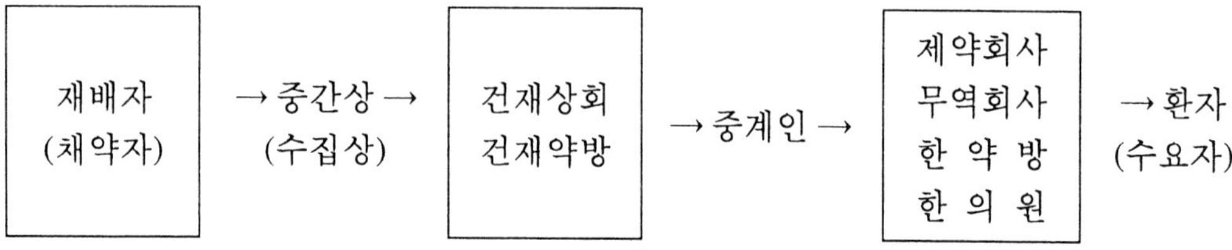

그림8-2 우리 나라 한약재 유통경로

생산한 사람이 한약방, 한의원, 무역회사, 제약회사 등에 직접 파는 수도 있으나 대개는 <그림 8-2>과 같은 유통과정을 밟는 것이 보통이다. 건재상에 위탁을 하거나 중계인을 통하여 판매하면 약간의 수수료를 공제하게 된다.

생약의 시세는 변동이 많으므로 시세변동을 잘 관찰하여 조제된 건재는 하루빨리 견본을 큰 건재약방 또는 건재상 등에 보내서 시세를 탐문하여 적당하면 곧 팔아야 하며, 출하기(정상 수확기에 수확한 건재가 나오는 시기)에 가격이 많이 떨어질 우려가 있을 때에는 수확적기만을 기다릴 것이 아니라 다른 사람보다 일찍 수확 · 조제하여 파는 등 판매에 적절을 기하여야 한다.

또한 많은 노력과 경비를 투자하여 재배, 수확한 생약재를 중간상인에 의해 좋은 가격을 받을 수 없는 경우가 있으므로 재배농가들이 직접 생산조합을 조직하거나 농협을 통한 계통출하를 실시하므로서 유통단계를 줄여 소득의 증대를 꾀하는 것이 좋다.

3 수입 및 지출계획

1. 경영계획

1) 재배실천 계획

〈표8-4〉 재배실천 계획 예시 (구기자)

구 분	시 기(기간)	특 기 사 항 (주요기술 및 수량 등)
유기질비료 살 포	2월 하순	ㅇ
석회 유황 살 포	3월 상순	ㅇ
농약 살포	5월 상순, 7월 하순	ㅇ ㅇ
순자르기 및 줄기 묶어주기	5월 하순	ㅇ ㅇ
제 초 제 살 포	7월 상순	ㅇ
거름 주기 수 확	6월 하순, 8월 중순 8월 하순, 11월상순	ㅇ기비 : N:P:K=
자지자르기	11월 상순	
건 조 재 배	9월 상순, 12월상순	ㅇ 양건 및 건조기 이용
판 매	12월 하순	ㅇ 경동시장 직거래

2) 수입 · 지출계획

경영목표를 달성하기 위한 수입내역 및 직접 투입자재량, 비용을 비목별, 품목별로 세밀하게 계획한다.

〈표8-5〉 수입 및 지출계획 예시 (구기자)

구 분			수 량	단가(원)	금액(천원)	특기사항
조 수 입		주 산 물				
		부 산 물				
농업지출	종 묘 비					
	비료비	무기질비료				
		유기질비료				
		계				
	농약비	살균(충)제				
		제 초 제				
		계				
	광 열 동력비	유 류				
		전 기				
		계				
	재 료 수리비	재 료 비				
		수 리 비				
		계				
	소 농 기 구 비					
	고 용 임 금	남				
		여				
		계				
	기 타					
	합 계					

3) 자금소요액

약초경영을 하기 위한 영농자금을 시설(기계)자금과 단기 영농자금으로 구분하여 수입 및 지출계획을 참고하여 작성한다.

〈표8-6〉 자금 소요액 예시(구기자)

시설 (기 계)	규모	수량	단 가 (천 원)	소요금액 (천 원)	비 고
관 리 기	6 Hp	1대	1,300	1,300	
주행식분무기	600 *l*	1대	2,300	2,300	
건 조 기	6.6m³		2,700	2,700	
계				6,300	

ㅇ단기 영농자금 소요액 : 8,083 천원

4) 예상경영 성과

경영목표를 달성하기 위한 예상경영성과를 주요지표로 도출한다.

〈표8-7〉 예상 경영성과 예시(구기자)

조수입 (천원)	경영비 (천원)	소 득 (천원)	소득율 (%)	토지생산성 (원/평)	노동생산성 (원/시간)	자본 효율
28,500	8,871	19,629	68.9	13.086	2.804	2.2

2 농업경영 기장

1) 농업경영 기장의 필요성

(1) 수지가 맞았는지 손해를 보았는지를 정확히 파악하여 경영개선자료 도출
(2) 기록을 통한 분석으로 잘잘못의 원인 발견

2) 농업경영 기장방법

(1) 복식부기

거래의 발생 상황을 차변과 대변으로 구분기입하므로서 틀림없이 기록되도록 함 (컴퓨터를 이용한 위탁영농회사 프로그램 개발 보급)

(2) 단식부기

한 계정에만 기록하여 집계분석합 (현금출납장 등)

3. 약 · 특용작물 경영 진단

경영설계에서 세워진 농업경영 목표를 달성하기 위해서는 경영전체가 합리적으로 조직되고 운영 되었는가를 면밀히 분석하여 잘된점은 계속 발전시키고 잘못된 점은 고쳐나가는 경영개선이 필요하다.

1) 경영진단 방법

(1) 외부비교법

① 표준비교법

② 직접비교법

(2) 내부비교법

① 시계열 비교법

② 계획대 실적 비교법

③ 부문간 비교법

2) 경영진단결과 표시방법

(1) 숫자로 표시하는 방법 : 수치, 지수

(2) 그림으로 표시하는 방법 : 온도계표시법, 원형표시법

3) 경영진단 순서

(1) 경영실태의 파악

경영의 실태를 알아보는 단계로 필요한 조사작목에 대하여 조사하는 과정이다. 조사된 내용을 기준치와 비교하기 의해서는 경영내용을 계수적으로 잘 정리하여야 하는데 이러한 자료를 진단지표라 한다.

〈표8-8〉 경영성과분석 예시 (구기자)

구 분				표준농가	사례농가	비 고
조수입	주 산 물 가 액			4,478,940	4,139,650	293kg
	부 산 물 가 액					
	계			4,478,940	4,139,650	
생산비	경영비	중간자재비	종묘비	-	-	
			무기질비료비	30,113	26.343	
			유기질비료비	30,776	27,374	
			농약비	280,053	210,277	
			광열동력비	18,884	12,341	
			수리(水利)비	-	-	
			제재료비	36,084	30,982	
			소농구비	5,100	4,103	
			대농구삼각비	20,306	15,992	
			영농시설삼각비	7,170	7,496	
			수리(修理)비	20,869	21,932	
			임차료,기타	37,739	30,312	
			계	487,094	387,152	
		고용노력비		987,324	1,272,394	
		계		1,474,418	1,659,546	
	자 가 노 력 비			1,553,216	987,614	
	고정자본용역비			10,696	9,420	
	유동자본용역비			35,105	36,695	
	토지자본용역비			66,000	60,769	
	계			3,139,435	2,754,044	
소 득				3,004,522	2,480,606	
순 수 익				1,339,505	1,385,606	
소 득 률(%)				67.1	59.9	
순수익률(%)				29.9	33.5	

(2) 문제의 발견

경영의 실태를 분석하여 얻어진 성과를 기준값과 비교 판단하는 단계이다. 기준지표는 지역농가들이 경영성과분석 평균값, 시험장 성적등을 이용하는 표준값, 진단농가의 경영설계 목표값 등을 이용한다. 진단농가의 경영성과와 기준치를 비교하는 방법으로는 수치 또는 비율로 비교하거나 도형을 이용하기도 한다.

〈표8-9〉 주요 약초의 연차별 경영개선을 위한 경영지표

① 단수증가에 의한 경쟁력 제고 (단위:kg/10a)

약 초 명	1990년	1996년	2001년
구 기 자	166	180	200
당 귀	339	350	400
산 수 유	314	320	350
시 호	129	150	180
율 무	182	250	300
작 약	1,000	1,100	1,200
지 황	410	450	500
천 궁	309	350	400
황 기	194	250	300

자료 : 농촌진흥청, 농업과학기술 연구개발 중장기계획(하) 1991.

② 생산비 절감에 의한 경쟁력 제고

작업단계	작 업 수 단		가 능 작 목	효 과 (시간/10a)
	기 준	개 선		
파종 제초 수확	인력점파 손제초 인력수확	기계세조파 제초제처리 경운기부착 굴 취 기	율무,결명자,황기,시호 전 약초(초목류) 공통 당귀,길경,강활,백지 지모, 지황, 천궁, 향부자, 황기, 황금	15.5 → 0.5 20.9 → 5.4 28.2 → 11.0

자료 : 농촌진흥청,농업과학기술 연구개발 중장기계획(하) 1991

③ 전업농 경영모형 설정(1996년)

약초명	10a당			4,000만원 달성경영규모
	수량(kg)	단가(원)	소득(천원)	
구기자	180	11,300	1,220	3.3ha
당귀	350	7,760	1,630	2.5
산수유	320	8,690	1,668	2.4
시호	150	9,780	880	4.5
작약	1,100	3,270	2,158	1.9
지황	450	4,600	1,242	3.2
일천궁	350	3,780	797	5.0
황기	250	12,000	3,200	1.7

④ 약초수량 및 수익성 지표 (기준:원/10a)

구 분	수 량(kg)	조 수 입	경 영 비	소 득
양 유(3년)	1,229(생)	3,722,640	1,082,706	2,639,754
길 경(3년)	1,813(생)	2,223,985	538,960	1,685,025
시 호	135(건)	1,540,150	460,317	1,079,833
황 기(3년)	420(건)	1,645,500	323,002	1,322,498
당 귀(2년)	230(건)	788,738	206,262	582,476
오 미 자	128(건)	1,088,000	300,934	787,066
산 약	1,920(생)	1,699,200	543,888	1,155,312
백하수오(3년)	222(건)	2,327,000	615,829	1,711,171
강 활	234(건)	1,032,240	511,476	520,764
구 기 자	149(건)	1,541,350	719,981	821,369
두 충	297(건)	4,194,500	480,981	3,713,646
맥 문 동	345(건)	2,011,845	773,095	1,238,750
목 단(5년)	1,289(건)	10,848,000	1,041,690	9,806,310
작 약(4년)	749(건)	4,997,792	1,004,557	3,993,071
백 지	1,170(건)	585,000	161,469	423,531
산 수 유(15년)	180(건)	1,090,020	151,937	938,083
율 무	322(조곡)	583,100	114,864	468,236
지 황	1,693(생)	1,212,333	346,997	865,336
천 궁(2년)	1,427(생)	1,506,883	629,612	877,271
택 사	187(건)	779,042	264,696	514,346
향 부 자	450(건)	584,910	337,958	246,952
황 금(2년)	180(건)	630,990	178,220	462,770
결 명 자	180(건)	178,990	41,843	137,147

※ 자료 : 농업경영연구사업보고서, 농촌진흥청. 1992.

⑤ 주요 약초의 표준소득(1995년) (기준:원/10a)

		비목별	도라지	더덕	인삼	작약	당귀	황기
조수입		주산물가액	2,015,406	4,364,695	7,703,037	2,605,233	1,121,280	1,882,580
		부산물가액	50,087	235,389	28,901	53,204	6,597	35,582
		계	2,065,493	4,600,084	7,731,938	2,658,437	1,127,877	1,918,162
경영비	중간재배	종묘비종자	81,327	102,383	413,842	331,980	157,315	81,885
		종묘						
		무기질비료비	28,260	27,667	3,277	41,864	22,740	33,779
		유기질비료비	46,827	87,471	217,388	81,942	54,917	47,990
		농약비	16,424	39,316	112,380	32,434	11,661	26,962
		광열 · 동력비	4,210	5,939	18,376	10,794	7,421	8,620
		수리(水利)비	315	0	307	43	0	0
		제재료비	16,658	197,116	690,445	37,060	11,213	14,469
		소농구비	3,340	4,267	5,951	3,064	3,722	2,419
		대농구상각비	27,395	21,714	53,404	33,997	30,535	22,719
		영농시설상각비	137	1,618	1,375	890	930	1,737
		수리(修理)비	7,456	9,.654	20,153	9,816	9,448	14,524
		기타요금	3,683	3,879	15,676	3,353	1,190	4,191
		계	236,032	501,034	1,552,574	587,237	311,092	259,295
		임차료	6,618	16,637	119,042	29,019	31,607	83,804
		고용노력비	256,530	308,430	915,169	13,087	235,510	270,695
계			499,180	826,101	2,586,785	829,343	578,209	613,794
자가노력비			607,116	846,791	1,483,213	784,541	529,015	433,053
소득			1,566,313	3,773,983	5,145,153	1,829,094	54,968	1,304,368
소득률(%)			75.8	82.0	66.5	68.8	48.7	68.0
비고		수량 (kg)	1,494	965	421	1,173	320	238
		단가 (원)	1,349	4,523	18,297	2,221	3,504	7,910
		기준	2년1기작	2년1기작	4년1기작	3년1기작	1년1기작	2년1기작

※ 자료 : 농축산물 표준소득, 농촌진흥청, 1996

(3) 문제의 분석

발견된 문제에 대하여 그 원인이 무엇인가를 분석하는 단계이다. 예를 들어 농업소득이 낮은 것이 문제였다면 가격이 불안정한 작목을 재배하고 있는지 또는 기술의 부족으로 수량이 낮았기 때문인지 등의 원인을 찾아야 한다.

(4) 대책 및 처방

문제가 발견되고 원인이 규명되면 경영개선을 위한 방향을 설정하는 단계이다. 예를 들면 농업소득이 낮은 것이 문제점으로 발견되고 이러한 문제점의 원인이 어떤 작목의 가격불안정에 있었다고 판단되면 가격의 안전성을 고려하여 새로운 작목을 선택하고 그에 따른 구체적인 목표를 설정해야 한다.

〈표8-10〉 문제점 및 개선방안 예시(구기자)

구 분	문 제 점	개 선 방 안
재배기술	ㅇ소립종 재배로 수량이 낮음 ㅇ병해 발생으로 수량감소 ㅇ손제초에 의한 자가노력 과다투하	ㅇ대립종 품종도입 재배로 수량 제고 ㅇ예방위주로 병해 방제 ㅇ제초제 사용에 의한 노동력 절감 ㅇ비닐 멀칭재배로 노력비 절감
경영성과	ㅇ무멀칭 재배로 제초노력 과다에 따른 노동생산성 낮음 ㅇ양건에 의한 노임과다 지출 및 품질저하	ㅇ화력건조로 노임비 절감 및 품질향상 ㅇ계통풀하 및 경동시장 직 거래
판 매	ㅇ산지시장 출하로 농가수취 가격이 낮음	

4 산지 재배 통한 약·특작 경영

1. 산지재배의 필요성

우리 나라의 국토면적은 1997년 현재 9,937천ha로 농경지 1,924천ha와 기타 1,480천ha를 제외한 6,533천ha가 임야지로 전체 국토면적의 65.7%를 차지하고 있다. 따라서 이들 임야지를 이용한 임간재배가 이루어질 경우 생산량 증대는 물론

비용절감을 통한 농가소득 증대 및 국제경쟁력 강화를 동시에 기할 수가 있다. 물론 임야지를 이용한 임간재배의 경우 산의 지형을 비롯해 지세 또는 환경조건, 그리고 입목밀도 등 산의 입지조건에 따라 이용할 수 있는 면적에 한계가 있으나 전체 면적의 1%만 이용해도 65,330ha로 현재 재배면적13,600ha의 무려 4.8배가 된다. 또한 임간재배시 재식밀도를 비롯해 재배환경 또는 재배관리 등 불리한 재배조건 때문에 단위당 수확량이 일반 노지재배에 비해서 절반이하로 하락한다고 가정해도 현재 생산량의 2배 이상 생산량 증가를 기대할 수가 있다.

2. 임간 재배의 가능성 및 경제성

현재 약용작물의 임간 재배는 일부 지역에서 소수의 농가가 뿌리이용 약초를 중심으로 이루어지고 있다. 그 예로서 전라남도 진안약초시험장 조사에 의하면 장뇌, 더덕, 도라지, 잔대 등 뿌리이용 약초가 주를 이루고 있으며 소수 농가가 비교적 큰 면적을 이용하고 있다.

임간식재 방법별 발아율 시험결과를 보면 더덕과 도라지의 경우 극히 높은 것으로 나타났다. 특히 입모율의 경우 종자 산파 방법보다도 종묘정식 방법이 높은

〈표8-11〉 주요 약용작물 임간 재배 실태(전라북도)

지 역	농가 (호)	재배면적 (ha)	작 물	재배방법 및 작황
진 안	4	333	인삼(장뇌), 더덕, 도라지	침엽수림(차광(96.7%),동 북향
장 수	3	333	인삼, 더덕, 잔대, 복분자	인삼 2년근 정식(입모율 20%) 활엽수림(차광 91%), 동북향,
무 주	3	300	더덕, 속단, 잔대	정식(인삼), 파종(더덕, 잔대) 활엽수림, 퇴비사용, 산파
순 창	3	83	인삼(장뇌), 더덕,	침엽수림(차광 95%), 동북향,
남 원	2	50	작약, 당귀, 백지, 하수오	인삼 입모율(30%) 활엽수림, 농약사용, 정식

자료 : 진안숙근약초시험장, 육종재배연구실.

〈표8-12〉 주요 약용작물의 임간식재 방법별 발아일수 및 입모율

작 목	발아일수 및 발아율 (종자피복산파)		입 모 율(%) (발아후 3주)			
	소요일 (일)	발아율 (%)	종자피 복산파	최아묘 단자산파	육아묘 단자산파	육아묘 정식
더 덕	22~25	80~70	75~60	70~75	55~65	80~85
도라지	20~22	85~75	80~65	75~65	65~65	85~80
잔 대	30~32	55~50	55~45	50~45	55~50	75~75

주 : ~ 표시의 수자는 전자가 침엽수림, 후자가 활엽수림 시험포의 시험결과 수치임.
자료 : 진안숙근약초시험장, 육종재배연구실.

것으로 나타났으며, 산파 방법의 경우 피복산파 방법의 입모율이 높은 것으로 나타났나 가능성이 높음을 알 수가 있다.

따라서 약용작물의 임간재배에 따른 품목별 10a당 재식주수와 그에 따른 10a당 수확량을 품목별 재배환경, 즉 음지성과 반음지성 및 양지성, 그리고 자연 그대로

〈표8-13〉 주요 약용작물의 방법별 10a당 재식밀도 및 연평균 생산량

작목	재배환경	10a당 재배주수(주)		10a당 연평균 수확량(kg)			가격비 (자연산 /재배산)
		노지재배	임간재배	노지재배	임간자연재배	임간인위재배	
오가피	반음지성	1,000	300	314.2	78.6	94.3	1.9
오미자	반음지성	1,800	900	228.4	76.1	114.2	1.7
백출	반음지성	6,000	3,000	190.5	47.6	63.5	1.9
독활	양지성	1,800	1,800	250.0	83.3	125.0	1.8
시호	양지성	42,000	42,000	90.0	27.0	45.0	2.5
사삼	양지성	16,000	16,000	687.3	229.1	343.7	2.8
복령	음지성	5,400	1,800	5,250	1,750	-	2.4
음양곽	음지성	15,000	10,000	35.3	17.7	23.5	1.6
장뇌	음지성	100	100	10	10	10	1.0

주: 장뇌의 재배주수 및 수확량은 평당임. 복령의 재배주수는 원목 본수임.

의 재배방법과 잡목의 하해작업을 비롯해 제초작업 등 다소 인위적인 재배방법을 감안해 10a당 수익성을 비교·검토하였다. 그 결과 사삼이 2.8배로 가장 가격격차가 큰 것으로 나타났으며 가격격차가 가장 낮은 것은 장뇌를 제외하면 음양곽으로 1.6배의 가격격차를 보이고 있다.

임간재배에 의한 작물별 10a당 연평균 순수익 변동 역시 연평균 소득 변동과 같은 양상을 보이고 있다.

〈표8-14〉 주요 약용작물의 품목별 재배 방법별 10a당 연평균 순수익

단위: 천원 %

구 분	오가피	오미자	백출	독활	시호	사삼	복령	음양곽	장뇌
노지재배(A)	3,125	2,979	2,277	501	725	786	1,027	-46	911
임간자연재배(B)	1,584	1,805	1,005	240	470	1,063	2,372	267	943
임간인위재배(C)	1,905	2,771	1,464	526	1,166	1,748	-	362	933
(B)/(A)	50.7	60.6	44.1	47.9	64.8	135.2	231.0	580.4	103.5
(C)/(A)	61.0	93.0	64.3	105.0	160.8	222.4	-	787.0	102.4

주: 장뇌는 평당 순수익임.

약용작물의 품목별 노지재배와 임간재배의 10a당 연평균 투입비용을 부문별로 보면 임간재배의 경우 토지용역비 절감이 가장 크고 이어서 중간재비 절감이 크며 노력비는 작목에 따라 감소 또는 증가하고 있어 다른 양상을 보이고 있다. 또한 임간재배시의 중간재비 절감은 단위당 재식주수 감소에 따른 종자(묘)비 감소를 비롯해 비료비와 농약비, 그리고 기계비용과 농업용 시설비를 들 수가 있다.

우선 임간재배에 따른 10a당 연평균 중간재비 절감효과를 보면 음양곽이 노지재배의 8.7% 수준을 나타내고 있어 가장 큰 것으로 나타났으며, 이어서 오가피와 오미자 순으로 독활과 백출의 10a당 연평균 중간재비 절감효과는 각각 62%와 40.7% 수준을 나타내고 있어 가장 낮은 것으로 나타났다.

〈표8-15〉 주요 약용작물의 품목별 재배 방법별 10a당 연평균 투입비용

단위 : 원, %

구 분		오가피	오미자	백출	독활	시호	사삼	복령	음양곽	장뇌
중간재비	노지재배 (A)	231,807	131,432	161,640	150,493	126,923	199,147	3,779,440	186,718	47,159
	임간자연 (B)	58,610	39,278	65,738	93,366	32,791	77,084	1,259,813	16,000	47,159
	(B)/(A)	25.3	29.9	40.7	62.0	25.8	38.7	33.3	8.7	100
토지용역비	노지재배 (A)	170,100	150,000	189,000	170,100	240,000	187,500	450,134	150,000	159
	임간자연 (B)	3,663	3,663	3,663	3,663	3,663	3,663	3,663	3,663	12
	(B)/(A)	2.2	2.5	1.9	2.2	1.5	2.0	0.8	2.5	7.5
노력비	노지재배 (A)	118,903	449,848	341,173	173,962	381,950	416,428	1,943,248	221,920	42,107
	임간자연 (B)	88,719	292,774	347,861	266,529	605,570	344,746	2,394,291	131,208	9,748
	(B)/(A)	74.6	65.1	102.0	153.2	158.6	82.8	123.2	59.1	23.2

주: 장뇌는 평당 투입 물재비임.

〈표8-16〉 주요 약용작물의 작물별 10a당 소득 및 작물 구성별 소득 (단위 : 천원)

작목조합	오가피 1,657	오미자 2,029	백출 1,275	독활 451	시호 933	사삼 1,329	복령 3,214	음양곽 383	장뇌 953	소득합계
1	★			★	★				★	3,994
2	★			★			★		★	6,275
3	★		★	★					★	4,336
4	★					★	★		★	7,153
5	★				★	★			★	4,872
6	★		★		★				★	4,818
7		★		★	★				★	4,366
8		★		★	★				★	6,647
9		★	★	★					★	4,708
10		★				★	★		★	6,572
11		★			★	★			★	5,244
12		★	★		★				★	5,190
13				★	★			★	★	2,720
14				★	★			★	★	5,001
15			★	★				★	★	3,062
16						★	★	★	★	5,879
17					★	★		★	★	3,598
18			★		★			★	★	3,544

3. 산지재배 농가의 소득작목 구성

약용작물의 재배기간은 작물에 따라서 최소 2년에서 최고 10년 이상에 이르기까지 재배기간의 차이가 큰 특징을 가지고 있다. 따라서 한 작물로 적정 소득을 올리기 위해서는 많은 면적의 경작지를 필요로 하게된다. 그러나 약용작물의 임간재배가 산림의 유휴지 활용과 재배기간이 최소 2년 이상이기 때문에 년도에 따라서는 소득의 공백이 불가피하므로 안정적이고 지속적인 소득의 확보를 위해서는 재배기간이 서로 다른 작물을 복합적으로 생산하는 것이 바람직하다.

4. 산지재배 작목별 배치

약용작물 재배환경에서 가장 중요한 것은 크게 토양 조건과 일조 조건, 그리고 표고에 따른 기후 조건을 들수 있으나 토양 조건은 대다수 약용작물의 경우 우리나라 고유의 유기질 함량이 많은 사양토가 가장 좋은 것으로 나타나 방향에 따른 일조 조건과 표고에 따른 기후 조건이라 하겠다. 즉, 반음지성과 음지성 작물은 서북향으로 일조 시간이 짧고 비교적 표고가 높아 선선한 지역이 적지며, 양지성은 남향으로 일조 시간이 길고 표고가 낮아 기온 역시 온란한 지역이 적지라 하겠다. 특히 음지성과 반음지성, 그리고 양지성 작물은 입목 밀집도와도 깊은 관계를 가지고 있어 음지성은 입목 밀도가 높아야 하며 양지성은 무목림의 공간 지역이 적지라 하겠다. 또한 반음지성은 입목 밀도가 너무 높아도 않되고 무목림지와 같이 나무가 전혀 없어도 않되므로 비교적 입목 밀도가 낮은 양지성 음지가 적지라 하겠다.

약용작물의 재배환경에 따른 작물별 입지배치를 경상남도 거창군 고제면 개명리의 독농가의 예를 들어보기로 한다.

전체 임야 면적은 40.53ha로 해발 500m에서 1,100m에 걸처 형성되어 있으며, 경사도는 다소 급한 편으로 동북쪽을 향하고 있다. 조림면적은 40ha로 1970~71년에 걸처서 이루어졌으며 임도시설은 연장 4km에 달하고 있다. 또한 도난 방지 및 관리를 위해 고압선 방책시설을 연장 3km에 걸처서 설치하고 있다.

재배품목 및 재배면적은 약7개 품목에 21ha 이상의 면적을 차지하고 있어 전체 임야 면적의 50%를 이용하고 있다. 또한 품목별 재배면적은 더덕 재배면적이 20ha로 가장 많고, 이어서 산삼(산양산삼 및 장뇌) 재배면적 1ha, 도라지(길경)

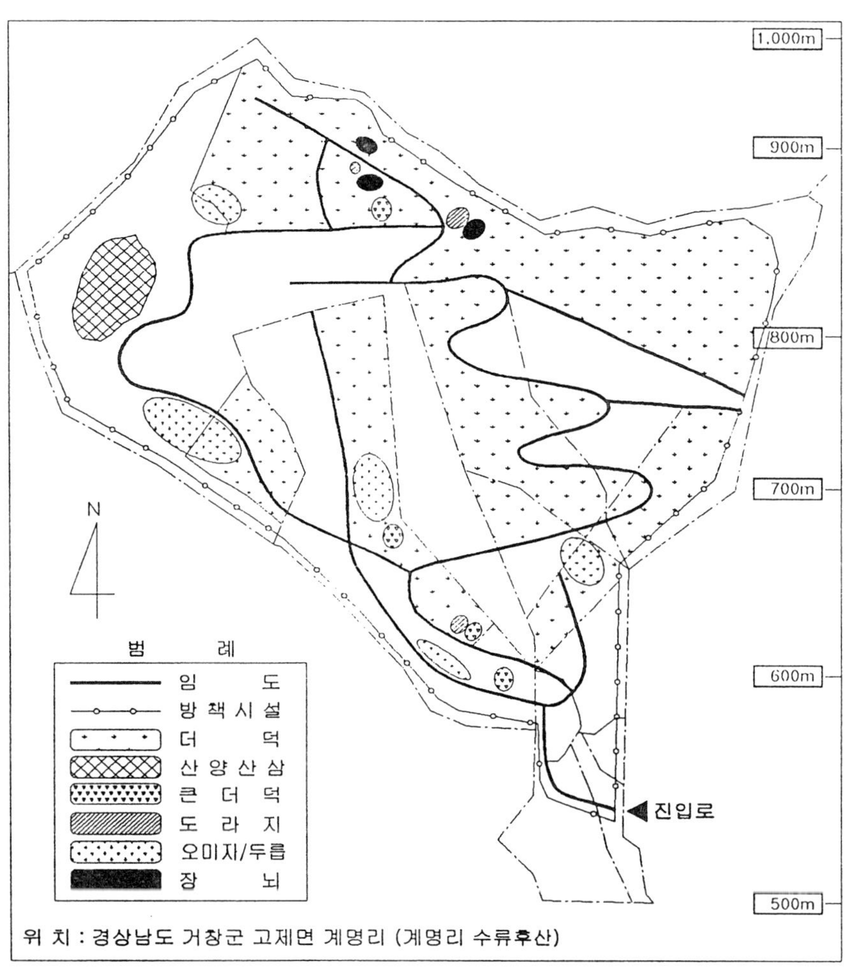

〈그림9-1〉 약용작물 임간재배 작목별 배치 현황

전체 임야면적 : 40.53ha			
'70-'71 조림면적	40ha	더 덕 재배면적	20ha (큰더덕 : 1,500평)
임 도 시 설	4km	산양산삼 재배면적	1ha (장 뇌 : 400평)
방 책 시 설	3km	오 미 자 / 두 릅	돌 많은 지역 자생

200평, 오미자와 두릅은 일부 돌이 많은 지역에 자생하고 있다. 특히 사삼(더덕) 재배는 직파를 위주로 하고 있으나 큰 더덕 1,500평은 이식재배를 하고 있다. 산삼(산양산삼 및 장뇌)재배 역시 2,600평은 자연산 산양산삼이 차지하고 있으며, 장

뇌는 400평에 지나지 않고 있다. 사삼(더덕)은 비교적 나무가 적은 지역에 재배하고 있어 전지역에 걸처서 재배하고 있으나 도라지는 양지성이 강하므로 무목림지 일부에서 재배되고 있다. 또한 산삼은 음지성 식물이므로 나무가 울창한 산림지에서 재배하고 있으며 장뇌 역시 음지성이나 반음지 지역에 차광막을 이용해서 재배하고 있다. 오미자와 두릅은 반음지성이므로 입목 밀집도가 낮고 돌이 많은 지역에서 자생하고 있었다. 이 농가의 임간재배는 주작물이 더덕인 것으로 보이나 실은 산삼이 주를 이루고 있으며 도라지와 더덕은 단기 내지 중장기 소득작목으로 도입하고 있다. 특히 일반 농가의 경우 더덕은 3년생을 위주로 생산하고 있으나, 이 농가는 일부지만 더덕 속에 물이 고이는 고품질 생산을 위해 5년 이상의 재배기간을 계획하고 있어 기술적으로도 고도의 기술이 축적되어 있는 선진 농가라 하겠다.

이상과 같은 점을 감안할 때 약용작물의 임간재배 품목별 배치는 임야의 구조적인 조건은 물론 재배농가의 생산조건 및 기술조건을 감안해 안정적이고 지속적인 소득이 이루어질 수 있도록 작물의 조합 및 배치가 이루어져야 한다.

5. 산지(山地)재배에 의한 허브자원의 현지보존

우리나라에서 식약용허브의 자생지재배는 허브의 보존이란 측면과 자연산 허브의 채취이용이란 두 가지 목적에서 최근들어 시험적으로 시도되고 있다. 자생지인 산지(임간)에서의 식약용허브생산을 위한 인위적인 재배는 자연을 훼손하거나 자생식물을 남획하지 않고도 소비자가 선호하는 양질의 자연산 식약용허브를 공급할 수 있기 때문이다. 또한 한 지역에서 대량으로 집단재배가 가능하므로 자생군락지를 찾아 이 산 저 산 돌아다니며 채취하는 관행으로부터 벗어날 수 있으며, 결과적으로 수확 및 채취과정에서 노동력을 절감하고 생력적으로 자연산 허브를 생산할 수 있는 이점(利點)이 있는 것이다. 특히 많은 종류의 허브가 자생하고 있는 삼림지역은 기온, 지온, 바람, 습도, 일조 등의 기상조건을 조절하여 식물생육에 적합한 환경을 제공해 주며, 그 중에서도 물생산량이 많아 지표면에서의 증발을 억제하므로 임외에 비하여 평균적으로 4-13% 높은 공중습도를 유지하므로 허브재배 및 고품질화에 유리하다. 삼림토양 또한 임목이 한 장소에서 장기간 동안 뿌리를 하층토까지 깊게 신장하므로 허브생산에 적합한 환경이 되는 것이다. 따라서 허브의 자생지재배의 기본개념은 증식하고자 하는 종(種)이 소량이나마 그 지역에 자생하고 있음을 확인하고 묘상에서 육묘한 그 種의 종묘를 산지의 기후 및 토양조건을 최대한 활용하여 자생지에서 대량재배함으로써 종의 밀도를 높여주는 인위적인 우점종화를 통하여 허브의 현지보존과 고품질의 자연산 허브를 생력적으로 생산하는 것이다. 이것은 산림청 산하의 임업연구원과 산림환경연구소에서 1989년부터 단기임산신소득 자원개발차원에서 수행되었다. 1994년에 그동안의 산지재배시험연구의 결과를 토대로 강원도의 인제(귀둔), 홍천(서석과 내면), 정선(남면)지역의 1.5ha에서 식약용허브의 산지재배가 시범적으로 이루어졌다.

산지재배를 위한 종묘증식은 곰취와 참취는 파종육묘에 의한 산지증식, 두릅나무, 족도리풀, 삼지구엽초, 참죽나무 등은 분근에 의한 증식방법이 연구되었으며 족도리풀, 산마늘, 두릅나무는 종자를 채취한 직후 2개월간 습사저장하여 발아가 양호하였다. 모시대, 참반디, 영아자, 왜우산풀(누리대), 현호색, 잇꽃 등도 실생 및 근주번식기술이 연구되었다. 재식밀도는 곰취, 참취가 주간거리 30cm로 식재하며 m^2당 적정재식본수는 연잎꿩의다리가 6본, 현호색이 20본, 만삼, 용담, 곤드레, 산마늘, 왜우산풀이 25본, 섬쑥부쟁이가 30본, 삼지구엽초, 족도리풀, 모시대, 영아자 등이 36본, 참반디가 49본이었다.

산지이식은 두릅나무가 4월, 왜우산풀, 참반디, 모시대, 영아자, 현호색, 산마늘이 5월 중하순, 곰취, 참취가 7월 중순, 삼지구엽초는 가을에 이루어졌다. 그 밖에 산지재배에서 중요한 것은 하층식생의 정리이다. 하층식생 및 낙엽을 완전히 제거하고 모종을 이식한 뒤 낙엽이나 볏짚을 덮어주는 방식으로 재배할 때는 건조시에 모종의 활착 및 생육이 불량하였으므로 하층식생 및 낙엽이 수분, 일광 등 환경조절의 기능을 할 수 있도록 어느 정도 남겨둔 상태에서 모종을 이식하는 것이 바람직하다. 그러나 칡, 싸리, 억새 등과 같이 경합력이 강한 종이 우점하는 식생에서는 유용허브의 산지재배가 곤란하므로 완전히 제거해주는 것이 좋다.

인삼산지재배의 경우에 인삼종자를 묘판에 파종하여 육묘한 2-3년생 인삼묘를 반음지의 활엽수 밑에 이식하여 대량재배가 가능하였다. 인삼묘를 정식한 후 위로 떨어진 낙엽만 제거하고 비료와 농약을 일절 사용하지 않아도 인삼의 독특한 맛과 향기를 그대로 간직하였으며 형태도 자연상태에서 자란 산삼처럼 잔뿌리가 많고 종자도 대량으로 수확되었다.

6. 산지 허브자원의 개발 및 보존방향

산지 허브를 건강식품산업 및 관광농업의 신소재로서 그 이용과 생산이 점차 확대될 전망임을 감안할 때 허브의 자원화가 무분별하게 이루어지면 야기될 수 있는 종의 소멸과 생물다양성의 훼손 또는 상실에 대한 예방책이 마련되어야 할 것이다. 연구자들은 식물을 자원으로서 이용하는 것을 차치하고 개발위주의 국토 이용이 현재와 같은 수준으로 진행되는 것만으로도 20년 뒤에는 우리나라 식물가운데 20% 이상의 종이 절멸하거나 희귀종이 될 것이라고 예상하고 있다. 따라서 허브자원의 생산, 이용 및 보존에 대한 기본원칙의 설정과 합리적인 계획수립 및 체계적인 관리운영이 요구되며 이를 위한 국제간의 긴밀한 상호협력도 아울러 요망된다.

합리적인 허브의 보존, 이용 및 개발을 위한 전략을 열거하면 다음과 같다.

(1) 산지 허브효능 및 상품의 홍보강화

소비자가 산지 허브의 효능, 상품성 및 이용법에 대한 정확한 정보를 가질 때 허브상품의 실질적인 수요가 창출될 것이므로 도서, 강연회, 매스컴광고, 옥외광고 등을 통하여 허브의 홍보를 강화할 필요가 있다.

(2) 다양한 가공상품의 개발

산지 허브의 분말가공으로 스낵, 면, 타블렛, 스프, 미수가루, 과립, 차 등 각종 건강식품을 제조하고 생즙을 청량음료나 발효음료로 개발하여 허브의 부가가치를 높이며 소비자도 쉽게 식품으로 이용할 수 있도록 한다. 그 밖에 비누, 화장품, 도료, 염료, 향구슬, 향베개, 압화, 화환 등 다양한 용도의 생활용품을 만들어 허브의 수요를 창출하고 가공기술을 개발한다.

(3) 다수종의 소량생산

한 가지 종의 집중적인 채취 및 남획은 멸종의 직접적인 원인이 되므로 이용목적에 부합하는 유사한 성분 및 품질을 갖는 유사종의 탐색과 개발로 이용가능한 용도별 종의 다변화를 꾀함으로서 다수의 종을 소량씩 생산하여도 특정용도에 충당할 수 있도록 하는 것이 바람직하다.

(4) 성분과 효능에 대한 정밀한 분석

각종 식.약용허브의 영양 및 특수약리성분 및 효능에 대한 정확한 정보를 기초로 구전에 의한 허브의 무분별한 오용과 남용을 방지함으로써 종의 멸종을 막고 생태계를 보전할 수 있도록 해야 한다. 80년대 중반부터 당뇨병에 특효가 있다는 소문으로 동해안의 해당화가 남획꾼들에 의해 자취를 감추게 된 일과, 개두릅이 관절염과 신경통에 약효가 있다고 하여 설악산과 오대산 일대의 50여 년생 엄나무가 외지 산채꾼들에 의해 밑둥치째 잘려 나간 일은, 지나치게 소문에만 근거하여 당장의 이익에만 집착하는 의식없는 행동의 결과인 것이다.

(5) 약초시장의 다면적 기능강화

생약재의 집산과 공급을 전문기능으로 하는 경향각지의 약초시장을 활성화하고 품목도 생약재에서 그 밖의 향장재, 원예재 등 허브제품으로 확대하여 약초시장을 허브시장으로서의 다면적 기능을 발휘할 수 있도록 하는 것도 허브의 수요창출과 소비증대 그리고 허브의 유통체계확립을 위하여 매우 바람직할 것이다.

(6) 산지 재배를 통한 약·특 허브자원의 보호

생물다양성을 보전하면서 허브를 다양하게 실생활에 이용하기 위해서는 허브의 실용적인 재배만큼 확실한 보전대책은 없다고 해도 과언은 아닐 것이다. 허브의 유용성과 용법을 정확히 알아서 꼭 필요한 종과 개체의 꼭 필요한 부분만을 재배를 통하여 대량생산하고 효율적으로 이용하는 계획생산체계를 확립해야 할 것이며, 이에 필요한 제반 기술을 개발하여야 한다.

(7) 산지 허브지도의 작성과 활용

허브의 자생지별, 초종별 분포조사를 토대로 위치, 지형, 방위, 우점종, 주변식생 등을 쉽게 판독할 수 있는 산야초 지도를 작성하여 허브를 이용하려는 사람들에게 비용과 노력을 절감하고 정확한 허브채취가 가능하도록 한다. 처음부터 전국의 모든 산지를 대상으로 하기가 어려우므로 허브생산이 많은 주산지를 중심으로 우선순위를 부여하여 허브지도를 작성하고 점진적으로 대상산지를 확대해 나가도록 한다.

(8) 산지 허브생산자 면허제의 도입

야생허브의 채취 , 판매 및 유통을 면허증 소지자에게만 허가하는 라이선스제도의 도입(예를 들어 산채증 발급 등)을 통하여 무차별적인 자원의 남획 및 자생군락지의 파괴를 방지하는 것이 바람직할 것이다. 이를 위하여 지역의 농촌지도소에 일정기간 소양교육과정을 설치하여 자연보호 및 생물다양성 보전의 중요성을 교육하고, 이를 이수한 사람에게만 면허증을 발급하는 제도를 마련할 필요가 있다.

(9) 산지 허브를 이용한 생태관광단지의 조성

자생화훼 및 약초류를 수집해다 체계적으로 분류, 보존하여 유용허브에 대한 이해를 넓히고 자연천이과정 등 생태계를 연구하며 유전자원을 보존하는 생태관광단지를 조성하고 생태관광프로그램을 도입한다.

이것은 멸종위기의 유용 허브 유전자원을 보호, 육성해 우수한 허브유전자를 육종, 개발하고 생물종의 유전자를 안정적으로 공급하며 급증하는 생약재 및 야생화의 수요를 충당하는 효과를 가져올 수 있다.

생태관광프로그램은 전문가들을 위해 생태계학술탐사, 유전자원보존포견학, 자생화훼단지 및 약초원채취 등으로 짜여질 수 있으며 일반인을 위해서는 이들 지역을 견학하고 현장실습을 할 수 있도록 하는 것이다. 이러한 프로그램에 휴양과 오락을 도입하여 관광객들의 감각적이고 소비적인 관광행태를 탐구적이고 생산적인 자연학습형태와 접목시켜 나가는 것이 바람직할 것이다. 현재 이러한 생태관광단지 조성 및 프로그램개발이 일부 리조트사업체에 의해서 추진되고 있으며 앞으로 더욱 확대될 전망이다.

결론적으로 산업화에 다른 환경의 파괴와 오염 뿐만 아니라, 인간의 욕구충족을 위한 식물자원의 무분별한 이용도 생물다양성을 보전하는데 큰 장애가 된다는 사실을 똑바로 알고, 생물 다양성을 보전하면서 인간의 실생활에 중요한 자원을 제공하는 식용, 약용, 관상용, 향장용 등 주요허브자원 합리적으로 이용하기 위한 노력이 이루어져야 하며, 이것은 21세기의 인류의 지속적인 복지와 번영을 위해서도 매우 중요한 과제가 될 것이다.

7. 임간재배를 위한 행정 지원

약용작물 임간재배를 위해서는 우선적으로 필요한 것이 산지이용에 관한 제반 규제 및 제도적인 장치의 개선이 이루어져야 한다. 현재 산지이용에 관한 규제는 산지의 소유형태와 이용형태에 따라서 달리하고 있다. 즉 국가소유의 국유림을 비롯해 지자체 소유의 도·군유림, 그리고 개인 소유의 사유림 등 소유형태에 따라서 달리할 뿐만 아니라 국립공원 또는 도립공원 등 이용형태에 따라서도 달리하고 있다. 따라서 산지이용 확대를 위해서는 이들 산지 이용에 따른 제반 규제사항을 완화할 필요가 있다. 특히 산지를 소유하고 있지 않은 농가의 산지 이용기회 확대를 통한 산지자원의 효율적 이용을 위해서는 산지 소유형태는 물론 이용형태를 불문하고 임대차가 용이하게 이루어질 수 있는 제도적인 장치가 이루어져야 한다. 또한 약용작물의 경우 재배기간이 짧게는 1년에서 길게는 10년 이상의 기간이 필요해 임대차 기간이 적어도 20년 이상 필요하며, 장기 임차에 따른 비용 절감을위해서는 임차료가 낮은 수준에서 설정될 수 있도록 정부의 재정적인 지원과 행정적인 지원이 있어야 한다.

한편 산지에 임간재배를 위해서는 임도의 설치는 물론 관리사 및 재배시설의 설치, 그리고 생산기반 정비 등 제반 시설의 설치가 필요하다. 그러나 이들 제반 시설의 설치를 위해서는 막대한 자금이 필요할 뿐만 아니라 시설물 설치를 위한 행정조치가 필요하나 생산농가가 이들 자금을 부담하는 데는 한계가 있다. 따라서 임도 설치와 생산기반 정비 등 막대한 자금이 필요한 부분은 정부 차원에서 이루어져야 하며, 관리사를 비롯해 재배시설의 설치는 생산농가가 자체적으로 해결해야 하나 초기 투자에 따른 농가부담을 줄이기 위해서는 장기저리융자 등 정부의 재정적인 지원과 시설물 설치를 위한 행정적인 지원이 뒤따라야 한다.

Ⅸ. 약·특용작물의 판매와 전망

Ⅸ. 약·특용작물의 판매와 전망

1 약·특용작물의 판매동향

우리나라의 한약재 수요량은 국민소득증대와 한방의료보험 확대 실시에 따라 날로 증가하는 추세이다.

한약재는 크게 동물성, 광물성, 식물성으로 구분하며 특히 식물성은 야생약초인 자연산과 재배산으로 나누어지고 약초의 특성에 따라 주산지의 기후와 풍토에 적합한 품목을 선택 재배하고 있다. 대개의 물품들은 생산, 유통, 소비의 3단계를 거쳐 수요 공급되나 한약재의 유통만은 모집, 중개, 분산기구의 과정을 거치는데 이것은 한약재의 독특한 유통구조이기도 하다.

우리나라의 생약산업은 농가의 주요 소득작물로서 그리고 부존자원으로서 계속 유지발전 될 수 있어야 하나 값싼 외국산 저질생약의 다량 수입현상은 우리가 경계하여야 하겠다.

그러므로 농민이 생산하고 있는 약용작물이 질병치료와 건강유지 등 국민건강과 밀접한 관계에 있음을 감안할 때 우리 땅, 우리 기술, 우리 정성이 깃들인 한약이야말로 수입약제와는 달리 질적인 면에서 그 우수성을 입증하여 수입한약재와 경쟁에 대응해야 할 것이리 생각한다.

본래 한약재는 산야에서 스스로 자라는 것을 세월의 흐름과 더불어 그 이용가치가 증가함에 따라 대량으로 재배하게 되었고 우리나라에도 900여종이 자생하고 있다고 하나 약재로서 또는 건강식품으로서의 활용도가 높아 농민들의 노력에 의해 재배가 이루어지고 있는 한약재는 재배 40, 채취 20여종 등 약 60여종이다.

우리나라에서 생산되는 생약은 정부수매사업이 아닌 권장사업이므로 생산농가는 판로가 불확실하여 포전거래 또는 생체거래를 주로 하고 있으며 홍수 출하시에는 재배농가들에게 많은 피해를 주게 되므로 수요자와 생산자 간에 계약재배가 바람직하다. 또한 각 지역의 기후와 토질에 알맞은 약용작물을 재배단지화하고 계획생산과 조세시실공장을 활용할 수 있도록 정부자원의 지원이 필요하며 동시에 농민이 안심하고 생약을 재배할 수 있도록 유통망을 개선하고, 유통자금 및 농업

지원자금을 활용하여 재배생산 및 가공을 병행하는 것이 바람직하다고 본다.

따라서 관활부처의 융통성있는 업무가 선행되어야 할 것이다. 전국 특산지에 약초시험장을 개설하여 품종개발, 육묘포장시설 및 품목별재배법, 병충해방제법, 가공법 등을 개발하여 국제경쟁력에 대처할 수 있는 생산기반을 조성하고 있는 것은 바람직한 일이다. 또한 자연산을 재배산으로 순화재배 시키고 노력이 많이 소요되는 약재는 가공을 기계화하여 원가를 절감하여야 할 것이다.

이는 소비자의 경제적 부담도 덜어주게 될 것이므로 생산자와 소비자를 동시에 보호하는 효과를 기대할 수 있다.

1. 계약재배모형

(1) 생 산 자 ———————————— 제 약 회 사 (수요자)
직접계약

(2) 생 산 자 ———— 중 개 인 ———— 제 약 회 사 (수요자)
계약

(3) 생 산 자 ———— 조 합 ———— 제 약 회 사 (수요자)
계약

1) 수입한약재 문제점

우리나라 한약재 수입은 대부분 중국에서 수입하고 있다. 중국에서 수입하는 대부분의 생약재는 기원이 잡다하고 재배지역이 위도상으로 광범위하게 분포되었기 때문에 품질면에서 균일성이 없다.

이러한 한약재가 수입상인에 의해 수입, 공급되기 때문에 기원이 엉뚱한 생약재의 수입이 크게 우려되며 그 약효도 엄청난 차이가 있다.

우리나라 한약재 수급조절위원회에서도 국내 가격이 오르더라도 장기적으로 국내 생산 농민의 생산의욕을 증가시켜서 질좋은 국산 약제의 안정적 공급을 유도해야 할 것이다. 특히 국내 생산이 가능한 생약의 수입은 하지 않도록 하는 것이 바람직하다.

2. 약용작물 생산유통 현황

1) 생 산

약용작물의 재배면적과 생산량은 매년 증가되는 추세로 '95년 1만5천ha는 90년보다 1.6배가 증가되었으며 생산량도 4만2천톤으로 90년보다 1.8배가 늘어났으며 생산액은 약 3,400억원으로 추정하고 있다.

〈표10-1〉 연도별 생산동향

구분	'85	'90	'94	'95	'97
재배면적(천ha)	4.0	9.2	15.3	15.0	13.6
생산량(천톤)	12.6	22.8	35.3	42.0	40
생산액(억원)	387	1,140	2,000	3,400	

※ 재배면적, 생산량 : 농림수산부 행정통계 생산액 : 생약협회

2) 지역별 현황

주요 약용작물은 과거에는 태백산 및 지리산 등 자연생약 채취가 쉬운 지역을 중심으로 한 강원도, 경북, 전북 산간지에서 재배되었으나 점차 재배범위가 전국적으로 보편화되고 있으며 농림부의 집단재배 단지화 정책에 따라 기계영농이 용이한 평야지로 면적이 확대되고 있는 실정이다. 특히 약용작물 재배농가는 북부지역에 비해서 남부지역이 절대적으로 많아 호당 경영규모 역시 북부지역이 큰 것

〈표10-2〉 '97 지역별 재배현황

지역		경기	강원	충북	충남	전북	전남	경북	경남	제주	계
면적(ha)		1,693	2,856	1,059	839	1,264	1,592	3,294	752	251	13,600
생산량(톤)		4,624	6,396	2,282	3,442	5,581	5,581	10,830	1,748	1,481	39,492
농가수(호)		1,835	5,734	2,830	5,148	11,445	14,445	13,661	3,661	224	50,245
호당	면적(ha)	0.92	0.50	0.32	0.16	0.26	0.14	0.23	0.21	1.12	0.27
	생산량(톤)	2.52	1.12	0.18	0.67	0.64	0.49	0.75	0.48	6.61	0.79

자료: 농림부 원예특작과, 1998. 2

〈표10-3〉 '97년도 주요 10대 품목별 생산 현황

품목	농가수 (호)	면적 (ha)	수확면적 (ha)	생산량 (M/T)	재배농가 호당		
					면적	수확면적	생산량
당 귀	3,714	1,520	1,452	4,812	0.41	0.39	1,296
황 기	3,118	1,809	1,603	4,579	0.58	0.51	1,469
길 경	6,186	1,133	721	3,702	0.18	0.12	599
양 유	3,712	1,283	762	3,922	0.35	0.21	1,057
의이인	1,753	1,138	1,138	2,754	0.65	0.65	1,571
두 충	6,441	1,575	760	2,489	0.25	0.12	386
천 궁	2,066	798	653	2,294	0.39	0.31	1,110
산 약	1,911	351	346	2,104	0.18	0.18	1,101
향부자	325	200	200	1,084	0.62	0.62	3,335
구기자	3,633	476	471	1,033	0.13	0.13	284
합계	50,245	13,600	10,855	39,492	0.27	0.22	786

자료 : 농림부

〈표10-4〉 주요약용작물의 재배규모별 농가 호수 (단위: 호)

품목	계	~0.1ha	0.1~0.2	0.2~0.3	0.3~0.4	0.4~0.5	0.5~
길경	5,020	1,867	1,030	920	1,050	87	64
당귀	1,558	254	623	485	97	59	40
두충	1,122	489	225	172	104	70	62
사삼	1,072	377	329	147	84	56	79
산수유	397	334	48	9	3	-	3
산약	2,173	1,080	841	242	4	3	3
시호	938	341	322	174	50	30	21
작약	1,672	419	533	258	230	150	82
천궁	1,161	374	240	154	142	71	180
향부자	423	8	28	69	141	130	47

자료: 농촌진흥청, 1995

으로 나타났다. 따라서 호당 경영규모는 경기도가 0.92ha로 가장 크고 이어서 강원도 0.50ha와 충청북도 0.37ha 등 북부지역 산악지대의 호당 재배면적 규모가 큰

것으로 나타났다. 그 결과 호당 생산량 역시 제주도를 제외하면 북부지역으로 갈수록 많은 것으로 나타나 지역적인 특성을 보이고 있다

재배농가의 호당 경영규모를 주요 품목별로 보면 황기를 비롯해 당귀, 천궁, 사삼 등 뿌리 사용 작물의 호당 재배면적이 큰데 반해서 열매를 비롯해 근피, 수피를 사용하는 작목의 호당 재배면적은 상대적으로 낮게 나타났다. 그러나 농가호당 재배면적은 의이인이 0.65ha로가장 큰데 반해서 구기자는 0.13ha로 가장 낮은 규모를 보이고 있어 품목간에 호당 경영규모 격차가 큰 것으로 나타났다. 특히 주요 10대 품목의 호당 평균 재배면적 역시 0.27ha에 지나지 않았다

주요 약용작물 10대 품목의 생산 규모별 농가 분포를 보면 품목에 따라서 다소 차이는 있으나 대다수 품목의 경우 0.3ha 미만 규모에 재배농가가 집중되 있어 경영규모가 영세함을 알 수가 있다

특히 산수유와 같이 열매를 이용하는 품목의 경우는 0.1ha 이하 영세규모에 농가가 집중되 있는데 반해 향부자를 비롯해 작약 또는 길경 등 뿌리 부분을 이용하는 품목을 재배하는 농가는 경영규모가 큰 규모에 비교적 많이 분포되 있어 어느 정도 호당 경영규모가 평준화 되어 있다고 하겠다.

〈표10-5〉 주요품목 자급도 현황 ('93~'95 기준)

자급률 100%(수입실적 없음)	자급률 50~100%	자급율 50%이하 (부족량은 수입에 의존)
강활, 구기자, 길경, 독활, 두충, 맥문동, 백하수오, 백지, 산수유, 적작약, 지모, 천궁, 택사, 패모, 하수오, 당귀, 방풍, 작약, 치자, 향부자, 황금, 황기 (22종)	목단, 시호, 오미자, 천마	창출, 백출, 지황

3. 주산단지지정

농수산물유통 및 가격안정에 관한 법률 제6조 및 같은 법 시행령 제5조의 규정에 의거 농림수산부 고시 제 93-42호('93. 9. 9)로 고시된 약용작물 주산단지 38개소는 당초 기후조건, 재배기술, 생산자 조직은 현지실태를 조사하여 평가한 후 18개 품목을 지정, 9,604농가가 참여하는 단지를 조성 이를 중심으로 생산기반을 다져나가고 있다.

〈표10-6〉 약용작물 주산단지 지정고시지역

품목별	단지수	면적	주 산 단 지 명	
			기 지 정	'93 신규지정
18개 품목	38	5,020 헥타	25개소 3,195헥타	13개소 1,825헥타
길 경	2	504	-	예천(242), 영풍(262)
구기자	2	253	청양(119), 진도(134)	-
당 귀	10	918	정선(72), 평창(132), 인제(53) 삼척(103), 태백(35), 봉화(190), 울진(61)	홍천(91), 제천(81) 금산(100)
독 할	1	165	-	임실(165)
맥문동	1	45	-	청양(45)
사 삼	1	122	-	울릉(122)
산수유	2	117	구례(71)	양평(46)
산 약	3	170	안동(89), 영풍(45), 진양(36)	-
시 호	2	135	정선(69)	북제주(66)
오미자	1	172	인제(172)	-
의이인	1	121	연천(121)	-
작 약	3	414	임실(58), 의성(290), 거창(66)	-
지 황	2	69	서천(27), 정읍(42)	-
천 궁	1	337	울릉(337)	-
택 사	1	75	-	승주(75)
향부자	1	227	-	고령(227)
황 금	1	303	-	여천(303)
황 기	3	873	정선(390), 삼척(163), 제천(320)	-

※자료 : 농림수산부 고시 제 93-42호 ('93. 9. 3)

〈표10-7〉 연도별 계약재배 실적

년도	'91	'92	'93	'94	'95	'96
농가호(호)	791	1,305	2,939	2,822	684	950
재배면적(ha)	140	317	670	486	204	1,177
대상품목	시호	시호 황기 당귀	시호 황기 당귀	시호 황기 백출 지황	시호 황기 백출 지황	황기

4. 계약재배 추진

약용작물의 계약재배는 수요업체와 농가간에 직접계약을 체결하여 재배되는 경우는 없고 한국생약협회가 생산자의 판매 편의 등을 고려하여 '96년도에는 황기 품목만 일부 실시하고 있다.

5. 수급동향

〈표10-8〉 약용작물의 수출입 현황

구 분		'90	'91	'92	'93	'94	'95
국내소비량		32,354	37,420	58,763	63,137	62,463	70,776
공급량	공급	35,822	43,209	64,266	65,847	64,597	69,369
	국내생산	25,502	28,315	34,411	37,393	35,295	41,980
	수 입	10,320	14,894	29,855	28,457	29,302	28,796
수출		3,468	5,789	5,503	2,710	2,134	1,407
자급율		79	76	59	61	57	59

※한국의약품수출입협회

1) 소비 및 공급 추세

국내 생약소비량은 매년 증가추세에 있어 '95년도 생산량은 '90년보다 65% 증가하였으며 수입량은 거의 3배나 늘어나 국내 총 소비량은 90년보다 2배로 증가된 실정이다.

약용 작물로 중 대부분은 약재로 소비되나 최근 들어 건강음료의 신제품 개발로 생약제의 수요는 품목에 따라 크게 증가되고 있는 실정이다.

국내에 공급되는 생약자급율은 '90년도까지는 약 80%선이었으나 92년부터 약 60%로 자급율이 낮아졌으며 상대적으로 수입물량이 전체공급량에 차지하는 비율도 '90년 29%에서 '92년도 46%로 높아진 현상을 보이고 있다.

이렇게 공급되는 물량은 약 90%가 재배에 의한 것이며 갈근, 창출 등이 자연산 생약으로 공급되고 있다.

3) 수급조절제도

한약재의 수급조절을 원활히 하기 위해 보건복지부 고시(제1993~82호. 1993. 10. 4)에 의거 「수입한약재의 수급조절에 관한 운영지침」을 마련하고 수입추천품목과 탄력운용품목으로 구분하여 수입을 하고 있다.

수입추천품목은 국내에서 생산되지 않거나 생산이 미미한 품목으로 수입요청시 물량제한 없이 한국의약품수출입협회에서 수입을 추천하는 것이다. 탄력운용품목은 우리나라에서 생산되는 것으로 원칙적으로 수입을 금지하고 있으나 시중의 공급량이 부족하여 질병치료에 지장이 있거나 가격이 폭등하였을 때 '한약재수급조절위원회'에서 국내 생산 부족분에 대한 수입물량을 정하여 수입추천하는 품목이다. 이상의 수입추천 및 탄력운용 품목 등을 제외한 여타 한약재는 신고만으로 수입이 가능하지만 주요 한약재는 한국의약품수출입협회의 추천을 받아 수입토록하고 있다.

한약재는 1977년부터 수입이 완전자유화 되었으며 수입의약품에대해서는 8%의 실행관세률을 적용하고 있다. 한약재는 수출입공고상 수입자유화 품목이지만 「약사법」 및 「대외무역법」에 의한 통합공고상 수입을 제한하고 국내에서 공급되는 한약재는 수급 및 가격안정을 위해 수입추천 물량을 관계부처(보건복지부 및 농림부)와 협의하여 조정토록 하고 있다.

6. 유통 및 가공실태

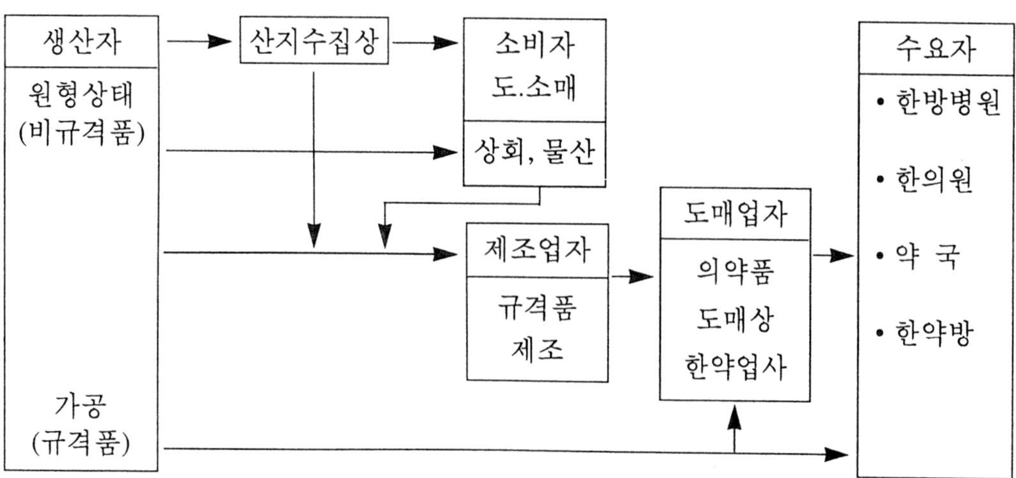

1) 유통경로

한약재는 일반 농산물과는 달리 유통상 특성을 가지고 있다. 생산과정에서는 농산물이면서도 유통과 소비과정에서는 약재로서 거래되며 약재로서 거래되면서도 성분 등에 일정한 기준이 없다.

또한 한약재는 소규모 재배로 다수 농가로 분산 재배되고 있으며 소비처도 소량구매로 한정되어 있다. 그러면서도 생산자는 소비자에게 직접 공급하는 경우는 드물며 수집상이나 도매상 등 중간상을 거치는 유통상의 특징을 가지고 있다.

2) 시장현황

한약재 시장은 전체물량의 60%가 서울경동시장에서 거래되고 있으며, 대구약령시장 10%, 그리고 영천등 기타 재래시장에서 30%정도가 거래되고 있다.

3) 포장 및 가공실태

종전에는 포장규격이나 거래단위 없이 임의로 PP그물망이나 포대 등에 포장하여 판매되었으나 '96. 1. 1부터는 정부의 "한약재품질 및 유통관리규정"(보건복지부고시 제1995-70호. 95.12.20)에 의거 규격화하여 유통하도록 하였다. 한약재를 생산하는 우리 농민들도 규격화 시대를 맞이하여 과거의 거래 형태만을 생각하지 말고 절단, 세척, 건조 등 단순가공화하여 규격화된 제조를 염누에 누고 양실의 제품이 생산되도록 노력하여야 겠다.

7. 수출입 현황

1) 수출제도

ㅇ관세률 : 8%(H.S 121190)

ㅇ수출입요령 ┌─ 수출: 한국의약품 수출입 협회신고
└─ 수입: 자유화 품목이나 약사법 및 통합공고에 의해
한국의약품수출입협회 추천을 받아 수입

2) 연도별 수출입 동향

〈표10-9〉 한약재 수출입 동향 (단위:톤/천$)

구	분	'90	'91	'92	'93	'94	'95
수출	물량	3,468	5,789	5,503	2,710	2,134	1,407
	금액	19,161	18,560	23,243	19,600	16,569	11,337
수입	물량	10,320	14,894	29,855	28,454	29,302	28,796
	금액	17,958	36,157	53,687	51,000	42,978	42,236

최근 한약재 수요가 급격히 증가하고 있다. 그러나 국산한약재 생산의 채산성이 낮기 때문에 상당부분을 수입에 의존하고 있는데 1996년 한약재 수입액은 301개 품목에 114백만달러나 된다. 주요 수입품목에는 감초(2,523천$)와 계피(761천$), 용안육(228천$) 등 우리 나라에서 생산이 불가능한 품목도 있지만 그 밖에 국내에서 재배되거나 산야초로 자생하는 품목도 많이 포함되어 있다. 한편 1996년 한약재의 수출액은 45개 품목에 12백만달러이다. 현실적으로 수출품목에는 은행잎(4,192천$), 시호(1,077천$), 산수유(900천$) 등이 포함되어 있으나, 우리 나라의 전통적인 한약재로 수출되어 왔던 황기와 당귀, 시호, 지황 등의 수출이 크게 감소하고 있다.

국산한약재의 경쟁력이 낮은 이유는 재배산지의 분산과 가내수공업 형태의 가공시설, 해외시장정보의 부족, 수출시장 협소, 정책적 지원미흡, 그리고 유통구조의 복잡성 등의 원인들이 뒤섞여 결과적으로 국제경쟁력의 약화를 초래하게 된 것으로 이해된다.

한약재의 수출 증대를 위해서 외국의 소비자들이 선호하는 새로운 한약제품의 개발과 함께 수출시장의 다변화가 필요하다.

한약재의 수입은 1985년에는 녹용, 감초, 계피 등 21개 품목 뿐이었으나 1991년에는 자동품목 189개, 추천품목 47개 등 236개, 1996년에는 자동품목 229개, 추천품목 72개 등 301개 품목으로 증가하였다.

품목별로는 감초, 계피, 사인, 용안육 등 수요는 많지만 국내에서 생산되지 않는 품목이 큰 비중을 차지하고 있으며 그 밖에 백출, 복령, 복분자, 오가피 등 국내에서 야생채취하여 사용하던 약재중 가격 차가 큰 품목을 중심으로 수입되고 있다 국가별로는 중국(35.9%)을 중심으로 아시아와 뉴질랜드, 캐나다 및 소련에서 주로 수입하고 있다. 1996년의 경우 중국이 35.9%로 가장 많고 뉴질랜드가 18.8%, 소련이 7.0%로 비교적 많은 비중을 차지하고, 그 밖에 베트남(6.8%), 북한(4.6%), 캄보디아(3.2%), 라오스(3.9%), 미얀마, 타일랜드(2.8%) 캐나다(2.6%)등의 순으로 수입을 하고 있다.

3) 수입제도

약용작물은 1997년부터 수입이 개방되었으나 "약사법 및 통합공고"에 의거하여 수입을 제한하고 있다. 또한 국내에서 재배되어 공급되는 한약재는 그 수급 및 가격안정을 위하여 수입추천 물량을 관계부처와 협의 조정토록 규정하고 있다.

즉, 국내 생약재배농가 보호 및 한약재의 안정적 수급을 도모하기 위해 국내에서 상당량이 재배 또는 채취되거나 생산량이 수요량을 초과하는 것으로서 품질이 우수한 것, 국내 재배농가의 작황이 좋지 않을 경우, 본래 생산량이 적어서 수급에 문제가 있는 것을 수급조절 대상품목으로 지정하고 이들 품목의 수출은 한국의 약품수출입협회에 신고를, 수입은 수급조절위원회에서 결정한 수입품목과 물량의 범위내에서 수출입협회의 추천을 받도록 되어 있다.

당초 이 제도가 도입될 때는 150여개 품목이 대상에 포함되었으나 그 후 29개 품목(1996년 수급조절품목의 국내생산량 34천톤은 전체 국산한약재 생산량의 82%)으로 축소되고 1997년에는 다시 길경, 지모, 패모를 제외한 26개 품목으로 제

〈표10-10〉 수입 한약재의 유형화

추천 및 신고 품목	탄력운영품목	자동승인품목
갈근, 감초, 강황(삼황), 계피(육계), 결명자, 고본, 고삼, 괄루인, 구기엽, 구판, 금와, 길경, 낭탕근, 녹각, 녹각상, 녹용, 대정황, 담즙, 대황. 만삼, 만형자, 모과, 백강잠, 별갑, 복령, 복분자, 부자, 반하, 사향, 사인, 산초, 세신, 소자, 시엽, 사삼, 산약, 연교, 오가피, 오공, 옥죽(위유), 용담, 애엽 용안육, 우슬, 우황, 웅담, 은행잎, 음양곽, 의이인, 자소엽, 정향, 주사, 지모, 진피, 차전자, 천산갑 췌장, 패모, 현삼, 형개, 황국(감국), 황백, 황정, 후박, 현호색(이상 65 품목)	강활, 구기자, 당귀, 독활, 두충, 맥문동, 목단, 방풍, 백작약, 백지, 백출, 백(하)수오, 산수유, 시호, 오미자, 적작약, (적)하수오, 지황, 창출, 천궁, 천마, 치자, 택사, 향부자, 황금, 황기(26품목)	추천 및 신고품목(65) 과 탄력운영품목(26)을 제외한 전 품목 규격화 대상품목: 계지, 곽향, 도인, 마황, 산조인, 신곡, 저령, 행인, 건강, 황련

한하였다.

수급조절 대상품목의 수입절차와 배정방법은 한약재수급조절위원회에서 수입품목 및 수량을 결정한다. 해당 품목의 공개입찰을 통해 수입업자 및 수입량을 결정한 후, 수입절차를 거쳐 통관되면, 관련단체에 일정량을 배정하고 배정받은 단체는 이를 회원들에게 재배정 하도록 되어 있다.

8. 한약재 경쟁력 비교

가까운 일본과 비교할 때 생산비는 좀 낮은편이나 가격 면에서는 높게 나타났으며 중국과는 가격 면에서 경쟁이 될 수 없을 정도로 높게 나타났다.

〈표10-11〉 한・일 한약재 가격 비교

품목별	국 별	수량		생산비		가격	
		(kg/10a)	지 수	(원/kg)	지 수	(천원/톤)	지 수
당귀 (2년)	한 국 일 본	250 271	100 108	2,891 3,707	100 128 (2,100)	7,800 3,800 (27)	100 49
천궁 (2년)	한 국 일 본	1,763 1,130	100 64	505 826	100 164 (600)	1,034 1,014 (58)	100 98
시 호	한 국 일 본	66 38	100 58	11,525 36,388	100 316 (2,100)	19,600 30,350 (10)	100 155
황기 (3년)	한 국 일 본	218 133	100 61	5,394 2,282 (2,100)	100 42 (10)	21,400 6,647	100 31
작약 (4년)	한 국 일 본	833 1,741	100 209	2,310 2,473 (960)	100 107 (17)	5,500 1,320	100 31
지황 (2년)	한 국 일 본	1,241 1,067	100 86	799 1,217 (720)	100 156 (11)	6,400 2,428	100 38

*자료 : 일본('92생약관계자료, 일본특수농산물협회), 한국('91농업경영연구사업보고서)
*(   )내 '92. 10. 농협이 조사한 중국산 가격임(경동시장)

2 약용작물 정책방향

1. 약용작물 육성 대책

1) 목적

약용작물 생산농민 또는 생산자 조직에게 특용작물생산을 위한 기반조성과 시설 확충자금을 지원하여 생산성을 높이고 가공확대를 통한 부가기회를 제고함으로서 농가소득을 증가시키고자 함.

2) 추진방향

개발농가 지원을 지양하고 생산조직을 통한 집단화, 규모화가 가능하도록 표준사업 내용을 package화하여 집중 지원하는 한편 농민 또는 생산자 조직이 자율성을 높이고 필요한 사업을 선택할 수 있도록 메뉴를 제시.

3) 사업추진 내용

(1) 사업내용

우량종묘 공동생산 육묘포, 생약재배시설, 생약조제시설, 생약집하장

(2) 지원대상

항 목	대 상 자
o 공동육묘포 설치 o 생약재배시설 o 생약조제시설 o 생약 집하장 등	o 1ha이상 종묘를 생산공급하는 생산자조직 (농가) o 생약재배 또는 재배희망농가 o 생산자조직(농가), 생산자단체 o 생산자조직, 생산자단체

(3) 지원규모(표준사업내용 20ha기준) (단위:백만원)

	단 위	사업량	단가	사업비	시 설 내 용
계				450	
o 공동육묘포설치	ha	1	30	30	o 종자대,비료대,농약대,토지임차료,고용노력비 등
o 생약재배시설	ha	20	5	100	o 종묘대, 비료대, 농약대, 시설비 등
o 생약조제시설	100평/동	1	200	200	o 건축물:전기,수도등 부대 시설포함. o 기기:선별기, 탈피기, 세척기, 탈수이송콘베어, 절단기, 건조기, 상승콘베어, 계측기, 자동포장기
o 생약집하장등	150평/동	1	120	120	o 철근콘크리트 구조

*개소당 사업단가는 315백만원(표준사업단가 450백만원의 70% 적용)

(4) 지원방법

시장, 군수는 개소당 표준사업내용(package)에 제시된 세부사업(menu) 중에서 지역설정에 맞도록 지원대상사업을 선정하여 시행계획수립 -세부사업내의 시설내용도 현지여건에 맞도록 필요한 시설 및 기종을 선택할 수 있다.

(5) 지원조건

재원 : 농어촌발전특별회계

재원별 비율 : 국고보조 10%, 지방비보조 10%, 융자 60%, 자부담 20%

융자조건 : 연리 5% (3년거치 7년 균부상환)

※ 보조비율 상향조정을 위해 관계부처와 협의중

(6) 대상자 선정

- 생산자조직이 조성된 농가 또는 생산자 단체가 공동이용 시설설치를 희망하는 자
- 주산단지로 지정고시된 지역 또는 집단재배단지 조성지역에서 사업을 희망하는 자

- 상기조건에 해당되지 않으나 해당작목에 대한 경험이 풍부하고, 사업을 희망하는 자, 수행할 수 있는 자 또는 생산자 단체

4) 지역별 지원 현황

〈표10-12〉 96년 지역별 지원현황 (단위:개소, 백만원)

	사업량	생 약 사 업				
		계	국고보조	지방비보조	융자	자부담
계	40	12,600	1,260	1,260	7,560	2,520
경기	3	945	94.5	94.5	567	189
강원	5	1,575	157.5	157.5	945	315
충북	4	1,260	126.0	126.0	756	253
충남	5	1,575	157.5	157.5	945	315
전북	6	1,890	189.0	189.0	1,134	378
전남	5	1,575	157.5	157.5	945	315
경북	8	2,520	252.0	252.0	1,512	504
경남	4	1,260	126.0	126.0	756	252

1997년 제천시에 할당된 관련사업비는 조제시설 2건에 2억원과 재배시설 4건에 4억 3천만원 등 6억 3천만원이다. 재원별로는 보조금과 융자금이 각기 252백만원씩이고 나머지 126백만원은 자부담이다. 보조금은 다시 국비가 126백만원, 도비 37.8백만원, 그리고 시비 88.2백만원으로 구성되어 있다.

재배시설지원은 사실 시설자금이라기보다는 작목반에 가입한 생약 재배농가를 대상으로 재배에 필요한 종자나 비료, 농약, 기타 농자재 구입을 위해 필요한 영농비 명목으로 ha당 500만원씩을 지원하는 것이다. 한편 생약조제시설은 건물(약 100여평)건축비와 기계 8종 등 건조, 절단, 포장과 같은 생약의 단순가공에 필요한 시설구입비로 개소 당 1억원씩 2개소를 지원하였다. 두 가지 사업 모두 작목반이나 영농조합법인과 같은 생산자조직이 수혜자격을 가지고 있는데 이들이 자I지원을 신청하면 우선순위를 결정, 시농어촌발전위원회의 심의를 거쳐 지원대상자로 확정된다.

여기서는 1997년 생약재배시설 지일수혜자로 선정된 월악산약초작 목반을 대상으로 이들 사업이 어떻게 추진되고 있는지 살펴보았다. 월악산약초자목반은 제천시에 있는 10개의 생약작목반과 5개의 생약 영농조합법인 중 하나로 제천 한약재

〈표10-13〉 1997년 제천시 약용작물 생산 및 유통지원사업

읍면별	사업주체	세부사업명	사업량	재원별 사업비(천원)					
				총계	보조금			융자금	자부담
					국비	도비	시비		
수산면	수산약초 작목반	재배시설	28ha	140,000	28,000	8,400	19,600	56,000	28,000
덕산면	월악산약	재배시설	2건	200,000	40,000	12,000	25,000	80,000	40,000
	초작목반	조제시설	23ha	115,000	23,000	6,900	16,100	46,000	23,000
덕산면	문수산약	재배시설		10,000	20,000				
	초작목반		20ha			6,000	14,000	40,000	20,000
백운면	박달재약	재배시설		75,000	15,000				
	초작목반		15ha			4,500	10,500	30,000	15,000
합계	4개소		86ha	630,000	126,000	37,800	88,200	25,100	126,000

의 주산지라 할 수 있는 덕산면에 위치하고 있다. 전체 작목반원수는 45명이지만 1997년에 지원 받은 자금은 16명의 반원이 나누어 사용하고 있다.

2. 경쟁력 제고대책

1) 품목별 대처방안

품목별로 적정량을 생산하기 위해서는 품목별 수요량 예측이 가능하여야 하는데 생산부서와 소비 부서가 이원화되어 있어 수요량에 대한 예측에 의해 재배가 이루어지고 있는 실정이다.

(1) 국내 생산으로 자급이 가능한 품목(자급율 100%)

국내생산이 가능한 22개 품목은 전국 38개 단지를 중심으로 과잉생산이 되지 않도록 지도하고 생력재배를 지속적으로 추진하여 가격경쟁에 대비하여야 하며 품질향상에 주력하여 우리 농산물의 우수성이 가격차원 에서도 차등가격이 이루어지도록 해야 하겠다.

(2) 일부생산이 되는 품목(자급율 50~100%)

생산단지를 중심으로 면적을 확대함은 물론 적지를 선정하여 현재 농림수산부에서 추진하고 있는 특작 생산유통 지원사업을 신규단지와 접목시켜추진하므로서 자급도 향상을 위한 면적확보에 주력하고 수입량을 줄여 생산성향상에 기여토록 하여야 하겠다.

(3) 수입에 의존하는 품목(자급율 50%이하)

창출, 백출, 지황 등 매년 일부 품목 부족량은 수입에 의존하고 있는 실정으로 우선 생산기반조성에 주력해야 하겠다.

이를 위해 시험연구기관에서는 품목별로 지역별 생육시험을 실시한 후 적지를 선정하여 집단 재배화하고 특작 생산유통 지원사업 지원을 받아 경쟁력을 키워 나가야겠다. 그러나 WTO체제하에서는 자국 농민보호도 제한하고 있는 무한경쟁 시대인 만큼 수입품이 따라 올 수 없을 만큼 품질면에서 양질의 생약제를 생산하고 이를 소비자에게 인식시키는 홍보활동이 중요하다 하겠다.

2) 품질향상을 위한 시험연구 강화

- ㅇ주요 약용작물에 대한 국제경쟁력 강화를 위한 저비용 생력화 기술개발
- ㅇ한국산 생약의 약효가 인근 일본이나 중국보다 월등히 우수함을 입증할 수 있는 연구강화
  - -혈압강하 성분인 당귀의 「데쿠르신」과 황기의 「Y-아미노부틸릭산」은 국내산

〈표10-14〉 기계화에의한노동력절감목표

구 분		현 행	목 표	
			1단계('96)	2단계(2001)
규모 ha 노동력(시간/ha)		0.2 241(100)	1~2 88.2(38.6)	2~3 46.0(19.1)
생력 및 기계화 체계	파종	인 력	점파기(경운기)	기계세조파
	제초	인 력	제초제	제 초 제
	병충해 방제	동력분무기	고성능분무기	유기농업(무방제)
	수확	인 력	경운기부착굴착기	전용수확기
	세처건조	소규모기계 세척및천일건조	소형기계세척및건조	대형기계공동세처 및 건조

만 함유.

ㅇ주요 수출작목인 시호, 당귀, 황기 집중개발 필요.

3) 생산비 절감추진

ㅇ생력재배가 가능하도록 재배지역 전환
-재배지대 : 산간경사지 → 평야지

4) 새로운 재배기술의 체계적인 농가보급

ㅇ신기술보급을 위한 단지내 시범포 설치 운영
-선진농가위주의 기술전수 훈련실시
ㅇ주산단지 농촌지도의 지역개발연구센타 활용
-한.학.관,연,농민의 협동에 의한 지역특화작목 지정 육성
ㅇ약용작물 재배기술 강화
-지역교육 : 동계농민 교육 등을 통하여 수시 자체교육실시
-종합교육 : 정부시책, 재배기술, 유통, 가공 등에 대한 순회교육실시

5) 우량품종 생산보급 확대

ㅇ우량종묘 생산보급 단계별 실시
-1단계 : 작목반별 공동육묘장 설치운영 확대
-2단계 : 생산자 단체를 통한 우량종묘 생산보급
-3단계 : 주요 약용작물을 다루는 종묘업체 육성

6) 생약조제시설 지원

ㅇ생약의 규격화에 필요한 기자재 및 시설지원
-지원대상 : 영농조합법인, 생산자단체 등

3. 중장기 시책 추진방향

1) 기술연구개발계획

〈표10-15〉 주요 연구 개발계획 및 과제

품 목	단계별 접근 세부과제
시 호	고품질다소성품종, 성분특성우수계통선발, 품질향상, 조제기술 개내추대
당 귀	다수성품종, 종자생산기술개발, 생력재배기술개발
황 기	지방종수집, 지근다수성계통육성, 음료등 가공기술개발
천 궁	우량품종육성, 품질향상기술개발, 유용성분석, 가공이용연구
오미자	유전인자수집 및 특성조사, 수형조성방법개발, 조제기술개발

2) 시책추진방향

ㅇ수요에 알맞는 품목별 적정면적 재배
 -국내 생산이 가능한 신규 재배품목 개발
 -수급안정과 적정생산대책 강구
ㅇ주산단지를 중심으로 한 생산기반 확충
 -주산단지 지정 및 운영내실화
 -전업농 육성 및 재배규모 확대
ㅇ안정생산을 위한 시험연구 및 지도강화
 -양질 다수성 우량품종 개발육성
 -품목별 생력재배 기술개발
ㅇ생약의 규격출하 및 유통구조개선
 -포장개선 및 규격출하로 상품성 제고
 -유통구조개선으로 공정거래 정착
ㅇ수출유망품목 개발 및 수출확대
 -경쟁력 제고를 위한 새로운 기술개발 보급
ㅇ약용작물 관련 단체 및 조직기능 강화
 -작목반 조직단체 및 조직기능 강화

3 약·특작 허브자원의 개발

우리나라에는 4200여 종의 식물이 자생하는 것으로 알려져 있다. 우리나라의 한라산, 지리산과 강원도의 식생을 중심으로 약·특용식물의 주요 용도별 종수를 살펴보았다. 강원도는 금강산, 대암산, 설악산, 오대산, 치악산 등 주요 산지와 춘천지역을 포함한다. 송주택 등의 한국식물보전에 수록된 식물목록상의 용도를 기준으로 조사대상지의 식물을 용도별로 분류해 본 결과는 <표10-16>과 같다. 조사대상지의 식생 가운데 한 가지 종이 식용, 약용, 관상용의 세 가지 용도를 모두 갖는 허브의 종수는 한라산에 277종으로 가장 많고 지리산에 163종, 강원도에 243종이 분포한다.

〈표10-16〉 한라산, 지리산 및 강원도 지역의 약용(M), 식용(F),관상용(O) 약·특용식물의 분포종수

	科수	種수	F+M+O	F+M	F+O	M+O	F	M	O
한라산	176	2,001	277	370	157	374	117	98	278
지리산	157	1,323	163	210	62	205	76	135	70
강원도	130	1,722	243	255	78	261	91	208	113

1. 식용 허브자원

<표10-16>로부터 잎, 줄기, 꽃, 뿌리, 열매 등을 산채, 향신료 등 식품으로 이용할 수 있는 식용허브는 한라산에 1031종, 지리산에 511종, 강원도에 667종이 분포함을 알 수 있다. 과별로는 *Compositae*과 식물이 가장 많고 *Umbelliferae, Labiatae, Rosaceae, Cruciferae, Liliaceae, Aspidiaceae, Gramineae, Leguminosae, Polygonaceae, Ranunculaceae*과에 속하는 식물이 주종을 이룬다.

이중 선호도가 높은 일부 품목은 90년대 들어서 식용허브의 건강식품적 가치가 재인식됨에 따라 재배생산이 확대되고 있다. 품목별로는 도라지, 취나물, 더덕, 미나리, 고들빼기, 달래, 땅두릅, 두릅, 냉이,씀바귀, 고사리, 참나물, 삼나물, 곤드레, 머위, 초피, 쑥, 꽃나물, 고비, 어수리, 명일엽, 원추리, 모시대, 참비름, 돌나물, 양하, 산마늘, 피마자나물 등이 재배되었으며 이들 식용허브의 주된 이용 형태는 채

소요리이다.

그러나 식용허브의 냉장냉동저장 및 건조를 통하여 채소이용기간을 연장하고 경엽을 착즙하여 소위 녹즙, 녹차(herb tea), 청량음료(drink) 및 발효음료의 가공섭취가 더욱 늘어날 전망이다. 1992년 전국의 차밭을 중심으로 한 차엽생산동향을 살펴보면 507ha의 차밭면적에서 1044톤을 생산하여 85년 대비 9배의 생산량 증가를 가져왔다. 또한 고산지대에 야생하는 고사리, 미나리, 참두릅, 참나물, 고들빼기, 더덕, 취나물 등 식용허브에 대한 식이섬유함량을 분석한 결과에 의하면 이들 식용허브가 33-35%의 식이섬유를 함유하고 있어 천연식이섬유식품의 개발이 가능할 것으로 보인다.

한편 식용허브의 이용부위도 경엽이나 뿌리에 국한되는 것이 아니라 꽃을 식용하기 위한 '식용꽃'의 개발도 이루어지고 있다. 전통적인 건강차로 이용되어 온 꽃차로는 개나리꽃차, 무궁화차, 백목련차, 벚꽃차, 진달래꽃차, 紅花차, 감국차 등이 있다. 일반적으로 꽃향기는 흥분을 가라앉히고 위액을 촉진시켜 소화에 좋으며 복사꽃은 멍든데 효과가 있다. 국화차는 혈압을 내리고 두통을 제거하며 눈의 충혈을 막아준다.

2. 약용허브자원

우리나라에는 약용으로 이용가능한 식물이 2,000여 종 분포하는 것으로 알려져 있다.

생산된 약용허브는 조제하여 국내생약시장에 출하되어 한약재 및 한방차로 이용된다. 전통건강차제조에 사용된 생약재에는 감초, 결명자, 계피, 구기자, 길경, 달개비, 당귀, 천궁, 두충, 옥죽, 마, 맥문동, 미삼, 박하, 배석, 백작약, 산수유, 삼지구엽초, 오가피, 오미자, 은행, 인삼, 대추, 작설, 치커리, 황기, 원추리, 죽엽, 동규자, 모란, 뽕잎, 솔잎, 매실, 냉이, 생강, 칡, 연근, 차즈기, 쑥 등이 있다. 최근에 일본에서는 두충차에 인체 단백질의 3분의 1을 차지하는 코라겐의 신진대사를 높이는 성분이 함유되어 비만과 노화방지에 효과가 있다고 하여 두충차의 시장규모가 2백50억 엔대에 이를 만큼 대형 비지니스가 되고 있고 원료가 부족하여 중국에서 수천 톤을 긴급수입하는 실정이므로 유사한 식료문화를 가진 우리나라에서도 찻잎을 그대로 파는 '리프(leaf)'형태는 물론 캔이나 패트병에 담은 두충차상품이 머지 않아 시장에 등장할 것으로 예상된다. 당귀, 고본, 오미자, 황백, 하수오 등은 생약주로 개발되고 있다. 최근에 당귀, 두충, 삼지구엽초 같은 약용허브는 닭, 염소, 한우 등 가축의 사료로도 이용된다. 한약재로 사육한 한우나 닭은 맛이 담백하고 기름기가 적은 것이 특징이나 한약재를 먹인 가축의 영양성분이나 인체에 미치는 효과는 과학적으로 입증되지 않고 있으므로 이 부분에 대한 연구검토가 과제로 남아 있다.

3. 관상용 약·특용식물

우리나라에 자생하는 관상용 허브(야생화)는 우리민족의 정서를 잘 반영해주는 이점 이외에도 관리적인 측면에서 오랜 세월동안 우리나라의 기후풍토에 적응되어 왔기 때문에, 환경적응성이 높을 뿐만 아니라 병충해에 대한 저항성도 높으며 생육중에 비료의 요구량도 적은 편이다.

우리나라에 자생하는 주요 관상허브에는 꽃을 주로 감상하는 제비동자꽃, 할미꽃, 복수초, 동의나물, 땅채송화, 털쥐손이, 섬초롱꽃, 미역취, 털머위, 한라뻐꾹채, 모데미풀, 노루귀, 하늘매발톱, 깽깽이풀, 제비꽃, 노루오줌, 벌개미취, 눈개쑥부쟁이, 꼬리풀, 감국, 갈퀴나물, 가락지나물, 향유, 털여뀌, 잇꽃, 솔체꽃, 과꽃, 꽃며느리밥풀, 개미취, 광대수염, 구절초, 꿀풀, 금꿩의 다리, 금란초, 금불초, 기린초, 노루발, 대나물, 도라지, 돌나물, 둥굴레, 등골나물, 마타리, 물레나물, 미나리아재비, 민들레, 백리향, 벌깨덩굴, 벌노랑이, 범부채, 부처꽃, 분홍바늘꽃, 붓꽃, 석잠풀, 솔나물, 솜다리, 솜방망이, 수정란풀, 쑥부쟁이, 앵초, 양지꽃, 엉겅퀴, 오이풀, 용담, 용머리, 원추리, 윤판나물, 은방울꽃, 이질풀, 작약, 좁쌀풀, 쥐오줌풀, 지모, 지치, 참으아리, 큰꿩의 비름, 톱풀, 패랭이꽃, 해국, 개상사화, 무릇, 섬말나리, 수선화, 얼레지, 참나리, 하늘나리, 난류 등이 있다. 잎을 주로 감상하는 관상허브에는 속새, 음양고비, 호자덩굴, 바위떡풀, 석위, 천문동, 대사초, 나도옥잠화, 호장근, 바위손, 바위취, 털머위, 돌단풍, 고추냉이, 우산나물, 괭이눈, 오대산괭이눈, 바위솔, 섬노루귀 등이 있다. 열매를 주로 감상하는 관상허브에는 천남성, 자금우, 부들, 둥굴레, 백량금, 뱀딸기, 산호수, 낙상홍, 배풍등 등이 있다.

우리나라 자생식물 가운데 관상용 허브가 원예 또는 화훼용으로 재배되기 시작한 것은 극히 최근의 일이다. 우선 손쉽게 기를 수 있는 종류로 부터 재배되기 시작하여 93년에 50여 종의 품목이 재배되었다. 주요 種으로는 구절초, 원추리, 붓꽃, 백리향, 비비추, 옥잠화, 할미꽃, 벌개미취, 기린초, 용담, 산마늘, 금낭화, 족도리풀, 맥문동, 감국, 노루귀 등이 있다.

4. 방향허브(Aromatic herbs)

방향허브는 꽃, 잎, 수피, 가지, 뿌리, 열매, 과피, 수액 등에서 향이 나는 식물을 가리키는 것으로서 Labiatae, Fabaceae, Liliaceae, Rutaceae, Umbelliferae, Valerianaceae, Compositae, Araceae과 등에 속하는 400여 종의 식물이 알려져 있다. 우리나라에는 쑥, 큰등골짚신나물, 파, 마늘, 산파, 양파, 겹달맞이꽃, 선갈퀴, 향기풀, 쥐오줌풀, 목향, 소두구, 양강, 녹나무, 병꽃풀, 고수, 해바라기, 단향, 산곱향, 생강, 계피, 창포, 굴회향, 눈물꽃, 살비아, 셀러리, 쑥국화, 서양민들레, 한련, 개박하, 광귤, 제충국, 여름흰국화, 숲꽃말이, 유향, 기린국화, 서양앵초, 월계수, 안식향, 후추, 양호랑가시, 호프, 양지치, 꽃박하, 금잔화, 서양촉규화, 양박하, 푸른박하, 육두구, 흰전등싸리, 서양톱풀, 운향, 자주개자리, 붉은 토끼풀, 솔나물, 매괴화, 장미, 미질향, 푸른소엽, 들깨풀, 백리향, 산우초, 미나리, 석창포, 마석줄, 일당귀, 향수란, 유자, 모과, 파드득나물 등 180여종이 있다.

이러한 방향허브는 향이 지닌 각성 및 진정효과로 인하여 실내향은 물론 맛사지법, 목욕법, 삼림욕, 향항아리(potpourri), 허브쿠션, 향베개(pillow) 등의 방향요법의 재료로 이용되며 향구슬(pomander), 화환(wreath), 부케(bouquet) 등 방향요법을 겸한 생활장식재로서도 이용된다.

그러나 많은 종류의 방향허브가 있음에도 불구하고 재배가공하여 이용하기보다는 향료의 대부분을 수입에 의존하고 있는 실정이므로 앞으로 향료산업의 개발이 요구되며 이에 따라 방향허브의 계획적 재배생산을 통한 자원의 보전전략이 아울러 수립되어야 한다.

최근에 민간차원에서 시도되고 있는 향료상품개발의 일예를 제주도와 정선에서 찾아 볼 수 있다. 정선군 임계면 봉산2리의 부녀회원들은 직접 재배한 당귀와 천궁을 깨끗이 씻어 햇볕에 말린 뒤 잘게 썰어 그물로 짠 주머니에 넣은 '자연향'을 각각 100g 단위로 주문판매하고 있다.

또 한 회사에서는 중국의 전통처방에 따라 들국화, 인삼, 천궁, 당귀 등 27가지의 천연한약재를 건조시켜 집어 넣은 방석으로 독특한 냄새와 기가 인체에 흡수되면서 혈액순환을 원활하게 해주고 활력을 높여주는 소위 '한약방석'을 개발하여 판매하고 있다.

5. 미용 및 염료 허브자원

미용효과를 높이고 모발과 피부건강을 유지하는데 이용되는 미용허브는 body oil, 얼굴, 헤어린스, 헤어토닉, 샴푸, 로션, 허브비누, 향수, 머리카락 염색제, 구강위생용 허브 등을 포함한다. 우리나라에서 전통적으로 이용되어 온 미용허브에는 창포, 분꽃, 남정화, 쑥, 복숭아나무, 느릅나무, 당귀, 무, 보리, 콩, 녹두 등이 있다. 몇 가지 피부 및 헤어미용용 허브의 종류와 효능을 살펴보면 다음과 같다.

솔잎: 비타민 A와 K, 단백질, 인, 철, 효소, 미네랄 등이 있어 체내의 노폐물을 배출해 신체의 신진대사를 돕는다. 솔잎의 껍질을 벗겨 삼등분하여 베자루에 넣어 그 즙을 우려낸 물로 목욕을 하면 강한 항균작용에 의해 피부의 세균이 제거된다.

쇠뜨기: 규산과 사포닌 성분이 있어 앞가슴이나 등에 여드름이 나는 지성피부, 피부질환으로 고생하는 사람들에게 좋다. 피부가 처지거나 노화된 피부에 사용한다. 쇠뜨기를 끓는 물에 넣어 30분 정도 달인다. 약 5리터의 물에 150g 정도의 분량이 적당하다.

백리향: 잎에 있는 유기산이 항균작용을 한다. 물 1리터에 100g이 적당하다.

쑥: 풍부한 비타민이 들어 있고 소염작용과 피부보습작용으로 거칠어지고 자외선 등으로 손상된 피부를 깨끗하고 촉촉하게 가꿔준다.

신선초: 게르마늄, 비타민 B12, 엽록소 기타 비타민과 무기질이 들어 있다. 게르마늄은 '먹는 산소'라고 불릴 정도로 산소운반을 원활하게 해주고 피부호흡을 증진시키며 동시에 노화된 세포에 다량의 산소를 공급하여 노화를 지연시키며 피부암 및 염증을 치유한다. 또한 항균, 살균작용이 있으며 혈색을 개선시키는 기능이 있다.

창포: 정유, 탄닌, 비타민 C 등이 있어 빈혈과 피로회복에 좋고 신진대사를 촉진한다. 1리터의 물에 창포뿌리 4스푼이 정량이다.

피부타입별로 미용허브추출물의 효능을 살펴보면 민감성피부에는 홋스체스트넛(모세혈관 확장방지), 오렌지꽃(피부진정), 너도밤나무(원기회복) 등이 좋고 지치고 피곤한 피부에는 인삼(스트레스방지), 올리고 성분(신진대사 촉진), 유칼리투스(안색회복)에 좋으며 노화된 피부에는 센텔라 아시아티카(주름방지), 쇠뜨기(피부처짐방지), 미모사(피부재생) 등이 좋다. 건성피부에는 알로에(보습), 접시꽃(피부당김완화), 위치하젤(유연제) 등이 좋고, 지성피부에는 캄포(피지분비 조절), 세이지(수렴

제), 레몬(청정) 등이 좋으며, 눈, 목, 가슴 부위에는 콘 플라워(눈주위 근육진정), 아이비(목처짐 방지), 호프(가슴부위 탄력성 회복) 등이 좋다. 최근에 포도에서 추출한 성분으로 탄력있는 피부를 유지시켜 주는 기능성화장품이 개발되어 시판되고 있기도 하다.

미용허브는 서양에서 이용되어 온 외국종이 더 잘 알려져 있는데 주요한 종류로는 엘더, 스위트바이올렛, 서양측규화, 컴프리, 캐모마일, 금잔화, 레이디스맨틀, 쇠뜨기, 미국풍년화, 파세리, 차빌, 휀넬, 타임, 서양톱풀, 유럽피나무(린덴), 라벤다, 로즈마리, 장미, 라베지, 밑트, 세이지, 소프워드, 웜워드, 자작나무잎, 캣트니프, 구리바스, 우엉뿌리, 사샨우드, 환삼덩굴, 스티킹넷틀, 헨나, 야자열매 등이 로션, 세제, 또는 샴푸나 린스 등으로 이용된다. 세이지, 크로우브, 페퍼민트, 스피아민트, 타임, 파슬리, 마조람, 유럽노간주 등은 구강위생용 허브이다. 미용허브는 화학물질이 갖는 위험성이 없기 때문에 안심하고 쓸 수 있어서 관심이 증대되고 있다. 최근에 우리나라 화장품업계에서 야채, 수세미, 콩, 귀리, 장미, 쑥, 감초, 알로에, 해조류 등 식물성 화장품개발이 경쟁적으로 이루어지고 있음을 볼 때 미용허브의 산업화에 따른 미용허브자원의 생산이 증대될 전망이다.

6. 약 · 특작 자원의 가공산업

WTO체제하에서 우리 농산물이 살아남을 수 있는 길은 무엇인가. 이에 대한 해답으로 기술혁신을 통한 품질향상과 경영합리화 그리고 농산물가공 등이 제시되고 있다. 이미 선진국은 가공식품률이 80-90% 수준에 이르고 있으나 우리나라의 가공식품률은 30% 수준에 머무르고 있는 실정이다. 현재 한국식품개발원이 주축이 되어 우리나라 주요 농산물을 주원료로 개발한 가공상품에는 즉석미숫가루, 쌀고기, 쌀콩스낵, 쌀발효스낵, 쌀인삼스낵, 쌀칩, 쌀빵, 청결미, 무균포장밥, 오이쥬스, 양파음료, 쌀요구르트, 대추차, 현미음료, 누룽지, 즉석현미스프, 즉석국밥, 칡빵, 즉석된장국, 천마음료, 도라지당과, 마늘음료, 도라지넥타, 영차(오미자, 구기자, 당귀 등), 구기자차, 즉석숭늉, 호박당과, 호박청량음료, 무쥬스, 과일야채스낵(감압유탕), 채소스낵, 생홍고추이용제품(다대기, 양념다대기, 고추장 등) 등이 있다. 이 가운데 허브에 해당하는 제품으로는 인삼, 양파, 칡, 천마, 도라지, 구기자, 오미자, 당귀 등을 원료로 한 음료 또는 당과 정도임을 알 수 있다.

쌀인삼스낵은 쌀에 인삼을 혼합하여 인삼의 맛과 독특한 감미가 잘 조화된 압

출팽화 영양스낵제품이며 양파음료는 양파가 20% 함유된 추출액을 사용하여 감기를 예방하고 혈당치를 낮추며 혈액응고를 막아주는 건강음료로 개발한 것이다. 대추차는 대추, 생강, 계피, 칡 등을 혼합하여 대추, 생강, 계피 등의 고유한 맛과 향이 잘 조화되고 현대인의 기호도를 한층 증진시킨 제품으로서 일반 전통차류와 같이 소비성이 높을 것으로 전망된다. 도라지당과는 도라지의 약리효과와 독특한 향기를 최대한 살리고 곶감과 젤리와 같은 조직감을 갖춘 제품으로 간식, 술안주 등에 적합한 제품이며 도라지넥타는 도라지의 유효성분과 섬유질이 다량 함유된 건강음료이다.

또한 한국식품개발연구원에서는 마(山藥) 가공식품으로 스프, 차, 스낵, 당과, 조림도 개발하였다. 마스프는 동결건조한 마를 분말처리하여 점액질을 구성하는 당단백질의 일종인 글리코프로테인을 제거하고 녹두가루, 참깨, 버터분말 등 부재료를 첨가, 마 특유의 아린 맛을 부드럽게 하면서 담백한 맛을 살린 제품이다. 마스낵은 마의 수분함량을 10% 수준으로 줄이고 유당과 포도당을 첨가해 낮은 압력상태에서 85°C의 온도로 튀겨 섬유조직을 그대로 유지한 채 바삭바삭한 식감을 느낄 수 있도록 한 제품이다. 마차는 마분말을 120°C에서 10-15분 가량 볶아서 고소한 향을 내고 율무가루와 설탕을 혼합하여 물만 부면 곧바로 마실 수 있도록 만든 제품이다. 또 당과와 조림제품은 마를 1cm 두께로 썰어 동결건조시킨 후 설탕, 물엿, 포도당 등에 재워 단맛을 더한 것으로 반찬류나 간식으로 식용하거나 또는 다른 과일과 혼합해 프루트칵테일(fruit cocktail)용으로 이용할 수 있는 것이다.

〈 참 고 문 헌 〉

이은웅. 1990, 재배학범론, 한국방송통신대학

신영훈외 5인. 1991, 식물생리학, 아카데미

유순호, 임선욱. 1989, 토양비료, 한국방송통신대학

신영호. 1996, 식물영양학, 아카데미서적

李向高. 1991, 藥材加工學 衣 出版社. 북경

이동필, 이중웅, 한상립. 1997, 국내 재배 한약재의 수급 전망과 유통체계 개선 방향, 한국농촌경제연구원

한국무역협회. 1997, 수출입 업무 요람.

홍문화. 1990, 동의보감, 둥지

厚生省藥務局. 1992, 藥用植物 1～

육창수외 5인. 1982. 한약의 약리, 성분, 임상응용, 계축문화사

농촌진흥청. 1997, 약초전문교육 교재

정보섭. 1989. 원색천연약물 대사전, 남산당

이원호. 1983. 약초재배법과 야생약초 이용법, 장학출판사

이창복. 1982. 대한식물도감

농촌진흥청. 1994. 약초재배(표준영농교본7)

박인현 외. 1994, 증보 약용식물 재배

이승택, 채영암. 1996, 약용작물 재배

신길구. 1982. 신씨 본초학개론

이의상. 1992 농업협동조합 전문대학 교육교재

陳存仁. 1984 圖設 漢方醫學大事典<中國藥學大典>

현대한방연구소. 1985. 현대의 한방

진존인. 1984. 한방의학대사전 Ⅲ.

김창민외. 1986. 중약대사전

박인현외 2인. 신판약초식물재배. 선진문화사

김정은. 1985, 생약재배 교육교재. 사단법인 한국생약협회.

김삼보. 1993, 소득자원 식물 재배기술. 한국출판사.

최영암, 김광호, 강광희. 1991. 공예작물학. 한국방송통신대학출판부

육창수, 심재호, 유기욱, 김형근. 1992. 한약학 Ⅱ. 광명의학사
김재길 외. 1992, 최신약용식물재배학, 남산당
이정일. 1996, 약용작물의 이용과 신재배기술. 선진문화사
박명규, 1996, 최신고려인삼, 한국인삼연초연구원
안덕균. 1998, 한국본초도감. 교학사
농림부. 1997, 약용작물현황. 원예특작과
약품식물학연구회. 1997, 신약품식물학, 학창사
농촌진흥청. 1995, 약용작물의 유통구조개선 및 가공산업 육성 방안
농림부. 1997, 농수산 주요 통계
이정일. 1998, 특용작물재배와 현황, 경상대 최고경영자과정 교재
지형준, 이상인. 1988. 대한약전외 한약(생약)규격집 주해서. 한국메디칼인덱스사
유창수, 심재호, 유기욱, 김형근. 1992. 한약학Ⅱ. 광명의학사.
영림사. 정보석, 신민교. 1990. 향약(생약)대사전(식물편).
고문사. 강효신. 1989. 동양의학개론.
한국인삼연초연구원. 고지훈. 1994. 고려인삼.
한대석. 1992. 생약학. 동명사.
농촌진흥청.1993 - 1995. 시험연구 보고서(특작편)
농촌진흥청. 1991. 작목별 기술 대응 방안

부 록

한약규격품 유통제도
특용작물 관련자료
영 농 창 업 계 획

한약규격품 유통제도의 실시(96. 7. 1)에 따른 행정안내

- 일자 : 96. 7. 1부터 전면 실시
- 대상 : 한약판매업자
- 품목 : 갈근 · 감초 · 녹용 등 36종 한약재
- 내용 : 비규격품(신고된 재고한약재 포함)의 유통 전면금지

---

1. 유통중인 재고한약재에 대한 사전 규격화 촉구
- 대상 : 한약재 수입자 · 도매상 · 한약방 · 약국
- 지시사항 : 96. 6월말까지 소진이 어려운 비규격품은 인근 규격품 제조업소를 통하여 미리 규격품화 할 것.

※ 장마기에는 한약재가 상하기 쉽고 규격화 작업도 곤란함

- 위반사례(1차 적발시)에 대한 행정처분기준

구분	위 반 사 항	처 분 기 준	근거
한약수입자	비규격품의 직접유통 (제조업자외에게 판매)	전 수입 업무 정지 15일	약사법시행규칙 별표6 행정처분의 기준 Ⅱ 개별기준 제 66호
한약도매상 한약업사 약국개 설자215	비규격품의 저장 진열 · 판매	업무정지 3일	약사법시행규칙 별표6 행정처분의 기준 Ⅱ 개별기준 제 38호

2. 규격품의 생산 · 공급 독려
- 대상 : 규격품제조업소
- 지시사항 규격품유통제도가 원활하게 시행 · 정착될 수 있도록 약사법령으로 정한 바에 따라 제조 · 품질검사한 규격품을 적극 생산 · 공급할 것.

[참고]

한약 규격품 유통제도 실시

규격품이란

- 각 품목별로 정한 표준규격(제조 · 품질기준 및 포장 · 표시기준)에 적합한 한약재로서
  제조 · 품질기준 : 제조방법 · 품질규격(대한약전 등)에 관한 기준
  포장 · 표시기준 : 포장단위 · 포장방법 · 표시사항(원산지 · 효능효과 · 공장도가격 · 제조업소명 등)에 관한 기준

① 의약품(규격품) 제조업소에서 품목별로 제조품목허가를 받아 제조한 제품을 원칙으로 하고

② 농민이 자체생산하여 가공 · 포장한 제품으로서 한약판매업자가 표준규격에 적합하다고 인정(자가규격화)한 한약재도 포함됨

■ 목적
- 한약재의 품질향상 및 유통질서 확립
- 한방의료보험 확대적용(첩약 보험급여)에 필요한 제도적 뒷받침

■ 법적 근거
- 약사법 제 38조 같은법 시행규칙 제 57조 제 1항 제 10호 및 제 12호
- 한약재 품질 및 유통관리 규정 (보건복지부고시 제 1995-70호 : 95.12.30)

■ 제도시행에 따른 직접적인 효과
- 규격품 제조업자(96.5말 현재 123개소) : 품목허가를 받아 엄격한 제조 및 품질관리를 거쳐 제조하고 규격 · 효능 · 효과 · 용법 · 용량 · 중량 · 원산지 · 제조업소명 · 공 장도가격 등을 표시한 규격품을 생산 공급
- 한약판매업자(한약도매상 · 한약업사 · 약국) : 기존 관행과 같은 원형 상태의 한약재 취급은 금지되고 규격품만의 취급 · 판매 의무화
- 한약재수입자 수입한 한약재는 반드시 규격품제조업소에서 규격품으로 제조하여 판매(직접유통 금지)
  ※ 한방병의원(한의사) : 약사법에 의한 한약판매업자에 해당하지 아니하므로 규격품 사용 의무화 대상에서 제외되나 행정명령 등을 통해 규격화제도에 동참토록 하는 방안 강구 방침

■ 기타 유의사항
- 농민의 기존판로 허용
  - 농민이 자체생산한 한약재(수입한약재 제외)를 단순가공하는 행위는 농산물 가공행위이므로 약사법 적용대상이 아니며

- 이와 같이 가공한 제품을 기존 판매관행에 따라 한약판매업자(도매상 한약업사 · 약국)에게 판매(납품)할 수 있음.
  ☞ 이 경우 해당 한약판매업자가 제품의 품질 · 포장 등이 표준규격에 적합함을 확인 · 보증해야 하고 이에 대해 책임을 짐.

<규격화 대상 한약재>

1. 갈근(葛根)	2. 감국(甘菊, 국화)	3. 감초(甘草)
4. 건강(乾薑)	5. 계지(桂枝, 육계)	6. 계피(桂皮)
7. 곽향(藿香, 배초향)	8. 구기자(枸杞子)	9. 길경(桔梗)
10. 녹각(鹿角)	11 녹용(鹿茸, 반용주)	12. 당귀(當歸)
13. 도인(桃仁)	14. 마황(麻黃)	15. 반하(半夏)
16. 복령(茯苓, 적 · 백복령)	17. 부자(附子)	18. 산수유(山茱萸)
19. 산조인(酸棗仁)	20 산약(山藥)	21. 숙지황(熟地黃)
22. 시호(柴胡)	23. 신곡(神麯, 신국)	24. 우황(牛黃)
25. 육계(肉桂,모계)	26. 작약(芍藥, 백작약)	27. 저령
28. 진피(陳皮)	29. 천궁(川芎)	30. 행인(杏仁)
31. 향부자(香附子)	32. 황금(黃芩)	33. 황기(黃芪)
34. 황련(黃連)	35. 황백(黃柏)	36. 후박(厚朴)

■ 기대효과

- 한약의 구태의연한 사용관행에 따른 폐해 불식
  - 국민보건 위해요인의 제거
    - · 저질 · 불량 한약재의 근절 (한약재 품질의 신뢰성 제고)
    - · 가격 및 유통질서 확립 (원활한 수급과 정당한 가격의 안정 유도)
  - 방의료 서비스 개선을 위한 제도적 뒷받침
    - · 한약(초재)의 의료보험적용에 부응
    - · 의약분업실시에 필요한 여건 조성
- 한약재 관리수준의 선진화
  - 궁극적으로 여타 의약품의 관리수준과 동일한 정도로 향상 · 개선

■ 항후 계획

- 동 제도의 원활한 정착을 위한 지속적 사후관리

- 주요 한약재 실거래가격 조사 및 규격품과 비규격품 수거 검정 (규격시험, 중금속 · 잔류농약시험 등)
- 각 지방식품의약품청과 시 · 도에 규격품의 생산독려, 탈법행위 단속 등 유통질서의 확립에 필요한 약사감시 철저지시
- 규격품가격 표시제도 정착
- 한약재의 폭리를 방지할 수 있도록 규격품에 대해 공장도가격표시 의무화, 공급가격 안정유도
- 규격화 대상품목의 확대 추진
- 관계 전문가의 의견을 들어 규격품유통 대상품목을 대폭확대

(별첨1)

한약규격품유통제도 추진 경위

- 품질규격의 설정(80년부터 88년까지)
- 총 514종의 한약재에 대한 규격기준 마련
- "한약재 품질 및 유통관리 개선대책위원회" 구성 · 운영('88.6~' 90.8)
- 국산한약재 26종에 대해 규격화 검토, 유통관행 등 여건의 미비로 중단
- "규격화추진대책위원회" 재구성 · 운영('93.4~' 93.12)
- 대상품목의 선별 및 점진적 · 단계적 시행 건의
- 규격품유통 의무화제도 시행 고시('94 3. 25)
- 규격품대상한약재 36종 지정,' 95.4 1부터 시행 예고
- 동 예고에 따른 세부협의 과정에서 시행시기(수입자단체 : 2년 연기 요구)와 추진 방법(농민)기존 판로 보장요구)에 이견 노출
- "한약재품질 및 유통관리규정" 제정 · 고시(95 3. 25)
- 관련부처 등 합동회의('94, 5 26), 공개협의회('94. 11. 7) 단체간 의견수렴, 행정쇄신위원회와의 협의 등을 통해 이견 조정
  · 시행시기 9개월 연기('95. 4 1 ~' 96. 1 1)
  · 농민에 대한 기존 판로의 계속 허용 명문화
- "한약재품질 및 유통관리규정" 개정 고시('95. 12 30)
- 제도의 원만한 시행을 위한 각 단체간 세부 협의과정에서 문제점 지적, 재고한약재의 자연소진에 필요한 경과규정 등 보완
- '96. 7 1부터 36종 한약재에 대한 비 규격품의 유통 전면금지

(별첨2)
한약재 규격설정 및 사용 등 현황

• 한약재 품질규격의 설정
- 총 514종 수재　대한약전 130 종
　　　　　　　　대한약전 외 한약(생약) 규격집 : 384 종

• 사용현황
- 수입한약재
 · 주요품목 녹용, 감초, 계피, 갈근 등 300여 품목
 · 주요수입국가 : 중국, 북한 독립국가연합, 뉴질랜드 등
 · 수입량　'94년도 1억 8천만불
　　　　　'95년도 : 1억 8천1백만불
- 국산한약재
 · 주요품목 : 다빈도 한약 50종중 21종 생산(21종 총소요량의 약 40% 물량)
 ⇒ 당귀, 구기자, 오미자, 두충, 작약, 산수유 등
 · 주요산지 : 강원, 충남, 충북, 전남. 전북, 경북
 · 생산량　'94년도 : 35,000톤
　　　　　'95년도 : 41,000톤

• 규격품제조업소
- '96. 5말 현재 123개소 허가 : 지역별 허가업소 현황 등에 대하여는 대한약품공업협동조합에서 관리함.
- 식품의약품인진본부의 출범에 따라 향후에는 각 지방식품의 약품청에서 허가 및 사후관리 됨.
• 한약수입 자 및 판매업소(도매상 · 약국 · 한약방)
- 각 시 · 군에서 약사법령 준수여부 등에 대해 사후관리(약사감시)

(별첨3)
규격화 제도의 시행에 따른 유통구조의 변화 대비

◎종전의 유통구조

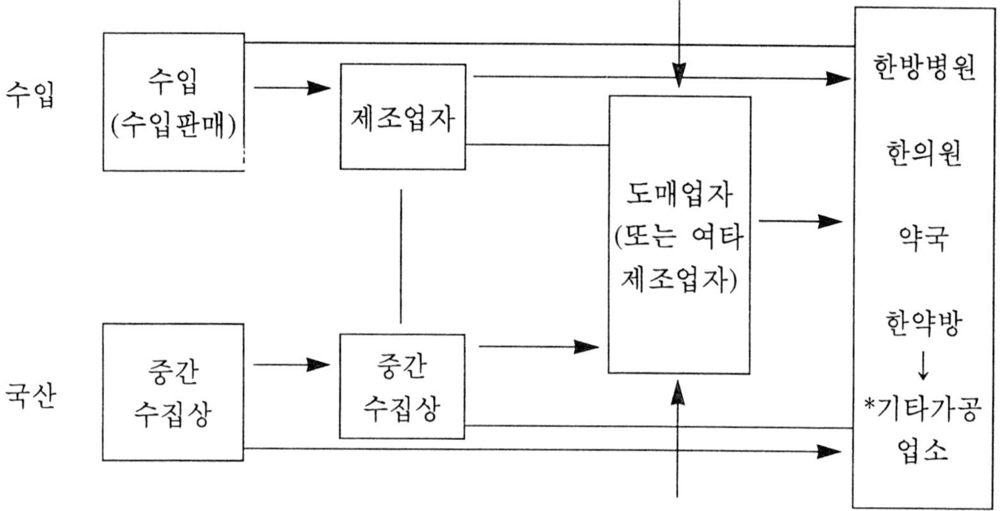

*기타 가공업소 : 제분소, 제환소, 탕제원, 일부 건강식품가공업소 등

◎제도시행후 규격품 유통구조

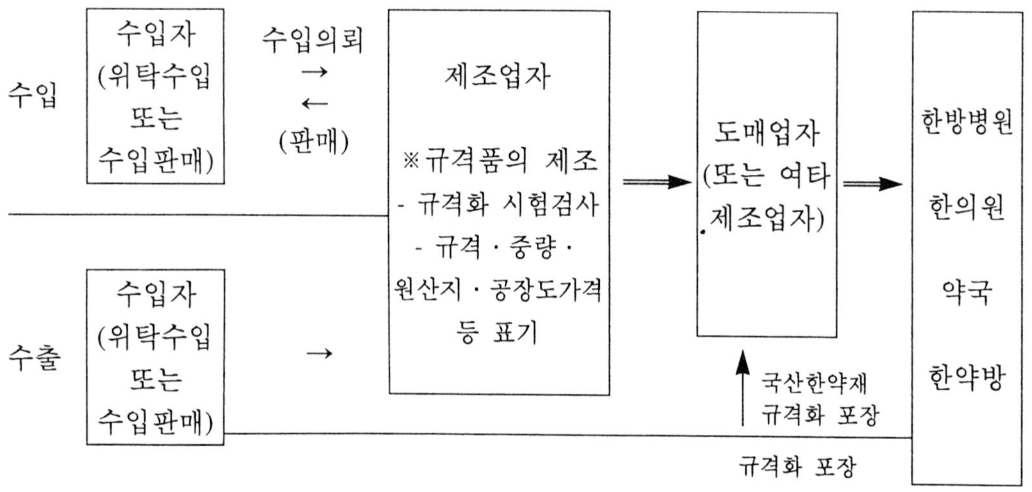

→ : 비규격품 ⇒ : 규격품

(별첨4)

한약재의 품질기준 등에 관한 참고사항

가. 생약시험법

「대한약전」 "일반시험법" 중 생약에 적용하는 시험법

- 검체의 체취 - 소형의 생약, 절단생약, 가루생약 : 50～250g
  대형의 생약 : 250～500g
  1개의 무게가 1000hg 이상인 생약 : 5개이상 또는 적당히 잘라 섞은 것 500g이상
- 시험(또는 조작)항목 : 설정된 항목에 한함
  · 이물 분석용 검체의 조제, 건조함량, 회분, 산불용성회분, 엑스함량(묽은 에탄올엑스 · 수성엑스 · 에텔엑스), 정유함량, 검정시험법('92. 제6개정시 추가)

나. 중금속 및 잔류농약 시험

• 중금속 허용기준 및 시험방법
- "생약 등의 중금속 허용기준 및 시험방법" 개정 (96. 1 1부터 시행)
  · 적용범위:생약(한약재를 포함한다. 이하 같다) · 한약제재 · 생약만을 주성분으로 하는 생약제제. 다만, 광물생약과 그 함유제제에 대하여는 이 고시를 적용하지 아니하여, 엑스제 · 유동엑스제 및 보건복지부장관이 중금속 허용기준과 시험방법을 따로 정한 품목은 따로 정한 바에 의한다.
  · 허용기준 중금속 30ppm 이하(총중 금속으로서)
  · 시험방법 : 대한약전 일반시험법 중 중금속시험법(비색시험법) 제3법

• 잔류농약 허용기준 및 시험방법
- "생약의 잔류농약 허용기준 및 시험방법" 제정(96. 1. 1부터 시행)
  · 적용범위 : 생약(한약재를 포함한다)
  · 허용기준
    - BHC(α, β, γ 및 δ-BHC) : 0.2ppm
    - DDT (DDD 및 DDE) : 0.1ppm
    - Aldrin, Dieldrin, Endrin : 0.01ppm
  · 시험방법 : 가스크로마토그라피법

[별첨]

규격품의 세부요건 등 요약

구분	제조업자가 제조한 제품	판매업자의 규격화 제품
제조· 품질기준	• 동 고시 제28조 및 별표 3 - 규격품의 제조 및 품질기준 Ⅰ. 일반사항 Ⅱ. 품목별 기준 - 사전(출고전) 품질검사 의무	좌와 같음 다만, 판매업자의 사전품질검사 의무만 면제됨. ⇒ 사후관리로 점검
포장방법	• 동 고시 제29조 및 별표 4 - 녹용·부자·우황·외는 250g, 500g, 1kg, 20kg (갈근·계지·곽향·마황 ·진피외에는 제조업소용임). - 밀폐용기 사용	좌와 같음.
표기시재 사항 ("*"는 제조업소 납품용에 대한 표시의무항목임)	• 동 고시 제30조 내지 제 33조 1. 제조업자의 상호·주소·전화번호* 2. 제품명*:학명 등 병기가능, 수치여부 표기 3. 규격명 : "대한약전", "생규", "별규" 등 4. 제조번호와 사용기한* - 사용기간은 1년~3년까지 인정 5. 중량(g단위) 6. 공장도가격(약품공업협동조합 심의필) 7. 용법용량 : "처방 등에 의해 적의 사용" 8. 사용상의 주의사항 - 취급상의 주의, 일반적 주의 등 9. 성상: 절단생약, 가루생약으로 표기하거나 생략할 수 있음. 10. 효능효과 : "제제 또는 조제용" 11. 저장방법: "밀폐용기·실온보관" 12. "규격품"이라는 문자 13. 원산지명 : 국가명(생산지역명 병기가능) 14. 변질·손상제품 등에 대한 교환방법 등 표기	1. 판매원(판매업자)의 상호·주소·전화번호 4. 제조번호→ 포장년월일 사용기한:"포방일로부터 1년"(예시) ※여타사항은 좌와 같음. 다만, 필요시 "생산자명"을 추가 기재할 수 있음. 14. 생략가능
준수사항	• 동 고시 제24조 내지 27조 - 허가품목별로 제품표준서 작성 - 제조시마다 제조관리기록서, 품질관리 기록서 작성, 제조일부터 3년간 보존	• 동 고시 부칙 제3조 제2항 - 품목마다 규격화일지 (한약생산자명·매입일자 ·매입량·자기규격화일자 ·포장량 등 기재) 작성, 1년간 보존

❖ 품 목 ❖

◐감초(甘草)

● 원료약품 및 분량

- 100kg 제소시 감초(원료생약) 140kg

● 제조방법(절단생약)

- 선별 · 이물제거 · 세척 후, 절단(직절 또는 사절)하고 건조 · 정선하여 포장함.

● 성상

- 고르지 않은 원통형(지름 · 높이 각 10mm이하)또는 비스듬히 긴 원통형(폭 · 길이 · 두께 각 20mm×40mm×5mm 이하), 절단면은 황색 내지 엷은 황갈색.

● 품질기준(약전 "감초"항에 준함)

- 성상, 확인, 순도, 건조감량(12.0% 이하/6시간), 회분(7.0%), 산불용성회분(2.0% 이하), 정량(글리시리진산으로서 2.0% 이상 함유)

◐곽향(藿香, 배초향)

● 원료약품 및 분량

- 100kg 제조시 곽향(원료생약) 150kg

● 제조방법(절단생약)

- 선별 · 이물제거 · 세척 후, 절단(직절) · 건조 · 정선하여 포장함.

● 싱상

- 난형 내지 삼각 나형의 윗면 암록색 회갈색의 잎과 지름 5mm이하 네모형의 암갈색 줄기 혼재, 길이 15mm이하로 직절.

● 품질기준(생약 "곽향"향에 준함)

- 성상, 순도, 건조감량(19.0% 이하), 회분(8.0% 이하), 산불용성회분(0.5%이하), 정유함량(0.5㎖ 이상/50.0g), 엑스함량

◐구기자(枸杞子)

● 원료약품 및 분량

- 100kg 제조시 구기자(원료생약) 130kg

● 제조방법(전형생약)

- 선별 · 이물제거 · 건조 · 정선하여 포장함.

● 성상

- 길이 30mm이하 지름 5-10mm의 한쪽이 뾰족한 방추상. 적색 내지 암적색의 주름 많은 표면, 속에서 황백색 · 납작한 타원형 · 지름 약 2mm의 잔 씨가 있음.

● 품질기준(약전 "구기자"항에 준함)

- 성상, 순도, 회분(6.0% 이하)

◐길경(桔梗, 길경근)

● 원료약품 및 분량

- 100kg 제조시 길경 (원료생약) 130kg

● 제조방법(절단생약)

- 선별 · 이물제거 · 세척 후, 절단(직절 또는 사절) · 건조 · 정선하여 포장함.

● 성상

- 10mm이하 직절 또는 사절, 바깥면은 회갈색 내지 백색, 절단면은 거의 백색

● 품질기준(약전 "길경"항에 준함)

- 성상, 확인, 순도, 회분(40.0% 이하), 산불용성회분(1.0% 이하/가루), 엑스함량

◐당귀(當歸)

● 원료약품 및 분량

- 100kg 제조시 당귀(원료생약) 140kg

● 제조방법(절단생약)

- 선별 · 이물제거 · 세척 후, 절단(직절 또는 사절) · 건조 · 정선하여 포장함.

● 성상

- 일정하지 않은 모양과 크기의 절편(두께 4mm이하), 주근은 바깥이 황갈색 내지 흑갈색, 절단면은 담황색 내지 백색

● 품질기준(약전 "당귀"항에 준함)

- 성상, 순도시험, 회분(6.0% 이하), 정유함량(0.1㎖ 이상/50.0g)

◐산수유(山茱萸)

● 원료약품 및 분량
- 100kg 제조시 산수유(원료생약) 130kg

● 제조방법(전형생약)
- 선별 · 이물제거 · 세척 후, 씨를 제거하고 건조 · 정선하여 포장함.

● 성상
- 편압된 긴 타원형(길이 15-20mm, 너비 약 10mm), 바깥면은 암적 자색 내지 암자색, 윤이 나고 거친 주름이 있음.

● 품질기준(약전 "산수유"항에 준함)
- 성상, 순도, 회분(5.0% 이하), 엑스함량

◐산약(山藥)

● 원료약품 및 분량
- 100kg 제조시 산약(원료생약) 125kg

● 제조방법(절단생약)
- 선별 · 이물제거 · 세척 후, 건조하고 절단(직절) · 정선하여 포장함.

● 성상
- 지름 10-40mm의 원주형 또는 부정원주형, 두께 10mm 이하로 직절, 바깥면은 유백색 내지 황색을 띤 흰색, 절단면은 분질 또는 각질의 유백색, 질은 단단하고 꺾어지기 쉬움

● 품질기준(약전 "산약"항에 준함)
- 성상, 확인, 건조감량(14.0% 이하/ 6시간), 회분(6.0% 이하), 산불용성회분 (0.5% 이하)

◐숙지황(熟地黃)

● 원료약품 및 분량
- 100kg 제조시 지황(생규 원료생약) 200kg

● 제조방법(전형생약)
- 선별 · 이물제거 · 세척 후, 주침(곡주, 3시간 이상) · 찜(8시간 이상) · 건조(85% 이상) 공정을 각 3회 이상 반복하고 정선하여 포장함.

● 성상
- 가늘고 긴 방수형(길이 30-100mm, 지름 3-15mm) 또는 무정형, 바깥면은 황

갈색 내지 흑갈색, 질은 부드럽고 점성 · 잘 부러지지 않음, 횡단면도 황갈색 내지 흑갈색, 피부가 목부보다 색깔이 짙음.

● 품질기준(약전 "숙지황"항에 준함)

- 성상, 회분(6.0% 이하), 산불용성회분(2.5% 이하)

◐시호(柴胡)

● 원료약품 및 분량

- 100kg 제조시 시호(원료생약) 150kg

● 제조방법(절단생약)

- 선별 · 이물제거 · 세척 후, 절단(직절) · 건조 · 정선하여 포장함.

● 성상

- 고르지 아니한 크기(지름 15mm이하) · 두께 10mm이하로 직절, 바깥면은 엷은 갈색 내지 갈색 · 깊은 주름, 절단면은 백색 내지 황백색, 쉽게 꺾이고 꺾은 면은 약간 섬유성

● 품질기준(약전 "시호"항에 준함)

- 성상, 확인시험, 순도시험, 회분(6.5% 이하), 산불용성회분(2.0% 이하), 엑스함량

◐작약(芍藥)

● 원료약품 및 분량

- 100kg 제조시 작약(원료생약) 140kg

● 제조방법(절단생약)

- 선별 · 이물제거 · 거피 · 세척 후, 절단(직절) · 건조 · 정선하여 포장함.

● 성상

- 두께 4mm이하 · 길이 40mm이하의 절편, 바깥면은 갈색 내지 엷은 회갈색 · 세로 주름이 뚜렷, 절단면은 백색, 꺾은면은 치밀 · 목부에 엷은 갈색의 방사상 선이 있음.

● 품질기준(약전 "작약"항에 준함)

- 성상, 확인시험, 순도시험, 회분(6.5% 이하), 산불용성회분(0.5% 이하)

◐천궁(川芎)

● 원료약품 및 분량

- 100kg 제조시 천궁(원료생약) 140kg

● 제조방법(절단생약)

- 선별 · 이물제거 · 세척 · 치수(10시간 이상) 후, 절단(직절) · 건조 · 정선하여 포장함.

● 성상

- 고르지 아니한 모양과 너비 · 두께 3-5mm의 절편, 바깥면은 회갈색 내지 어두운 갈색, 절단면은 회백색 내지 회갈색 · 고르지 않게 갈라지고 반투명, 질은 조밀하고 단단함.

● 품질기준(약전 "천궁"항에 준함)

- 성상, 순도시험, 회분(6.0% 이하), 산불용성회분(1.0% 이하)

● 저장용기

- 기밀용기

◐황기(黃芪)

● 원료약품 및 분량

- 100kg 제조시 황기(원료생약) 140kg

● 제조방법(절단생약)

- 이물제거 · 거피(주피를 거의 벗김) · 선별 후, 절단 · 건조 · 정선하여 포장함.

● 성상

- 두께 3mm이하 · 길이 40mm이하의 절편, 바깥면은 엷은 회황색 내지 엷은 황갈색, 절단면은 황백색 내지 황색 · 방사상의 수선, 질은 치밀하고 꺾기 힘들며 꺾은면은 섬유성임.

● 품질기준(약전 "황기"항에 준함)

- 성상, 순도시험, 건조감량(13.0% 이하/6시간), 회분(5.0% 이하), 산불용성회분(1.0% 이하)

1. 특용작물 종자 및 종묘 구입처

	업체명	대표자	연락처	주 소	주요품목
뿌리류	한국약초	권정옥	02)762-8500 02)762-9976	서울 종로구 종로6가 124	황기, 당귀, 작약 등 약특작종자, 종근 구입가능
	강원약초 영농조합	박종숙	033)335-7435 011)369-5354	강원 평창군 진부면 하진부 7리 1반	당귀
	당귀농장	함승주	033)335-7887	강원 평창군 진부면 하진부 7리 85번지	당귀
	한림농원	김용한	054)632-8764 011)522-8764	경북 영주시 휴천3동 34-8번지	백출, 백지, 황기, 하수오
	월악산 약초원	이한승	043)642-3100 011)494-8948	충북 제천시	둥글레, 지황, 당귀, 황기
	용문산 둥글레	임뢰휘	031)773-9056 031)774-5466	경기 양평군 청운면 용두리 631-11	둥글레, 작약, 목단
	해안농장	조길재	033)481-0680 017)372-0680	강원 양구군 해안면 오유1리 3반	치커리, 둥글레
	거창농원	이혜영	02)381-6578	경기 고양시 지축동 771-24	맥문동, 둥글레, 산수유 등 묘목
	경동농산	이웅열	043)843-5507 016)410-8374	충북 충주시 연수동 510-16	더덕종자
	용문산 산더덕 영농조합	조남상	031)771-5955 011)357-9459	경기 양평군 서종면 문호리 367-1	산더덕
	대기리농장	염기수	042)754-0520 017)405-1381	충북 금산군 제원면 수당리 619-1	산약(둥근마)
	야콘농장	김상일	054)638-9602 018)274-0408	경북 영주시 이산면 신천2리 822	야콘
	한국특약용 작물원	김상헌	053)768-7244 016)721-2040	대구 달서구 상인동 764-1	감초, 가시오갈피, 호깨나무
	아시아종묘	류경오	02)443-4303 02)431-9161	서울 송파구 가락동 76-9번지	기능성 특수, 도라지, 더덕, 참취, 산마늘, 와사비, 신선초 등
	한국약용 작물연구소	배성환	053)811-8377 011)827-8227	경북 경산시 중방3동 860-4번지	감초, 배향초 등 각종 약초
	황금약농장	이기범	042)853-4825 011)435-4825	충남 공주시 반죽동 234	감초, 두충, 지구자, 작두콩
	오가피 신약농원	황영준	042)933-9799 011)403-0488	충남 금산군 복수면 복소리	가시, 지리산섬오가피

	업체명	대표자	연락처	주 소	주요품목
열매류	우리콩 운동본부	정낙훈	031)227-4483 011)726-5943	경기 화성군 봉담읍 왕림리 388	토종콩
	손경희농장	손경희	033)343-1631 018)275-1631	강원 횡성군 둔내면 현천리 1082번지	오미자, 만추당귀
	한국생열귀 연구소	김석남	033)562-3896 011)9914-4794	강원 정선군 북구 구절1리	생열귀
	대흥원예	장병섭	041)754-2796 011)402-5481	충남 금산군 남이면 성곡리 677	복숭아, 포도, 대추, 감, 매실, 살구, 머루
	아람원예 종묘	박달선	02)2273-8415 02)908-4118	서울 종로구 종로5가 231-7 (백제약국건너편)	관상구, 꽃씨종자, 약초종자, 유실수, 채소종자, 산림수
잎류	삼우농장	임영철	033)372-4409	강원 영월군 남면 창원1리 3반 274-7	잔대, 취나물, 어수리, 곤드레, 삼국엽, 영아자
	한국자생 식물원	-	033)332-7069	강원 평창군 도암면 병내리 406	자생식물, 산채류, 약용식물 종묘
	한국민속 채소협회	정경진	02)409-2090 011)9747-2090	서울 송파구 가락동 6000 청과동 3층 88호	민속채소 등
	자생식물 이용기술 개발사업단	정 혁	042)860-4302 ~4	대전 유성구 어은동 52번지 한국생명공학연구원	자생식물
	한택식물원	이택주	031)333-3558	경기 용인시 백암면 옥산리 산 153-1	수생, 양치, 약용식물
	원평허브 농원	이종ㄴ	031)294-0088 011)796-4742	경기 화성시 매송면 원평리 181-6	허브류
	상수허브 농원	이상수	043)275-1884 011)469-0257	충북 청원군 부용면 외천리 535번지	허브류
녹용	설봉 큰사슴농장	정형일	031)977-8090 011)244-8090	경기 고양시 덕양구 벽제	사슴, 녹용
버섯	농업개발 연구소	유수기	063)542-9126 011)355-9126	전북 김제시 백구면 영상리 604-1	각종 버섯종균
	농민버섯 연구소	김경수	031)653-0384 011)9756-5273	경기 안성시 원곡면 성은리 320-1	각종 버섯종균

2. 특용작물 재배시험장

	기관명	연락처	주 소	주요품목	홈페이지
특작	국립원예 특작과학원	031)240-3500	경기 수원시 장안구 원예연구소 1길 131	원예 · 특작(인삼, 약초, 버섯) 품종 육성 등 전반적인 연구	http://www.nihhs.go.kr/
인삼	한국인삼 연초연구원	042)866-5300	대전 유성구 신성동	인삼 연구	–
	인삼약초 연구소	043)871-5500	충북 음성군 소이면 비산리 80번지	인삼 약초 연구 재배	–
	금산약초 시험장	041)753-8823	충남 금산군 금산읍 신대리 392	인삼 경영기법, 가공, 유통, 생산 등	http://ginseng.cnnongup.net/
	풍기인삼 시험장	054)632-1250	경북 영주시 안정면 용산2리 657번지	인삼 농가 현장기술개발, 품종육성, 우량묘삼 생산 등	http://gin.gba.go.kr/main.htm
약초	북부농업 시험장	033)458-4783	강원 철원군 김화읍 청양6리 276-4	주요 약용작물 경쟁력 강화 (인삼, 오가피, 삼지구엽초, 율무 등)	http://www.ares.gangwon.kr/
	봉화고냉지 약초시험장	054)673-8064	경북 봉화군 춘양면 서벽리 543	약용자원식물 확보 및 보종, 테마관광, 체험장조성	http://bamp.gba.go.kr/
	진안숙근 약초시험장	063)433-7451	전북 진안군 진안읍 연장리 794-1	재배기술, 약초 민간요법, 연구논문 제공	http://jinan.jbares.go.kr/
	함양약초 시험장	055)960-5830	경남 함양군 안의면 월림리 31-1	약초 수집 및 보존, 약초의 기능성 식품화 연구 등	http://www.knrda.go.kr/
산채	특화작물 시험장	033)339-8800	강원 강릉시 사천면 노동중리 466-2	산채 품종개발, 재배방법 등	http://www.ares.gangwon.kr/
	특화작물 시험장	033)582-9994	강원 태백시 철암동 96-1	고원지대 신소득 작목 개발연구	http://www.niha.go.kr/
	고령지농업 연구소	033)330-1600	강원 평창군 대관령면 횡계3리 54-36	고랭지 신작물 선발, 생리생태 연구	
	평창산채 시험장	033)335-4617	강원 평창군 봉평면 흥정리 270번지	산채 품종개방, 재배방법, 생리생태, 감자육종 등	http://www.ares.gangwon.kr/sp/pc/
구기자	청양구기자 시험장	041)943-1117	충남 청양군 운곡면 후덕리 411-1	구기자 품종개량, 종묘생산, 재배방법, 가공이용 연구 등	http://gugija.cnnongup.net/
마늘	단양마늘 시험장	043)220-5420	충북 단양군 어상천면 대전리 659-1	마늘 신종품육성, 명품화 기술, 마늘 수확후 처리	http://www.ares.chungbuk.kr/
양파	경남양파 연구소	055)530-2191	경남 창녕군 대지면 효정리 591번지	양파육종재배	http://www.knrda.go.kr/

	기관명	연락처	주 소	주요품목	홈페이지
버섯	광주버섯 시험장	031)764-0265	경기 광주군 실촌면 삼리 430-8번지	버섯	-
	충북잠사 시험장	043)220-5892	충북 청원군 내수읍 구성리 420번지	뽕나무 묘목생산, 원누에씨 생산 및 관리	http://www.ares.chungbuk.kr/
	잠사곤충 시험장	041)854-3026	충남 공주시 우성면 귀산리 135-6	누에동충하초 종균 공급, 뽕밭관리, 우량 뽕나무묘목 생산	http://sericulture.cnnongup.net/
녹차	보성녹차 시험장	061)853-5155	전남 보성군 보성읍 용문리 72-7	차나무 신품종육종, 재배기술, 병해충, 발효차 개발 등	http://bosungt.jares.go.kr/
고추	영양고추 시험장	054)682-6856	경북 영양군 영양읍 대천리 579-3	고추재배법개선, 병해충 방제, 품질향상, 저장, 가공이용	http://pepper.gba.go.kr/
오이	구례오이 시험장	061)783-5230	전남 구례군 용방면 용강리 424-15	채소류 재배법, 오이 수집 및 육성, 가공, 이용, 유통 연구 등	http://gurecum.jares.go.kr/
토마토	부여토마토 시험장	041)835-7801	충남 부여군 규암면 노화리 325-48	토마토 품종개발, 우량종묘 생산, 저장, 가공 등	http://tomato.cnnongup.net/
수박	음성수박 시험장	043)220-5881	충북 음성군 대소면 오산리 3번지	수박육종재배, 환경이용 및 수박연구	-
	고창수박 시험장	063)561-2312	전북 고창군 대산면	수박육종재배, 육성, 병충해방제, 품질향상 등	http://www.jbares.go.kr/
과채	성주과채류 시험장	054)931-6789	경북 성주군 대가면		-
복숭아	청도복숭아 시험장	054)373-5486	경북 청도군 이서면 구라리 787	복숭아 관련 전반적인 기술 제공 및 연구	-
포도	옥천포도 시험장	043)220-5861	충북 옥천군 청성면 산계리 102-4	포도 과실품질 향상 기술, 병충해방제	http://www.ares.chungbuk.kr/
감	상주감 시험장	054)531-0591	경북 상주시 공성면 장동리 69	감 재배 기술, 고품질 위생가공품 제조기술 개발	http://gam.gba.go.kr/
기타	옥수수 시험장	033)435-3757	강원 홍천군 두촌면 장남리 814번지	옥수수 신품종 육종, 재배방법, 소득작목개발, 보급	http://www.ares.gangwon.kr/
종합	생물자원 연구소	054-859-5123	경북 안동시 북후면 도촌리 30-1번지	마, 참깨 특성화 연구	http://bio.gba.go.kr/01.htm

3. 특용작물 가공업체

	업체명	연락처	주 소	주요품목	홈페이지
인삼	개성인삼농업 협동조합	031)536-6005 ~6	경기 포전시 어룡동 397번지	홍삼, 홍삼정, 홍삼정캡슐, 홍삼차, 홍삼드링크등	http://www.ginsam.com/
	건양식품㈜	02)929-4729	서울 동대문구 제기동 148-42 성화빌딩 4층	인삼차, 인삼엑기스, 인삼정과, 인삼편밀, 황싱인삼차, 고려삼차, 인삼분말, 인삼캡슐, 홍삼차 인삼뿌리드링크, 인삼봉밀삼 등	http://www.kunyangfood.com/
	고려인삼㈜	02)969-0127	서울 동대문구 제기동 930-10 대동B/D 401호	인삼차, 농축액, 인삼절편 등	http://www.ginsenghome.co.kr
	고려인삼 연구㈜	02)6300-2400	서울 서초구 양재동 232aT센터 805호	인삼, 홍삼농축액	http://www.ginsengresearch.com
	고려인삼 수출산업㈜	031)717-5941	경기 성남시 분당구 구미동 18 시그마 2B동 423호	홍삼정, 홍삼밀, 홍삼차	webmaster@kge-trade.co.kr/
	고려인삼 제조㈜	02)2267-6769	서울 중구 쌍림동 151-11 쌍림빌딩 1304호	홍고려인삼차, 고려인삼농축액, 고려홍삼정	http://www.okinsam.com/
	고제㈜	02)3442-7971	서울 중구 쌍림동 151-11 쌍림빌딩 1304호	홍고려인삼차, 고려인삼농축액, 고려홍삼정	http://www.okinsam.com/
	금산인삼	042)610-6403	대전 서구 만년동 301번지 725호	인삼재배, 홍삼, 캔디, 정과, 절편, 양갱, 분말, 환	http://poongsooin.co.kr/
	농협고려 인삼㈜	02)2201-3304	서울 송파구 오금동 71-16	홍삼 및 홍삼제품류	http://www.nkgc.co.kr/
	대덕인삼 식품산업	02)3672-0198	서울 종로구 창신1동 510-2	고려인삼농축액분말, 고려홍삼정차, 홍삼다시마, 고려홍삼차, 고려인삼차, 고려인삼생기원, 홍삼정타브렛, 고려홍삼농축액, 고려인삼농축액	jjasook@unitel.co.kr
	대성약품㈜	02)597-7292 ~4	서울 서초구 서초동 1675-1 서원 B/D	홍삼캡슐제품	daesungpham@hotmail.com
	대왕제약㈜	02)2671-2656 ~7	서울 영등포구 영등포동 1가 94	인삼토닉, 인삼차, 인삼엑기스, 인삼분말캡슐 등	http://www.daiwang.co.kr/

	업체명	연락처	주 소	주요품목	홈페이지
인삼	동남고려 인삼㈜	02)736-8880	서울 마포구 서교동 389-22 서교진B/D 1층	홍삼엑기스, 인삼엑시스, 인삼차	dnkg423@hotmail.com
	삼신인삼 가공영농	070)7753-7788	전북 진안군 부귀면 거석리 860-1	홍삼	http://www.songhwasu.com/
	세종고려 인삼㈜	032)814-6661	인천 남동구 논현동 446-9 (25B10L)	인삼차, Ex, 인삼캡슐, 인삼드링크	http://www.run365.com/
	엔 바이오㈜	041)555-3367	충남 천안시 두정동 394-5	다공체화 홍삼, 항균미용비누 외	http://www.n-bio.com/
	일화㈜	031)550-0310/5	경기 구리시 수택동 437번지	인삼엑기스 등	http://www.ilhwa.co.kr/
	지엔에프	-	서울 서초구 양재동 232 aT센터 904	인/홍삼농축액, 인/홍삼차, 홍삼타블렛, 홍삼환 등	http://www.gnf.co.kr/
	코인텍㈜	041)751-3831	충남 금산군 금성면 하신리 770	Phanamaxspecial, Phanamaxgold, 진산, 키드진	http://www.kointec.co.kr/
	태웅식품㈜	043)535-0621	충북 음성군 대소면 대풍리 1-6	건강기능식품전문제조	http://www.taewoongfood.com/
	풍기인삼공사 영농조합	054)638-2304	경북 영주시 안정면 신전3리 120-85번지	고려홍삼정과,고려홍삼절편, 홍삼분말,홍삼엑기스 등	http://www.pungkiinsam.co.kr/
	풍기인삼 농협	054)636-2714~6	경북 영주시 풍기읍 서부3리 78번지	홍삼,태극삼,백삼인삼제품	http://www.kpg.or.kr/
	풍기특산물 영농조합	054)636 4114	경북 영주시 풍기읍 백리 654-2	홍삼액,절편삼	http://www.kpg.or.kr/
	한국인삼	063)433-1140	전북 진안군 진안읍 군상리 450-25	고홍삼, 태극삼, 백삼	-
	한국인삼 공사	02)2189-6554	서울 송파구 신천동 7-19 시그마타워	홍삼 및 홍삼제품류	http://www.kgc.or.kr/
	한일인삼 산업주식 회사	02)6300-2345	서울 서초구 양재동 232번지 aT센터 1207호	고려인삼차, 고려인삼정, 고려인삼분말, 인삼분말캡슐, 고려인삼정분말, 고려편인삼, 고려인삼정캡슐,고려홍삼차, 고려홍삼정,고려홍삼정캡슐	http://www.koreanginseng.net/
	홍삼나라 주식회사	02)3486-2303	전북 진안군 진안읍 연장리 1540-1	독삼탕, 홍삼액, 홍삼드링크, 파워롱, 파워롱F, 홍삼마스크팩, 홍삼비누, 홍삼사탕, 홍삼차, 홍삼크렌징티슈, 인삼차, 생식+홍삼, 홍삼폼크렌징	http://www.hongsamnara.net/

	업체명	연락처	주 소	주요품목	홈페이지
태극삼	가공사업소	041)753-9266	충남 금산군 남이면 성곡(금산농협)	태극삼	–
숙지황	제약사	063)537-8005	충남 정읍시 옹동면 칠석(옹동농협)	숙지황	–
마	산약가공 공장	054)859-3774	경북 안동시 북후면 옹천(북안동농협)	마분말, 음료	–
	산약가공 공장	054)637-4008	경북 영주시 평은면 금광(평은농협)	산약, 하수오	–
	산약가공 공장	054)856-0505	경북 안동시 녹전면 신평(녹전농협)	마분말	–
도라지	도라지 가공공장	054)654-0033	경북 예천군 보문면 미호(보문농협)	도라지 넥타	–
생강	생강가루 가공공장	063)261-7760	충남 완주군 봉동읍 둔산(봉동농협)	생강분말	–
치커리	치커리 가공공장	033)461-2570	강원 인제군 인제면 합강(인제농협)	치커리	–
칡	칡국수 가공공장	033)372-9044	강원 영월군 하동면 옥동 (하동농협)	칡국수	–
구기자	칠갑산구기자 한과	041)943-9400	충남 청양군 비봉면 관산리 235-9	구기자한과	http://www.gugijahangwa.co.kr/
	진도농협연합 공동사업소	0502)113-2845	전남 진도군 고군면 고성(동진농협)	구기차	–
	구기자 가공공장	041)942-5681	충남 청양군 비봉면 녹평(비봉농협)	구기자 주스	–
	구기자차 가공공장	041)942-8011	충남 청양군 운곡면 후덕(운곡농협)	구기자차	–
복분자	내장산 복분자	063)536-8080	전북 정읍시 북면 장학리 470	복분자주, 복분자 과즙	http://www.bokbunja.co.kr/
율무	연합가공 사업소	031)832-2380~2	경기 연천군 전곡읍 은대(전곡농협)	율무가공	http://www.jeongok.co.kr/
메밀	메밀가공공장	033)335-4501	강원 평창군 봉평면 원길(봉평농협)	메밀국수	http://www.bongpyeongnonghyupi.com/
대추	대추가공공장	043)544-8181~4	충북 보은군 보은읍 성주(보은농협)	대추음료	http://www.boeuni.co.kr/

	업체명	연락처	주 소	주요품목	홈페이지
결명자	농산물 가공공장	061)473-2400	전남 영암군 영암읍 대신(영암농협)	결명자차	http://www.yanh.co.kr/
산수유	전통식품 가공공장	061)781-1691	전남 구례군 산동면 원촌(산동농협)	산수유차	http://www.sandongi.com/
유자	유자 가공공장	061)553-3388	전남 완도군 음일읍 화목(금일농협)	유자차	–
땅콩	땅콩 가공공장	031)883-3611 ~3	경기 여주군 대신면 율촌(대신농협)	볶음땅콩	http://www.ds-nonghyup.com/
	땅콩 가공공장	041)932-9794	충남 보령시 청소면 진죽(청소농협)	볶음 땅콩	–
	땅콩 가공공장	041)663-2481	충남 서산시 고북면 기포(고북농협)	볶음 땅콩	–
호두	전통식품 가공공장	043)745-6688	충북 영동군 상촌면 임산(상촌농협)	살호두, 산채	–
옥수수	두메식품 영농법인	033)436-0404	강원 홍천군 서석면 검산리 616-9	옥수수찐빵	http://www.doomefood.co.kr/
	옥선 민속주조	033)433-5910	강원 홍천군 서석면 어론1리 204-7	옥선주 (옥수수가공)	http://www.oksun.co.kr/
산채	산채 가공공장	033)442-2480	강원 화천읍 하리 (화천농협)	산채국수	–
	산채 가공공장	033)481-8151	강원 양구군 방산면 현리(방산농협)	산채건조	–
	산채 가공공장	043)853-8014	충북 충주시 산척면 송상(산척농협)	산채건조	–
	산채 가공공장	054)791-0165	경북 울릉군 서면 남서리(울릉농협)	산채건조	–
	산채 가공공장	055)963-7239	경남 함양군 함양읍 신천(함양농협)	산채	–
복합	산지농산물 가공공장	055)962-5423	경남 함양군 마천면 가흥(마천농협)	약초, 산채류	–
	약초 가공공장	063)643-5006	충남 임실군 강진면 화진(강덕농협)	약초류	–
	약초 가공공장	043)652-5251	충북 제천시 금성면 구룡(금성농협)	약초류	–
	약초 가공공장	033)552-0039	강원 삼척시 하장 장전리(하장농협)	약초류	–

	업체명	연락처	주 소	주요품목	홈페이지
복합	약초가공 건조장	033)553-4330	강원 태백시 삼수동 79(태백농협)	약초음료	–
	작약 가공공장	061)852-5037	전남 보성군 복내면 복내(북부농협)	약초류	–
	천지영농	054)822-0777	경북 안동시 길안면 천지리 3-1	더덕, 산양삼, 허브	http://www.chunji.net/
	농축산업 영농조합	055)934-1400	경남 합천군 율곡면 낙민리 산108번지	발효솔잎진액, 천마진겔	http://www.knhapcheon.com/
인진쑥	인진쑥 가공공장	033)672-2954	강원 양양 서면 상평리(서광농협)	인진 쑥엿	–
돌산갓	가평특산물 영농	061)644-2181	전남 여수시 돌산읍 서덕리 서기 342	돌산갓김치재배, 가공	http://www.kfoods.co.kr/
녹차	작설차 가공공장	080)222-8341	경남 하동시 화개면 탑리(화개농협)	녹차	–
홍화	우리홍화인 영농조합	080)340-6000	경북 의성군 의성읍 원당리 743번지	홍화정, 홍화분말	http://www.honghwa.com/
	의성토종 홍화씨	054)833-7004	경북 의성군 의성읍 원당리 72-3	홍화씨, 홍화정	http://www.tghonghwa.net/
	칠곡유황가시 홍화씨	053)355-7241	경북 칠곡군 지천면 낙산리 446번지	홍화씨, 홍화분말, 홍화환	http://www.honghwa.co.kr/
영지	가공사업부	031)593-6580	경기 남양주 수동 운수(수동농협)	영지 족발	–
	영지분말 가공공장	031)775-0411	경기 양평군 양평읍 공흥(양평농협)	영지 분말	–
녹용	충북사슴 영농	043)212-4343	충북 청주시 상당구 율량동 27-1	마시는 녹용 경옥보	http://deer.co.kr/
죽순	농산물 가공공장	055)636-5801	경남 거제시 하청면 하청(하청농협)	죽순 통조림	–
전분류	전분공장	064)794-8506	제주 남제주 대정읍 (대정농협)	당면, 전분	–
	전분공장	064)773-2111	제주 북제주 한경면 고산(고산농협)	전분류	–
기타	구수미식품	033)345-9000	강원 횡성군 우천 우황리(우천농협)	숭늉차, 누룽지	–
	감식초 가공공장	063)548-0703	전북 완주군 동상면 신월(금산농협)	감식초	–

건강식물관련 사이드(1)

토종홍화작목반	http://www.honghwa.pe.kr
자생식물이용기술사업단	http://www.pdrc.re.kr
개성인삼협동조합	http://www.gaesunginsam.co.kr
고금청용유자영농조합	http://www.jeonnam.rda.go.kr/~yuza
고산감골영농법인	http://www.affis.or.kr/~yooss/m3.htm
광양매실영농조합	http://www.maesilju.co.kr
광양청매실농원영농조합	http://www.maesil.co.kr
광양협성농산영농조합	http://www.chungmaesil.co.kr
금산토종약초영농조합	http://www.ksinsam.co.kr
나무영농조합	http://www.namoonara.co.kr
내장산복분자조합	http://www.bokbunja.co.kr
백양영농조합법인	http://www.paekyang.co.kr
북설악영농조합	http://www.kmall.com/bsr
삼신인삼가공영농조합	http://www.sam-sin.co.kr
영농법인 잠농	http://www.maisan.com/jam
영천양잠농협	http://www.bbong.co.kr
우리홍화인영농조합	http://www.honghwa.com
의성토종홍화	http://www.uisung.co.kr
천지영농조합	http://www.skyfarm.co.kr
풍기인삼협동조합	http://www.provin.kyongbuk.kr
한국인삼영농조합	http://www.hkinsam.hihome.com
권 영(더덕)	http://www.acim.or.kr/farmer/kyeryong
토종홍화사랑(홍화씨)	http://www.yescall.co.kr/honghwa
의성우리농민홍화(홍화씨)	http://www.changcup.co.kr/honghwa
곽한웅(허브	http://www.her89.co.kr
원평허브농원(허브)	http://www.herbinus.com
이윤자(홍화)	http://www.provin.kyongbuk.kr/lyj
산청홍화원(홍화)	http://www.honghwawon.co.kr
구봉산고을(홍화씨)	http://www.uisung.co.kr
월악산홍화작목반	http://www.worakhonghwa.co.kr
청량산토종홍화(홍화씨)	http://www.born.co.kr
한농전재학생농장(서강화)	http://www.color5.co.kr
고대 야생초본식물자원종자은행	http://seedbank.korea.ac.kr
흥농종묘	http://www.hungnong.co.kr
고농종묘농약: 특용작물종자	http://www.gardentech.co.kr/main1.htm

유기농 · 건강식물관련 사이드(2)

http://www.efarm.co.kr/efarm/default.asp
통신판매업 신고번호 제05663호 | 사업자등록번호: 214 - 86 - 41453 (주)이팜
주소 : 서울시 서초구 서초동 1618-2 | 대표이사 : 조명진
대표전화 : 02)3446-6060 / 팩스 02)475-5013 | 물류센터 : 02)470-4268
이팜목동점 : 02)2062-2833 | 고객 센터 : 080-303-2828

http://www.62nong.com/
(주)에코파크 서울시 송파구 가락동 91- 14 국토빌딩 502호
고객상담전화 02)6412-4900
협력업체 관리, 업무/제휴전화 02)403-6393, FAX 02)403-6738

http://www.300farm.com/
☎ 고객상담 : 054-536-8001 FAX : 054-536-8001
경북 상주시 계산동 509-3번지 | 사업자 등록번호 : 511-04-68532
통신 판매업 신고 제233호 | 삼백팜 인터넷 쇼핑몰 대표: 김대견

http://www.62farm.co.kr/
깨끗하고 정직한 학사농장 | 전남 장성군 남면 마령리 326
Tel : (061)392-7698 | Fax : (061)392-0120 | E-mail :haksa@62farm.co.kr

http://jncoop.or.kr/
사업자등록번호: 215 - 82 - 05715 | ☎ 전화 : 02-448-8392~3
주소 : 서울시 송파구 가락동 137-5번지 한홍 B/D1층 | 대표 : 이형모

http://mugonghae.com/default.asp
사업자등록번호 212-06-88386 | 대표자: 오종석 | 대표전화:02-488-8281 |
주소: 서울특별시 송파구 풍납동 257-88|

http://62mart.co.kr/
상호명 : 애농 | 사업자등록번호 : 212-90-63351 | 대표 : 박점남
개인정보담당자 : 박전배 | 사업장소재지 : 서울시 강동구 명일동 41 삼환상가1층 106호

http://www.newfood.co.kr/
서울시 송파구 문정동 101-2 (주)내추럴홀푸드 대표이사: 김혜경
사업자등록번호: 114-81-80641 | 고객센터: 080-596-0086 | 대표전화: 02-2104-0114,
팩스: 02-2104-0118

경동약령시장 한약건재업체

덕흥약업사
서울시 동대문구 제기동 1141-21
967-8621
광명약업(주)
서울시 동대문구 제기동 958
966-6700
부영약업사
동대문구 제기동 1140-17 101호
965-8602
(주)고려한약유통공사
서울시 동대문구 제기동 813-1
962-6789
아산당건재약업사
서울시 동대문구 제기동 953
968-4949
감천약업사
동대문구 제기동 1140-4 대신빌딩3층
966-2442
보림약업사
서울시 동대문구 제기동 860-28
968-1284
경동약업사
서울시 동대문구 제기동 1074-201
968-2601
동명약업사
서울시 동대문구 제기동 1051
967-3323
신성약업사
서울시 동대문구 제기동 730-9
965-5881
평화건재약업사
서울시 동대문구 제기동 1120
967-8100
인덕약업(주)
서울시 동대문구 제기동 889-21
962-5111
천일건재약업사
서울시 동대문구 제기동 1130
962-8790

우성약업사
서울시 동대문구 제기동 1064
966-9215
우광약업사
서울시 동대문구 제기동 1082
962-8821
풍림약업사
서울시 동대문구 제기동 942
963-0603
경동한약전시판매협동조합
서울시 동대문구 제기동 1134
968-3994
고려건재약업사
서울시 동대문구 제기2동 1126-7
967-9646
원제약업사
서울시 동대문구 제기2동 728-3
962-5705
(주)영남약업사
서울시 동대문구 제기2동 1140-4
967-9227
백화당유통약업사
서울시 동대문구 제기2동 892-60
964-4285
강릉건재약업사
서울시 동대문구 제기2동 1140-55
965-4438
(주)한약유통
서울시 동대문구 제기동 715-1
961-8687
민성물산(주)
동대문구 제기동 859-7 인형빌딩 4층
964-5242
창성인삼방(본관2층1호)
인삼,건강식품
963-3570
왕성인삼(본관2층15-1호)
인삼,건강식품
968-7680

강화삽화인삼(본관2층2-1호) 인삼,건강식품 965-3434	점촌인삼(본관2층17-2호) 인삼,건강식품 967-1334
효진인삼(본관2층9-1호) 인삼,건강식품 967-3911	강화대우인삼(본관2층12-2호) 인삼,건강식품 962-6442
한수인삼(본관2층6호) 인삼,건강식품 966-7911	충남인삼(본관2층18-2호) 인삼,건강식품 965-7464
괴산인삼(본관2층8-1호) 인삼,건강식품 962-5196	신홍인삼(본관2층11-2호) 인삼,건강식품 959-5417
삼부자인삼(본관2층3-1호) 인삼,건강식품 964-5870	한국인삼사(구관2층16호) 인삼,건강식품 963-5180
강화삼보인삼(본관2층5-1호) 인삼,건강식품 964-7814	고서연인삼(본관2층215호) 인삼,건강식품 961-8531
부여인삼방(본관2층21-1호) 인삼,건강식품 962-3582	쌍방울인삼(본관2층213호) 인삼,건강식품 964-7772
송희인삼(본관2층10-2호) 인삼,건강식품 962-0019	자매인삼(구관2층215호) 인삼,건강식품 967-3639
개풍인삼방(구관2층20호) 인삼,건강식품 966-3648	양평상회(본관2층209호) 인삼,건강식품 964-7683
심봤다인삼(본관2층8-2호) 인삼,건강식품 959-3336	금산인삼(구관2층207호) 인삼,건강식품 964-7775
대안인삼(본관2층13-25호) 인삼,건강식품 960-2332	풍기인삼(구관2층206호) 인삼 967-9532

영농창업계획

둥근 마의 栽培와 經營

요 약

1. 개요

사 업 名	둥근 마의 栽培와 經營 (*Dioscorea. opposita* Thunb)
사업 目的	둥근 마의 영농 안정화와 노동력 절감
기 간	5년간 안정적 재배법 확립 (2003년 ~ 2007년)
사업 內容	① 5년간 우수한 형질의 둥근 마 생산을 위한 育成圃場 조성과 자가농지에 적합한 재배법을 확립한다. ② 최소 인력으로 지주 박기 작업이 가능하도록 작업 방법을 개선 한다. ③ 화학적인 농약과 비료를 대체할 소요 자재를 인근지역에서 구한다.
기대 효과	① 우수한 마의 생산과 종묘의 확보가 가능하며, 생산지의 기후와 토질에 適合한 재배법으로 안정된 생산이 가능하다. ② 농가인력의 부족과 운영자금의 압박을 줄이고 농작업의 효율성이 증대된다. ③ 표면적으로는 소요 자재 비용을 줄이는 효과가 있다. 토양내 비옥도가 증가되고, 공기의 유통이 좋아지므로뿌리의 호흡과 양분의 흡수가 용이해져 작물이 건전한생육을 할 수 있다. 根圈(근권) 미생물의 활동이 활발해지면 차츰 지렁이와 각종 벌레 및 거미의 서식처가 되어 염류의 집적과 선충과 해충의 피해를 경감시킬 수 있다. 소비자의 인식을 좋게 하는 효과도 있다.
사업 규모	농 지 : 3,000 평 작 목 : 둥근 마 조수입 : 년간 56,468,889 원 자 산 : 영농시설 및 농기계 투자액 38,300,000 원

2. 투자 분석

1) 투자 내용

농기계/시설 투자액 (원　　　　　　　　　　　　　　　　재배면적(평) 3,000

구	분	내용연수	투자액	감가상각비
농 지	畓 (3,000평)	영구적	30,000,000	대상아님
관수시설	물탱크 (3t)	10	1,260,000	126,000
	양액탱크	10	240,000	24,000
	모타펌프(전기)	10	210,000	21,000
최아상시설	전열온상 (20평)	5	250,000	50,000
농장관리실	농용컴퓨터(30G)	5	700,000	140,000
소 계			32,660,000	361,000
대농기계	화물트럭 (2.5t)	8	4,000,000	500,000
	한일관리기	8	700,000	87,500
	풍구 (전기)	8	200,000	25,000
	제초기 (인력)	5	200,000	40,000
대농기구	농용휴대폰(016)	5	300,000	60,000
	항타기 (인력)	5	90,000	18,000
	손수레 (인력)	5	150,000	30,000
소 계			5,640,000	760,500
합 계			38,300,000	1,121,500

투자분석

구 분	연 간	평균 내구 연수	34.15069104
투 자 액	38,300,000	자본 회수 기간	1.60
비 용 (A)	29,393,984	할 인 율	10%
조수입 (B)	56,468,889	내부투자수익률 IRR	70.7%
소득 (B-A)	27,074,905	IRR에서 B/C	1.0
		편익비용 비율	6.80
비용 (생산비-감가상각비-자본용역비)		현재가치환산수익의 합계	260,302,369
		순 현재가치 (NPV)	120,029,167

2) 투자 분석 결과

편익비용비율이 6.80으로 투자편익의 현재가치가 비용의 현재가치보다 높다. 자본회수기간도 1.60년으로 평균 내구연수 보다 짧다. IRR도 70.7%로 다른 곳에 투자한 경우의 수익률보다 월등히 높아 투자가 타당하다고 판단된다.

3. 연차별 표준 소득 분석

1) 연차별 표준 소득 분석표

둥근 마 {재배면적(평) 3,000

비목별		수 량	단 가	금액 (천원)/ 계(원)				
		(kg/3,000평)	(원)	1년차	2년차	3년차	4년차	5년차
조수입	판매가	13,440	3,529	47,433	47,433	47,433	47,433	47,433
	종근가	2,560	3,529	9,035	9,035	9,035	9,035	9,035
	계(A)	16,000		56,468,889	56,468,889	56,468,889	56,468,889	56,468,889
중간소요자재비	종묘비	2,560	3,529	9,035	9,035	9,035	9,035	9,035
	무기질비료	4,460		1,192	1,192	1,192	1,192	1,192
	유기질비료	33,600		938	938	938	938	938
	엽면시비	400		40	40	40	40	40
	농약비			38	38	38	38	38
	제재료비			1,034	1,034	1,034	1,034	1,034
	광열동력비			424	424	424	424	424
	水利費用			60	60	60	60	60
	소농구비			2,571	2,571	2,571	2,571	2,571
	修理費用			415	415	415	415	415
	기타비용			200	200	200	200	200
	세금			410	410	410	410	410
	대농구상각비			760	760	760	760	760
	시설상각비			361	361	361	361	361
	계(B)			17,481,484	17,481,484	17,481,484	17,481,484	17,481,484
경영비	임차료			390	390	390	390	390
	위탁영농비			260	260	260	260	260
	차입금이자			0	1,200	1,200	1,200	1,200
	고용노임남	336	6,000	1,884	1,884	1,884	1,884	1,884
	고용노임여	730	4,000	2,280	2,280	2,280	2,280	2,280
	계(C)			22,295,484	23,495,484	23,495,484	23,495,484	23,495,484
생산비	자가노임남	1,370	6,000	8,220	8,220	8,220	8,220	8,220
	자가노임여	0	4,000	0	0	0	0	0
	유동용역비			786	786	786	786	786
	고정용역비			656	605	493	381	269
	토지용역비	3,000	1,000	3,000	3,000	3,000	3,000	3,000
	계(D)			34,958,113	36,107,213	35,995,063	35,882,913	35,770,763
순수익 (E)		A-D		21,510,776	20,361,676	20,473,826	20,585,976	20,698,126
소 득 (F)		A-C		34,173,405	32,973,405	32,973,405	32,973,405	32,973,405
부가가치		A-B		38,987,405	38,987,405	38,987,405	38,987,405	38,987,405
순수익률%		(E/A)		38	36	36	36	37
소득률%		(F/A)		61	58	58	58	58

4. 연차별 자금 흐름

1) 연도별 자금 흐름도

단위: 원 재배면적(평) 3,000

구 분		연 차 별				
		2003 년	2004 년	2005 년	2006 년	2007 년
지출	농지 투자	30,000,000				
	추가 시설투자					
	추가농기계투자					
	추가 종묘구입					
	경영비	21,173,984	22,373,984	22,373,984	22,373,984	22,373,984
	소계 (A)	51,173,984	22,373,984	22,373,984	22,373,984	22,373,984
수입	농산물판매대금	56,468,889	56,468,889	56,468,889	56,468,889	56,468,889
	농업이외 수입					
	당해사업착수금	14,216,624				
	자산매각 대금					
	기타 수입					
	농지구입 자금	30,000,000				
	소계 (B)	100,685,513	56,468,889	56,468,889	56,468,889	56,468,889
수지균형 (C)						
(C=B-A)		49,511,529	34,094,905	34,094,905	34,094,905	34,094,905
누적수지균형 (D)						
(D=전년도D+금년도D)		49,511,529	83,606,433	117,701,338	151,796,242	185,891,147
가계비지출액 (E)		5,000,000	5,000,000	5,000,000	5,000,000	5,000,000
종합수지(F)						
(F=C-E)		44,511,529	29,094,905	29,094,905	29,094,905	29,094,905
누적종합수지 (G)						
(G=전년도G+금년도G)		44,511,529	73,606,433	102,701,338	131,796,242	160,891,147

5. 중장기 발전 방향과 성장 목표

1) 단계별 가족 구성과 성장 목표

<table>
<tr><th colspan="3">구 분</th><th>현 재</th><th>5년 이내</th><th>10년 이내</th></tr>
<tr><td rowspan="5">가족및가정</td><td colspan="2">본인의 연령/역할</td><td>27세 學生</td><td>29세 農場主</td><td>34세 投資家</td></tr>
<tr><td colspan="2">가족의 구성</td><td>父母, 兄二, 一</td><td>婦人 一</td><td>子女 三</td></tr>
<tr><td colspan="2">생활 목표</td><td>感謝와 反省
(감사와 반성)</td><td>利益先 義意
(이익선 의의)</td><td>自燈明
(자등명)</td></tr>
<tr><td colspan="2">연간 가계비 추정 수요</td><td>12,000,000원</td><td>개인 5,000,000</td><td>30,000,000</td></tr>
<tr><td rowspan="8">농장</td><td colspan="2">주력 작목</td><td>葉煙草,葡萄,禾
(담배, 포도, 벼)</td><td>還芋, 禾
(둥근 마, 벼)</td><td>還芋, 癌藥材
(둥근마, 약초)</td></tr>
<tr><td colspan="2">생산 방식 / 경영 유형</td><td>低農藥 栽培</td><td>無農藥 栽培</td><td>四無의 農法</td></tr>
<tr><td rowspan="4">경영규모</td><td>생산 면적(평)</td><td>3,000</td><td>3,000</td><td>120,000</td></tr>
<tr><td>연간 조수입(원)</td><td>20,000,000</td><td>56,000,000</td><td>2,240,000,000</td></tr>
<tr><td>연간 소득(원)</td><td>10,540,000</td><td>32,970,000</td><td>1,318,800,000</td></tr>
<tr><td>주요 생산 시설</td><td>- 자재 창고
- 育苗 시설
- 건조기</td><td>- 관수 시설
- 자재 창고
- 퇴비 제조장</td><td>- 유통 시설
- 가공 시설
- 실험 온실</td></tr>
<tr><td colspan="2">기타 경영 특성</td><td>1년간의 실습
2년간의 공부
경영사례 분석</td><td>영농설계 보완
홈페이지 운영
경영분석 의뢰</td><td>영농설계 보완
홈페이지 운영
경영분석 의뢰</td></tr>
</table>

6. 연간 가계비 추정 수요와 소득 목표

1) 연간 가계비 추정 수요와 소득 목표

단위: 원

: 소득목표 : 가계비다

30,000,000원
28,000,000원
26,000,000원
24,000,000원
22,000,000원
20,000,000원
18,500,000원
16,000,000원
14,500,000원
12,000,000원
10,500,000원
8,000,000원
6,000,000원
5,000,000원
4,500,000원
4,000,000원
3,500,000원
3,000,000원
2,500,000원
2,000,000원
1,500,000원
1,000,000원
500,000원

구분	연 차 별	1차 연도	2차 연도	3차 연도	4차 연도	5차 연도
	연 령 (세)	29	30	31	32	33
	가족수 (명)	1	1	1	1	2
	자녀수 (명)	0	0	0	0	1

1 머리말

1. 창업 방법

졸업 후 1년간은 둥근 마와 山藥 유통업체에서 구매자의 의도와 유통업체의 생리를 파악하면서 자금을 적립하고, 영농 창업주들의 성공과 실패 사례를 종합적으로 분석하여 最先안을 마련한다. 농지구입자금 30,000,000원으로 부모님께서 매매해 주시는 농지 3,000평을 구입한다.

2. 지역의 지리적, 환경 조건

둥근 마는 다른 마와 달리 20 이하의 저온이 형성되면 고사가 시작되므로 아침부터 저녁 늦게까지 해가 비치는 陽地의 농지가 유리하다. 생산지의 위치는 호도와 감 및 자두가 잘 되는 東南向의 陽地이다.

3. 작목의 전망

둥근 마는 그 형태가 원형이므로 다른 마와 뚜렷하게 구별되며, 생산자재와 노동력이 최소로 들면서도 가격이 높고, 가공성이 뛰어나 가공업체와의 거래가 성립되면 꾸준한 소득원이 될 수 있다. 안정적인 생산이 쉽지 않으므로 농가의 과잉 생산이 불러올 단가 하락의 우려가 적으며, 마에 대한 구매자의 인식이 대부분 좋으므로 다양한 직판행사를 통하여 판매가 가능하다.

가공업체에서 수입산 마를 사용하려해도 마의 특성상 작은 상처에도 부패의 정도가 심하고, 수입에 따른 경비와 포장비를 추정해 보아도 국내산 마를 취급하는 것이 불필요한 비용을 줄이고, 제품의 질을 높이는데 유리할 것이다.

4. 애로 사항

영농 창업에 있어서 우선은 생산기술의 부족이고, 둘째는 경영자와 노동자의 두 몫을 동시에 하면서 판매까지 관심을 가져야 하는 상황의 복잡함이다. 그 다음이 운영자금의 부족에 더하여 인력이 아직 확보되지 않은 상황에서 창업을 하게 되었다는 점이다.

2 농업 환경 분석

1. 농장 소개

1) 농장 經營主
- 姓名 : 박 재성

2) 농장 명칭
- 마 뜨락

3) 작목
- 창업 작물 (둥근 마)

4) 규모
- 농지 3,000평, 구입시 비용 부담이 큰 것은 임차 및 위탁함

5) 농장의 위치
- 성주 댐 상류의 1급수 상수원 보호구역이며, 암반과 산세가 수려하다.
- 위치 : 東經 128 2 10 방위는 西端(서단)
경상북도 성주군 금수면 영천리 1082 住居地
경상북도 김천시 증산면 유성리 23, 28, 29 生産地

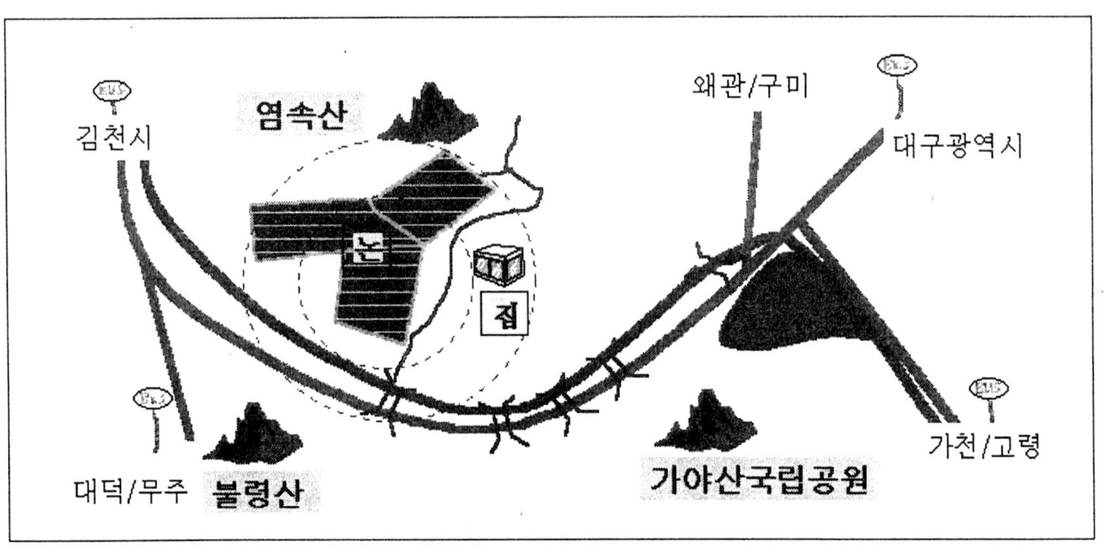

6) 교통망
교통1. 기차 : 김천 · 왜관 · 대구역에서 하차 증산 · 성주행 버스 이용. (경부선)
교통2. 버스 : 대구 북부 정류장에서 (1시간40분) 집 성주 버스 정류장. (33번 국도)

7) 가족사항

나 이	만 27 세	결혼( ), 미혼이라면 (4)년후 결혼예정	
영농창업	2003 년(29 세)	창업시의	이상과 현실의 價値觀 再확립
예 정		주요역할	현실에 바탕한 창업준비

가 족 사 항

관계	성 명	연령	직 업	영 농 참여율 (%)	관계	성 명	연령	직 업	영 농 참여율 (%)
父	朴雙圭	61	농업	38.15	本	朴在盛	27	영농 창업주	현재 8
母	金尙蓮	55	농업	38.15					미래 100
姉	춘희	33	주부	2.72					
兄	석수	32	사무	2.86					
兄	종칠	30	전자	2.86					

2. 지역적 조건

1) 기상 환경

구 분	겨 울			봄			여 름			가 을			연평균
	12월	1월	2월	3월	4월	5월	6월	7월	8월	9월	10월	11월	
평 균 기 온(℃)	1.4	-1.1	2.5	7.4	14.8	17.9	19.8	24.9	24.9	21.3	16.0	6.2	12.5
최 고 기 온(℃)	14.9			24.8			29.3			22.8			
최 저 기 온(℃)	-6.3			9.8			16.1			-5.1			
강 우 량(mm)	14.4	14.3	17.1	50.3	80.3	96.1	229	158	241	92	67.6	46.3	1,106.4
평균적설량(mm)	130												130
최고적설량(mm)	320												320
풍 향	북서			남동			남동			북서			
평균풍속(m/s)	1.4			1.1			1.15			1.05			

최대풍속(m/s)

- 관측 정보 : 성주군 기상 현황 최근 5개년 평균 : 1997년 부터 2001년 까지
- 주요 기상조건 발생일 : 8～9월 전후로 태풍의 피해가 자주 있음.

- 가장 빨랐던 첫 서리(초상일) : 10 월 20 일
- 가장 늦었던 늦 서리(만상일) : 4 월 21 일
- 우박 : 5월중 (가끔 발생)

2) 농장의 지형

경사도는 각 농지마다 다르지만 대략 2~4도 정도이며, 畓으로써 현재의 수도작과 연초재배에서 2003년부터는 둥근 마 재배지로 사용할 것이다.
산간 준고랭지의 지형이지만 수질 1급수의 수량이 풍부하고, 상류지역이면서도 교통이 편리하여 농지 진입과 진출이 자유롭다. 선대에서 현재까지 단 한번도 개울물이 마른 적은 없다.
특히 둥근 마의 6월 생장기와 8월 肥大기에 수분의 공급이 용이하고, 지대가 높은 곳에 포장이 위치함으로써 雨期에도 배수가 잘되는 지형이다.

3) 토양 조건

마사토이며 기름지고, 표층이 80cm, 심토는 자갈과 岩石이다. 재배할 토양이 확실히 정해지면, 채취한 토양의 sample을 성주군 농업기술센터에 의뢰하고, 그 토양 처방전을 참고로 다음해 시비량을 조절한다.

4) 포장의 경지정리 상태

계단식 논을 한 필지로 바꾸어서 객토한지 약 3년째가 된다. 객토용 흙은 마사토를 사용하였다.

5) 재해

발생하는 재해	가장 자주 발생하는 재해	자 주 발생하는 재해	가 끔 발생하는 재해
	태풍, 장마, 가뭄	유해조수의 피해	타인의 작물 훼손

3. 지리, 사회, 경제적 조건

1) 지리적 조건

(1) 교통 및 도로망
대구광역시와 접하여 서편에 위치하고 있는 성주군은 서쪽으로는 경남합천군, 남쪽으로는 고령군, 북쪽으로는 김천시와 경계하고 있고 경북 제일봉인 가야산(1,433m)이 우뚝 솟아 있어 기후가 온화하며, 낙동강 및 이천, 백천의 연변에는 토심이 깊고 비옥한 평야지가 많아 도시근교 농업이 발달하여 30년전부터 시설채소를 재배하고 있으며 주작목은 참외, 수박이다.

내가 자전거로 왕래하던 금수면 봉두에 위치한 성주댐은 1992년 완공되어 총 3천 8백 만톤의 물을 가두어 성주군과 고령군에 농업용수를 공급하고 있다.

댐 상류의 독용산성은 소백산맥의 주봉인 수도산의 줄기에 쌓은 해발 955m의 독용산 정상에 위치하고 있다. 산성의 둘레는 7.7km(높이 2.5m, 폭넓이 1.5m)에 이르며, 산성내 수원이 풍부하고 활용공간이 넓어 장기 전투에 대비하여 만들어진 포곡식 산성(包谷式山城)으로 영남지방에 구축한 산성중 가장 큰 규모이다.

(2) 주요 농산물 출하시장과의 거리

경북 소백산맥 낙동강 발원지로서 대구 近郊권에 속하며 김천시와 인접해 있다.

교통 및 출하 여건

주요 출하 시장 (도시명)	직선 거리 (km)	소요 시간 (Hour)	이용 도로
서울	540	3 ~ 5	중앙고속도로
대구	160	3 ~ 4	경부고속도로
김천	120	1 ~ 2	국도, 지방도

(3)차량 진입 용이성

산골이지만 국도와 지방도가 잘 정비되어 있고, 농지에 들어갈 때와 나올 때는 빈번한 행락객의 차량들로 위험할 수도 있으나, 주의하면 그다지 문제되지 않는다.

2) 행정 구역 및 인구

면적(km2)	읍	면	리	부락	반	인구(명)	가구(호)
614	1	9	233	449	791	53,99	18,421

※ 농가수 : 10,327 호 (총 가구수의 56%)

3) 주요 농산물 생산 및 농업 조수익 현황

시 · 군 명	주산물 명	재배면적 (ha, 사육두수)	농업 조수익 (억원/년)	출하 시장
성주군	시설참외	3,188	1,600	서울/수출
	시설수박	169	70	김천/부산/서울
	사과 / 배	328 / 49	116	대전/부산/서울
	쌀	4,076	292	부산/서울
	축산	351	541	부산/서울
	기타		411	

3 중장기 발전 계획

1. 소득 목표

단위 : 원

둥근 마	2003년	2004년	2005년	2006년	2007년
소득목표액	34,173,405	32,973,405	32,973,405	32,973,405	32,973,405

2. 영농 기반

구분	2003년	2004년	2005년	2006년	2007년
	논	논	논	논	논
소유	3,000	3,000	3,000	3,000	3,000
임차(+)					
임대(-)					
경영면적	3,000	3,000	3,000	3,000	3,000

1) 논

단위 : 평

시설 종류 및 규격		2003년	2004년	2005년	2006년	2007년
관수시설	물 탱크 (3t)	1,134	1,008	882	756	630
	양액 탱크	216	192	168	144	120
	모타펌프(전기)	189	168	147	126	105
최아상시설	전열온상(20평)	200	150	100	500	0
농장관리실	컴퓨터 (30G)	560	420	280	140	0

2) 영농 시설 보유 및 확대 계획

단위 : 천원

구 분	기종 및 규격	2003년	2004년	2005년	2006년	2007년
보 유	화물 트럭 (2.5t)	3,500	3,000	2,500	2,000	1,500
	한일 관리기(동력)	612	525	437	350	262
	풍구 (전기)	175	150	125	100	75
	제초기 (인력)	160	120	80	40	0
	농용 휴대폰 (016)	240	180	120	60	0
	항타기 (인력)	72	54	36	18	0
	손수레 (인력)	120	90	60	30	0
구 입						12월말구입
교 체						

※ 생산이 종료된 기말을 기준한 장부가격임.

3) 농기계 구입 및 교체 단위 : 천원

사업 목적	둥근 마의 영농 안정화와 노동력 절감
사업 기간	5년간 순차적 재배법 확립 (2003년 ~ 2007년)
주요 사업 내용	둥근 마의 영농 안정화를 위한 농용 시설과 대농기구의 보유 및 소요자재의 확보.
기대 효과	농가인력의 부족과 운영자금의 압박을 줄이고 농작업의 효율성이 증대된다.

※ 생산이 종료된 기말을 기준한 장부가격임.

3. 투자 계획

1) 개요

투자 연도	소요액	투자 재원		투자 대상
		보유 자금	차입금	
2003 년	38,300	8,300	30,000	農地 (구입지역의 논 3,000평) 영농 시설, 大 농기구

2) 연차별 투자재원

연차별	투자 대상	투자 금액 (원)	비 고
	시설/농기계규격/형식		(필요시 융자조건 등)
2003년도 보 유	물 탱크 (3t)	1,260	자부담
	양액 탱크 (200)	240	자부담
	모타 펌프 (전기)	210	자부담
	전열 온상 (20평)	250	자부담
	농용 컴퓨터 (30G)	700	자부담
	소 계	2,660	
	화물 트럭 (2.5t)	4,000	자부담
	한일 관리기 (동력)	700	자부담
	풍구 (전기)	200	자부담
	제초기 (인력)	200	자부담
	농용 휴대폰(016)	300	자부담
	항타기 (인력)	90	자부담
	손수레 (인력)	150	자부담
	소 계	5,640	
2003년도 구 입	畓 (3,000평)	30,000	토지구입자금 (연4%)
			5년거치10년균분상환
	소 계	30,000	재원내 부모님 매매알선

(1) 총괄 단위 : 천원

(2) 연차별 투자내용 단위 : 천원

3) 투자 분석 결과

구	분	내용연수	투자액	감가상각비
농 지	畓 (3,000평)	영구적	30,000,000	대상아님
관수시설	물탱크 (3t)	10	1,260,000	126,000
	양액탱크	10	240,000	24,000
	모타펌프(전기)	10	210,000	21,000
최아상시설	전열온상 (20평)	5	250,000	50,000
농장관리실	농용컴퓨터(30G)	5	700,000	140,000
소 계			32,660,000	361,000
대농기계	화물트럭 (2.5t)	8	4,000,000	500,000
	한일관리기	8	700,000	87,500
	풍구 (전기)	8	200,000	25,000
	제초기 (인력)	5	200,000	40,000
대농기구	농용휴대폰(016)	5	300,000	60,000
	항타기 (인력)	5	90,000	18,000
	손수레 (인력)	5	150,000	30,000
소 계			5,640,000	760,500
합 계			38,300,000	1,121,500

1) 투자 내용

구 분	연 간	평균 내구 연수	34.15069104
투 자 액	38,300,000	자본 회수 기간	1.60
비 용 (A)	29,393,984	할 인 율	10%
조수입 (B)	56,468,889	내부투자수익률 IRR	70.7%
소득 (B-A)	27,074,905	IRR에서 B/C	1.0
		편익비용 비율	6.80
비용 (생산비-감가상각비-자본용역비)		현재가치환산수익의 합계	260,302,369
		순 현재가치 (NPV)	120,029,167

농기계/시설 투자액(원) 재배면적(평) 3,000

투 자 분 석

2) 투자 분석 결과

편익비용비율이 6.80으로 투자편익의 현재가치가 비용의 현재가치보다 높다. 자본회수기간도 1.60년으로 평균 내구연수 보다 짧다. IRR도 70.7%로 다른 곳에 투자한 경우의 수익률보다 월등히 높아 투자가 타당하다고 판단된다.

4. 당면 과제 및 중장기 발전 방향

1) 당면 과제

우선은 둥근 마의 영농 안정화를 위한 농용 시설 및 대농기구의 확보와 소요자재의 구입을 어떻게 할 것인지가 당면한 과제이다.

그리고, 초창기 농가인력의 부족과 운영자금의 압박을 줄이려면 어떻게 할 것인지 현금흐름을 분석하고, 작업의 효율성을 증대할 수 있는 방안을 강구한다.

2) 중장기 발전 전략

대농기구와 농업용 시설은 초기 자본금으로 구입한다. 소요자재에 속하는 비료와 소농구는 구입할 수 있는 것은 구입하고, 농지에 투입되는 다량의 퇴비는 인근의 양계장과 볏짚 농가에서 최소한의 비용으로 구입한다.

본격적인 농번기에 농가인력의 부족 현상은 적기의 정식과 수확을 못하게 하는 주요한 원인이며, 전체적인 농업경영의 흐름을 끊음으로 인하여 농장주의 물적 손실을 직접적으로 가져오게 된다. 이것은 또한 농장주의 의지를 약화시킴으로 반드시 극복되어야 한다.

둥근 마의 재배에서 일손이 가장 필요한 때는 무엇보다노 성식시기와 수확 시기이다. 그 다음은 지주 박기와 그물 망을 설치하는 때이다. 이에 대한 개 선 방안은 앞으로의 과제로써, 우선은 지주와 망부터 기존의 것보다 튼튼 하면서도 반영구적이며, 설치가 손쉽도록 개발할 필요가 있다.

특별히 힘든 작업과정이 없는 것이 그나마 다행이지만 정식이나 수확보다 지주를 세우는 작업과 망을 설치하는 과정이 워낙 더디고 힘이 듦으로 이 부분의 개선이 우선이고, 그 다음이 판매용으로 생산되는 둥근 마의 형태와 크기가 균일하지 않아, 수량과 품질의 개선을 위해서도 순계종의 선발이 필요하다.

이상의 두가지 과제가 해결되면 둥근 마의 생산에 소요되는 인건비와 자재비가 그대로 수익에 반영이 되고, 운영자금의 압박과 일손 부족을 걱정하지 않아도 된다. 수량과 품질이 균일한 순계종의 육성이 농장내에서 해결되면 소득의 향상과 직결되고, 농업의 생산기술이 향상됨으로 수입이 되더라도 안정된 농가소득이 보장된다.

4. 농장 경영 원칙

1. 의사 결정 및 역할 분담

현재의 창업은 규모화 농업의 첫 걸음이다. 따라서 의사의 결정은 공정하 고, 역할의 분담은 효율적이어야 한다. 특히 나의 농장은 규모가 작으면서도, 고용인부가 많이 필요한 까닭에 사람과 사람의 의견을 조율함에 더욱 신중할 필요가 있다.

2. 생산 관리

생산과 관리는 전적으로 능력 있는 기관의 전문인에게 자문을 구하되, 본 인이 생산 및 관리 전반을 담당한다. 차후 생산의 기술과 판매망이 확보되 면 기존의 작목반 및 조합원들과 연계하여 사업의 확장을 계획하려 한다.

3. 자재 구매 및 재고 관리

창업 초기에는 자재의 구매비용 부담이 크고, 자재의 운반과 재고에 따른전반적인 계획 수정과 조절이 불가피할 것이다. 이것은 차후 영농의 현장에서 능동적으로 대처해 나갈 필요가 있다.

4. 노무 관리

사람은 다양하고, 알다가도 모르는 것이 사람의 마음이다. 모든 일의 중심은 사람이다. 그 사람을 움직이려면 단순한 겉치레와 수당만으로는 부족하다. 그러나 ,너무 인정으로 대한다면 그 또한 인간의 방자함과 나태함을 가져올 수 있다. 그럼으로 사람을 잘 다루는 자가 있다면, 그는 훌륭한 경영자의 소질 을 갖춘 것이다. 나는 이 단순한 농장을 꾸리면서 그 소질을 키워보고자 한다.

5. 자금 관리

나는 사람이 하는 노동의 대가와 그로 인해 자연에서 생산되는 작물의 가치를 높이 평가한다. 농장의 이익과 생산량에 우선하여 그들을 옹호할 것 이다. 자금 관리를 하는 자가 그 수입에만 눈이 멀어서 인간관계를 악화시키는 일이 없도록 하고, 더군다나 구매자의 원성을 사는 일은 절대로 없도록 할 것이다.

돈은 가치를 판단하는 하나의 도구일 뿐이다. 현재의 창업설계는 분명한 불안 요인과 그 불안 요인의 잠재된 문제점들이 있음에도 불구하고, 우리가 제대로 파악하고 대처할 만한 현실적인 지식과 현장에서의 지혜가 너무도 부족함을 짐작하고 있다.

앞으로는 은행이나 주식투자기관 및 보험사와 투자신탁이 예금주에게 오 히려 이자율보다 더 비싼 수수료 챙기기에 급급해지리라 본다.

잉여자금이 생긴다면 은행에 맡기기보다는 택지와 농지를 더 구입하여 주택 은 임대를 놓아 세를 받고, 위치가 좋은 농지는 작물을 재배하여 투자한 자 금을 회수하고, 더 나은 적지가 법원 경매에서 나온 곳이 있다면 유찰을 통한 저가 매입을 추진하고자 한다.

6. 판매 및 고객관리

생산기술이 안정화되더라도 판매가 부진하고, 판매가 잘 되더라도 단가가 낮다면 농가의 이득은 없으므로, 둥근 마를 시식할 때 마의 독특한 점성으로 인해 회피하는 소비자의 미각을 아주 즐겁도록 전환시킬 필요가 있다.

수확한 둥근 마는 수분의 증발과 건조가 잘 됨으로 인하여 맛과 신선도가 떨어지기 쉽다. 일본의 경우 포장박스 내부에 미루나무 톱밥을 채워서 둥근 마의 저장과 운반에 따른 상처를 방지하고, 일정한 수분과 온도를 유지할 수 있도록 하고있다.

연도 작목		2003년	2004년	2005년	2006년	2007년
면적당 수확량 (kg/3,000평당)		16,000	16,000	16,000	16,000	16,000
재배 면적 (평)		3,000	3,000	3,000	3,000	3,000
예상 평균 단가 (원)		3,529	3,529	3,529	3,529	3,529
소수입 (천원)	계	56,468,889	56,468,889	56,468,889	56,468,889	56,468,889
	주산물 판매기 (6,720kg)	47,433,867	47,433,867	47,433,867	47,433,867	47,433,867
	종묘용 판매가 (1,280kg)	9,035,022	9,035,022	9,035,022	9,035,022	9,035,022

5. 생산 계획

1. 연도별 생산계획

2. 작목 재배여건

경사도는 각 농지마다 다르지만 대략 4~7o 정도이며, 畓으로써 현재의 수도작과 연초재배에서 2003년부터는 둥근 마 재배지로 사용할 것이다.

수질 1급수의 수량이 풍부하고, 댐 상류지역이면서도 교통이 편리하여 농지 진입과 진출이 자유롭다. 선대에서 현재까지 단 한번도 개울물이 마른 적은 없다.

특히 둥근 마의 6월 생장기와 8월 肥大기에 수분의 공급이 용이하고, 지대가 높은 곳에 포장이 위치함으로써 雨氣에도 배수가 잘되는 지형이다.

암회색의 砂壤土이며 기름지고, 표층이 80cm, 심토는 자갈과 岩石이다. 계 단식 논을 한 필지로 바꾸어서 객토한지 약 2년째가 된다. 객토용 흙은 마사토를 사용하였다. 성주군은 아시아 최대의 시설하우스 참외 주산지이지만 같은 군에 속하는 산간지역은 그 기후와 지리적 환경이 판이함으로 마땅한 소득작목이 없었다. 둥근 마와 약초를 이용하여 농가의 주소득원이 되도록 하려면, 하계 휴양지의 이점을 최대한 살려서 단체구매를 유도하여야 한다. 테마가 있는 부락을 조성하고, 관광객의 꾸준한 구매 욕구를 유발시켜야 될 것이다.

3. 작부 체계 및 작목별 재배 규모

둥근 마의 작부 체계		노동시간	종근구입	최아상설치	최아상관리	비료살포	경운정지	멀칭정식	지주망설치	추비살포	병충해방제	제초짚피복	관배수관리	비닐망제거	수 확	운반및선별	포장및저장	지주제거	퇴비투입	퇴비제조
1월	상																			
	중																			
	하																			
2월	상																			
	중	30																		
	하	60																		
3월	상	0																		
	중	30																		
	하	20																		
4월	상	20																		
	중	124																		
	하	160																		
5월	상	180																		
	중	140																		
	하	250																		
6월	상	20																		
	중	20																		
	하	70																		
7월	상	0																		
	중	100																		
	하	50																		
8월	상	0																		
	중	20																		
	하	50																		
9월	상	20																		
	중	20																		
	하	20																		
10월	상	0																		
	중	80																		
	하	200																		
11월	상	160																		
	중	200																		
	하	130																		
12월	상	80																		
	중																			
	하																			

4. 연차별 경지 이용 계획

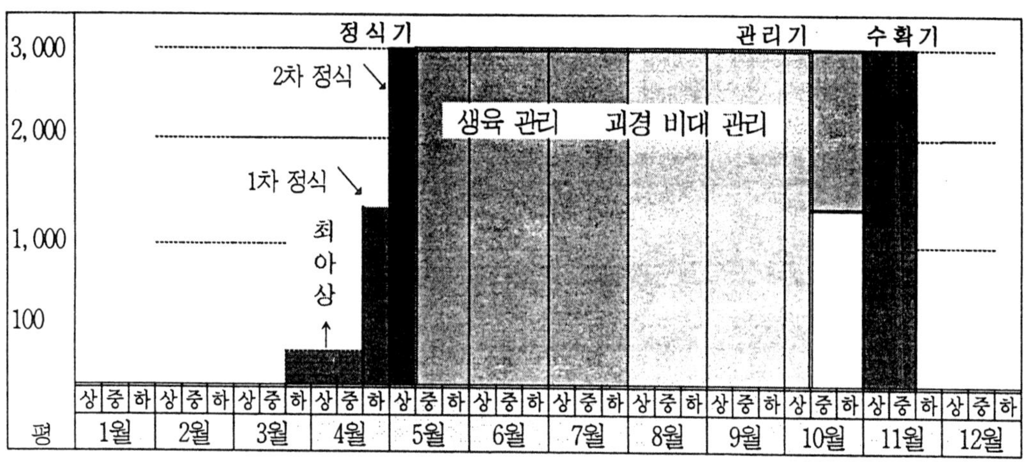

5. 연차별 노동력 이용 계획

1) 소요 노동 시간

3,000 평/h

구분 / 년도	자가노동			일일고용노동 합			계		
	남	여	계	남	여	계	남	여	계
2003년	1,188	0	1,188	336	730	1,066	1,524	730	2,254
2004년	1,188	0	1,188	336	730	1,066	1,524	730	2,254
2005년	1,188	0	1,188	336	730	1,066	1,524	730	2,254
2006년	1,188	0	1,188	336	730	1,066	1,524	730	2,254
2007년	1,188	0	1,188	336	730	1,066	1,524	730	2,254

2) 인건비 추정

3,000 평/h

구분 / 년도	자가노동			일일고용노동 합			계		
	남	여	계	남	여	계	남	여	계
2003년	7,128	0	7,128	2,016	2,920	4,936	9,144	2,920	12,064
2004년	7,128	0	7,128	2,016	2,920	4,936	9,144	2,920	12,064
2005년	7,128	0	7,128	2,016	2,920	4,936	9,144	2,920	12,064
2006년	7,128	0	7,128	2,016	2,920	4,936	9,144	2,920	12,064
2007년	7,128	0	7,128	2,016	2,920	4,936	9,144	2,920	12,064

남 : 6,000 원/일(h)

여 : 4,000 원/일(h)

6. 자재 조달 계획

1) 총괄

3,000 평/원

자재 구분 \ 연도별			2003	2004	2005	2006	2007
종묘	1.종근용 둥근 마	2,560 kg	5,868,800	5,868,800	5,868,800	5,868,800	5,868,800
비	2.무기질 비료	5,110 kg	1,493,000	1,493,000	1,493,000	1,493,000	1,493,000
료	3.유기물 비료	43,600 kg	1,238,000	1,238,000	1,238,000	1,238,000	1,238,000
농	4.엽면시비용액비	400 L	40,000	40,000	40,000	40,000	40,000
약	5.소독제	161 kg	38,800	38,800	38,800	38,800	38,800
제	6.제 재료비		2,304,000	2,304,000	2,304,000	2,304,000	2,304,000
재	7.광열 동력비		424,400	424,400	424,400	424,400	424,400
료	8.水理비	연 2회	60,000	60,000	60,000	60,000	60,000
	9.소농구비	매년 교체	2,571,600	2,571,600	2,571,600	2,571,600	2,571,600
	10.修理費	신조가 5%	415,000	415,000	415,000	415,000	415,000
기	11.기타 비용		200,000	200,000	200,000	200,000	200,000
타	12.임차료	1년간	390,000	390,000	390,000	390,000	390,000
	13.소요 요금	경비의 10%	402,024	402,024	402,024	402,024	402,024
	14.농기계 위탁비	총11일 작업	260,000	260,000	260,000	260,000	260,000
소요 자재 비용			15,705,624	15,705,624	15,705,624	15,705,624	15,705,624

2) 1차 년도 자재조달 계획

3,000 평/원

자재 구분 \ 월별			2월	4월, 10월	3월	11월	12월
	1.종근용 둥근 마	2,560 kg	5,868,800				
	2.무기질 비료	5,110 kg		1,493,000			
	3.유기물 비료	43,600 kg		1,238,000			
농	4.엽면시비용 액비	400 L		40,000			
용	5.소독제	161 kg		38,800			
자	6.제 재료비				2,304,000		
재	7.광열 동력비					424,400	
	8.水理비	년 2회					60,000
	9.소농구비				2,571,600		
	10.농기계 수리비					415,000	
	11.기타 비용						200,000
	13.소요 요금						402,024
	12.임차료/ 14.위탁비			260,000			390,000
	소요 자재비 (계)		5,868,800	3,069,800	4,875,600	839,400	1,052,024

● 편저자소개 ●

張 光 鎭　國立韓國農水産大學 特用作物學科 教授
農學博士 / 農業C.E.O課程 人蔘藥草專攻
主任教授(兼)
京畿道 華城市 峯潭邑 桐化里 11-1
E-mail : chang@af.ac.kr

약 • 특작 생산입문

편저자 장 광 진
발행인 조 진 성
발행처 도서출판 진솔
서울시 중구 을지로3가 260-15
대광빌딩 205호
전화 : 02)2272-2065, FAX : 02)2267-3011
등록 : 1996.2.28 제2-2123호
인쇄일 2010년 3월 24일
발행일 2010년 3월 29일

印紙省略

※ 파본은 바꾸어 드립니다.
※ 무단복제 불허

ISBN 89-87750-53-8 값 20,000 원